Chris Stringer/Robin McKie

Afrika – Wiege der Menschheit

Chris Stringer/Robin McKie

Afrika – Wiege der Menschheit

Die Entstehung, Entwicklung und Ausbreitung des Homo sapiens

Aus dem Englischen
von Andrea Zapf

LIMES

Die Deutsche Bibliothek – CIP-Einheitsaufnahme

Stringer, Chris:
Afrika – Wiege der Menschheit: die Entstehung, Entwicklung und Ausbreitung des Homo sapiens / Chris Stringer/Robin McKie.
Aus dem Engl. von Andrea Zapf. – München : Limes, 1996
Einheitssacht.: African exodus <dt.>
ISBN 3-8090-3005-8
NE: MacKie, Robin:

Die Originalausgabe erschien 1996
unter dem Titel *African Exodus*
bei Jonathan Cape, London

1 2 3 4 5   99 98 97 96

Satz aus der Aldus von Mitterweger Werksatz GmbH, Plankstadt
Druck & Bindung: Ebner Ulm
Herstellung: Katharina v. Uslar, Berlin

Inhalt

Unseren Familien
und unserer Zukunft

Ex Africa semper aliquit novi.
(Aus Afrika kommt immer etwas Neues.)

PLINIUS DER ÄLTERE

Danksagung

Wir möchten allen Freunden und Kollegen danken, die an den in diesem Buch beschriebenen Entdeckungen und Ideen beteiligt waren, auch wenn sie nicht alle unseren Folgerungen zustimmen werden. Yoel Rak, Jean-Jacques Hublin, Maryellen Ruvolo und Walter Bodmer haben einzelne Kapitel gelesen und hilfreich kommentiert. Robert Kruszynski, Rosie Stringer und Sarah McKie waren von unschätzbarer Hilfe, und Irene Baxter tippte geduldig den Großteil des Manuskripts. Weiterhin möchten wir uns bei allen bedanken, die uns Bildmaterial zur Verfügung gestellt haben, besonders Akio Morishima, Ian Tattersall, Barbara West und The Photographic Unit des Natural History Museum. Und schließlich möchten wir noch dem Natural History Museum und dem *Observer* für ihre Hilfe danken.

Vorwort

In den letzten Jahren hat eine kleine Gruppe von Wissenschaftlern zahlreiche Beweise gesammelt, die unsere Vorstellung von uns selbst und unserer tierischen Abstammung revolutioniert haben. Sie haben gezeigt, daß wir zu einer jungen Art gehören, die nach einer existenzbedrohenden Krise in wenigen Jahrtausenden die Welt eroberte. Die Geschichte ist packend und voller Rätsel, und sie stellt zahlreiche grundlegende Erkenntnisse über uns selbst in Frage. Die Auffassung, daß unsere Bevölkerungen durch tiefe Rassengräben getrennt sind, daß wir unseren Erfolg unserem großen Gehirn verdanken und daß unser Aufstieg unvermeidlich war. Weit gefehlt: Menschen verschiedener Kontinente sind evolutionsgeschichtlich näher miteinander verwandt als Gorillas, die im selben Wald leben; der Neandertaler starb aus, obwohl er ein größeres Gehirn als der *Homo sapiens* hatte; unsere eigene Evolution hingegen wurde vom Glück und einem »guten Bauplan« begünstigt. Eine Bestätigung dieser verblüffenden 100000 Jahre alten Entwicklung finden wir nicht nur in den Knochen der Toten, sondern auch in den Genen der heute lebenden Menschen und selbst in den Sprachen, die wir sprechen. Es ist eine bemerkenswerte und höchst kontroverse Geschichte, die auf der ganzen Welt für Schlagzeilen gesorgt hat, und die systematisch von Wissenschaftlern angegriffen wird, die schon von jeher der entgegengesetzten Ansicht waren, nämlich daß unsere Ahnenreihe Jahrmillionen zurückzuverfolgen sei. Die Diskussion, die in Museen, Universitäten und wissenschaftlichen Instituten der ganzen Welt geführt wird, ist eine der erbittertsten in der Geschichte der Wissenschaft. Wie es dazu kam, und wie wir unserer wahren

Natur und unserem Auszug aus Afrika vor 100000 Jahren auf die Spur kamen, wird von einem Wissenschaftler dargelegt, der im Mittelpunkt der Diskussion steht, und von einem Journalisten, der jede Wendung dieser dramatischen wissenschaftlichen Geschichte genau verfolgt hat.

1 Das Rätsel von Kibish

> Coleridge hat einmal gesagt, wenn wir uns an die neun Monate in der Gebärmutter erinnern könnten, wäre vieles davon interessanter als alles, was uns danach widerfahren sei. Ähnliches gilt für die Sozialgeschichte. Wenn wir die ungeschriebene Geschichte unserer Vergangenheit kennen würden, insbesondere den prähistorischen Teil, so würde sie uns fesseln und die Geschichte von Königinnen und Königen, Kriegen und Parlamenten auf ihre wahre Bedeutung reduzieren.
>
> JOHN MCLEISH[1]

Es ist fast dreißig Jahre her, daß der Kibish-Mensch in der wissenschaftlichen Welt auftauchte. 1967 wurden kräftig gebaute Schädel-, Kiefer- und Skelettfragmente, welche die Erde längst blau und braun gefärbt hatte, von ihrer Ruhestätte am Ufer des Kibish-Flusses in Äthiopien ausgegraben. Ein Jahr später wurden die anatomischen Funde auf eine kurze Rundreise zu verschiedenen Forschungszentren geschickt, wo man sie vermaß und nachbildete. Dann wurden sie verpackt und nach Addis Abeba zurückgesandt, wo sie seitdem aufbewahrt werden. Es war den Wissenschaftlern damals nicht klar, daß eine gründlichere Analyse der wenigen Knochenfragmente ein fundamentales Umdenken hinsichtlich der Evolution unserer Spezies in Gang setzen würde.

Diese neue Einschätzung ist inzwischen Teil einer vollkommen neuen Hypothese, die in den letzten fünfzehn Jahren über den Ursprung des modernen Menschen und über die Quelle dessen, was man im allgemeinen Rassenunterschiede nennt, entwickelt wurde. Diese neue Theorie hat eine der hitzigsten und erbittertsten Diskussionen über unsere Anfänge ausgelöst – eine beachtliche Leistung für einen Wissenschaftszweig, der bereits dafür berüchtigt ist, polemische Auseinandersetzungen und offene Rivalitäten zu schaffen.

Der Mann von Kibish (aus dem Skelett geht hervor, daß es sich um einen Mann handelte) starb vor der letzten Eiszeit, lange bevor die Neandertaler, diese geheimnisvolle und robuste Linie menschlicher Vorläufer, in den Höhlen Europas lebten, starben und begraben wurden. Doch der Kibish-Mensch war anders, obwohl er im Vergleich zu einem durchschnittlich gebauten modernen Menschen noch immer eine massige Gestalt hatte, mit auffälligen Überaugenbögen und einer ziemlich breiten fliehenden Stirn. Sein Schädel war höher und runder und sein Kinn größer als das des Neandertalers, und sein Skelett deutet darauf hin, daß er eine größere und leichtere Statur hatte als die archetypischen Höhlenmenschen.

Kurz gesagt, der Kibish-Mensch unterschied sich recht deutlich vom Neandertaler, vor allem deshalb, weil er zu unserer eigenen Spezies, *Homo sapiens*, gehörte. Abgesehen von wenigen fragmentarischen Knochen aus anderen Teilen Afrikas, ist er außerdem unser ältester direkter Verwandter, von dem es Fossilienfunde gibt. Seine Knochen wurden bei einer Expedition unter der Leitung von Richard Leakey entdeckt, dessen Forschungen am Turkanasee in seinem Heimatland Kenia einige hundert Kilometer hinter der Grenze zum Kibish-Gebiet ihn später zu einem der weltbekanntesten »Fossilienjäger« machten. Seine nachfolgenden Entdeckungen haben der Wissenschaft bedeutende Einsichten in unsere weit zurückliegende Vergangenheit geliefert und haben Leakeys Arbeit am Kibish – eine seiner frühesten Expeditionen – in den Schatten gestellt. Damals führte

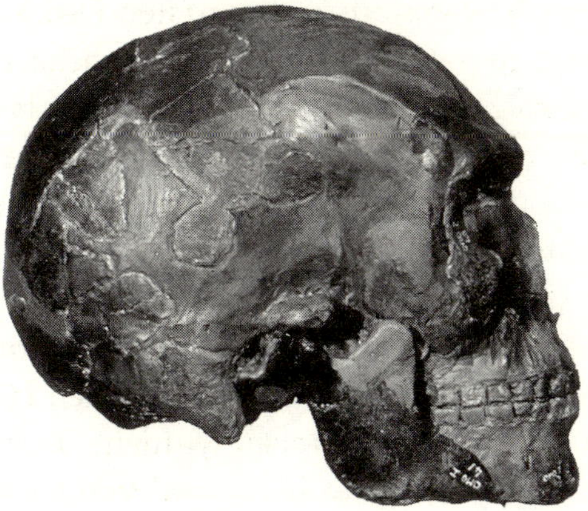

Schädelrekonstruktion des *Homo sapiens* von Omo Kibish, angefertigt von Michael Day und Chris Stringer.

er auf Geheiß seines Vaters Louis die kenianische Gruppe eines aus Franzosen, Amerikanern und Kenianern bestehenden Teams in das Omo-Kibish-Gebiet. Ihr Ziel war, an einem flachen Abschnitt, wo sich der Omo-Fluß verbreitert und südwärts zum Turkanasee in Nord-Kenia fließt, die Sedimente an beiden Ufern des Flusses zu untersuchen.

In seiner Autobiographie *One Life*[2] erinnert sich Leakey, wie er und sein Team bei der Expedition fast von Krokodilen gefressen wurden. Die Arbeit war beschwerlich, und trotz aller Mühen wurden sie nur mit einer kärglichen Ausbeute menschlicher Überreste belohnt, mit Teilen eines Schädels und eines Skeletts, einem zweiten Schädel, den sie am gegenüberliegenden Ufer des Kibish fanden und einem kleinen Fragment eines dritten Schädels.

In der Nähe der Grabungsstelle war kein Vulkangestein zu finden, das häufig bedeutende geologische und chronologische Daten liefert. Muscheln, die man ein gutes Stück höher als die Grabungsstätte am Kibish fand, wurden jedoch auf ein Alter von 40000 Jahren datiert, was bedeutet, daß die Knochen, welche in einer viel tieferen Schicht gefunden wurden, weitaus älter sein mußten. Muscheln, die auf derselben Höhe wie die Kibish-Grabungsstätte gefunden wurden, konnten mit Hilfe der Uran-Zerfallsreihe auf ein Alter von 130000 Jahren datiert werden.

Gemessen an anderen afrikanischen Funden schien dieses Alter damals für einen angeblich primitiven Menschen nicht sehr bemerkenswert. Nach gründlichen Analysen stellten die Wissenschaftler jedoch fest, daß Schädel und Skelett des Mannes von Kibish in vieler Hinsicht Ähnlichkeit mit denen des modernen Menschen aufweisen. Plötzlich wurde man sich über die Bedeutung des Fundes klar, erinnert sich Leakey in *One Life*.

> Geologische Forschung und Datierung haben gezeigt, daß beide Schädel etwa 130000 Jahre alt sind. Trotz dieses Alters sind beide eindeutig als *Homo sapiens*, unsere eigene Spezies, zu identifizieren. Zu der Zeit, als die Schädel entdeckt wurden, glaubten die meisten Wissenschaftler, daß unsere Art erst in den letzten 60000 Jahren aufgetreten sei, und viele hielten den berühmten Neandertaler für unseren direkten Vorfahren. Die Fossilien von Omo lieferten einen wichtigen Beweis dafür, daß dies nicht der Fall ist.

Trotzdem blieb die Reaktion auf den Fund eher gedämpft, weil die Überreste als fragmentarisch angesehen wurden und nach Ansicht einiger Experten ihr Alter nicht genau genug bestimmt werden konnte. Ungeachtet dessen, lieferte Richard Leakeys Arbeit im Omo-Kibish-Gebiet den Wissenschaftlern neue Impulse für ihre Forschung über den Ursprung des *Homo sapiens*. Genaugenommen ergaben sich aus seinen Funden zwei Ansätze. Zunächst einmal kamen einige Forscher in den siebziger Jahren zu dem Schluß, daß der Kibish-Mensch mit sehr viel größerer Wahrscheinlichkeit der Vorfahre des Cromagnon-Menschen war, einer Rasse vor etwa 25000 Jahren lebender früher Europäer, als ihr direkter Vorgänger, der untersetzte Neandertaler. In den achtziger Jahren ergab eine neue Nachbildung und Analyse des Kibish-Menschen eine noch aufregendere Möglichkeit. Vieles sprach dafür, daß er nicht nur der Vorfahre des Cromagnon-Menschen war, sondern der Vorfahre von uns allen, die wir heute leben, nicht nur der Europäer, sondern aller Völker der Erde, von den Eskimos in Grönland bis zu den Pygmäen in Afrika, und von den australischen Aborigines bis zu den Indianern Amerikas. Anders gesagt, der Kibish-Mensch war bahnbrechend für eine neue Entstehungsgeschichte der menschlichen Spezies.

In den vergangenen Jahren sind zahlreiche Paläontologen, Anthropologen und Genetiker zu der Ansicht gelangt, daß dieser frühe Bewohner der Flußufer Äthiopiens und alle seine nahen und fernen Kibish-Verwandten tatsächlich unsere Vorfahren sein könnten. Es ist allerdings auch deutlich geworden, daß der evolutionäre Weg dieses jungen modernen Menschen kein einfacher war. Aus genetischen Daten geht hervor, daß unsere Art zu einem bestimmten Zeitpunkt einmal genauso gefährdet war wie der Berggorilla heute und auf eine Population von nur 10000 Erwachsenen geschrumpft war. Die in einer einzigen Region Afrikas lebende Bevölkerung konnte jedoch der Ausrottung entgehen und erlebte einen bemerkenswerten Aufstieg. Sie verbreitete sich über ganz Afrika und hatte vor etwa 100000 Jahren den Großteil der Savannen und Wälder des Kontinents besiedelt. Dies ist anhand biologischer Forschungen nachvollziehbar, die ergeben, daß die größten genetischen

Unterschiede der Erde zwischen den Rassen Afrikas bestehen, was darauf hindeutet, daß dort schon länger als anderswo eine größere Zahl moderner Menschen lebt.

Auch an weniger bekannten, aber ebenso interessanten Schauplätzen erhalten wir beeindruckende Hinweise auf unsere Anfänge in Afrika. Zaire ist ein Beispiel dafür. Das riesige Land im tropischen Afrika hat nie eine bedeutende Rolle in der Paläoanthropologie gespielt, dem Spezialzweig der Anthropologie, der sich mit der Erforschung des prähistorischen Menschen befaßt. Anders als die Länder im Osten – Äthiopien, Kenia und Tansania –, gab es in Zaire wenige interessante Fossilienfundstätten – bis vor kurzem.

In dem wenig beachteten westlichen Ausläufer des afrikanischen Rift Valley, des riesigen geologischen Grabens, der eine zentrale Rolle in der menschlichen Evolution spielte, verläuft der Semliki-Fluß zwischen zwei großen Seen hindurch nach Norden, wo sein Wasser schließlich die Quelle des Weißen Nils bildet. Sein Tal ist eine relativ trokkene offene Flachlandregion inmitten einiger der dichtesten und feuchtesten Tropenwälder der Welt. Das Bedeutende am Semliki ist aber nicht das Klima, sondern seine Geologie. An seinem Ufer wird Sedimentgestein freigelegt, das sich vor 90000 Jahren abgesetzt hat, zur selben Zeit, als sich der *Homo sapiens* in Afrika ausbreitete.

In der Stadt Katanda hat diese Erosion wahre Schätze für Archäologen zutage treten lassen: Tausende von Gebrauchsgegenständen, zumeist Steinwerkzeuge, und einige Geräte aus Knochen ließen die Archäologen unter der Leitung des Ehepaares John Yellen von der National Science Foundation, Washington, und Alison Brooks von der George Washington University staunen. Unter den Schätzen, die sie bargen, befanden sich ausgefeilte Harpunen und Messer aus Knochen. Bis dahin hatte man geglaubt, daß die

Cromagnon-Menschen 50000 Jahre später die ersten gewesen seien, die eine so feine Schnitztechnik entwickelten. Doch diese weitaus ältere Gruppe von *Homo sapiens*, die im Inneren Afrikas lebte, verfügte über ebenso großes handwerkliches Geschick. Es war, als hätte man auf dem Speicher von Leonardo da Vinci den Prototypen für einen Mercedes gefunden, sagte ein Beobachter.[3]

Es gab aber auch noch andere Überraschungen für die Forscher. Neben den sorgfältig geschnitzten Werkzeugen fanden sie Fischgräten, darunter die Gräten von einem zwei Meter langen Wels. Anscheinend haben die Menschen von Katanda während der Laichzeit häufig und erfolgreich Welse gefangen, was zeigt, daß systematisches Fischen eine ziemliche alte Fähigkeit des Menschen ist und keine Technik, die er erst vor relativ kurzer Zeit erworben hat, wie viele Archäologen geglaubt hatten. Weiterhin fand das Team an einer der Stätten in Katanda Hinweise auf mindestens zwei verschiedene, wenn auch ähnliche Haufen von Steinen und Trümmern, die aussahen wie die Überreste zweier unterschiedlicher nachbarschaftlicher Gruppierungen. Möglicherweise gab es also damals schon Kernfamilien, ein Phänomen, das heute die Struktur unseres Lebens bestimmt.

Unsere afrikanischen Vorfahren waren zweifellos weit entwickelt, wie man an den Fähigkeiten der Männer und Frauen am Ufer des Semliki ersehen kann. In Gruppen begannen sie nun ihren Auszug aus der afrikanischen Heimat. Langsam zogen sie nordwärts in die Levante, die Länder des östlichen Mittelmeers. Vor etwa 80000 Jahren verteilten sich dann kleine Gruppen über den Nahen Osten und den ganzen Erdball. Sie trugen die Samen modernen Lebens nach Asien und später nach Europa und Australien. In jeder dieser Regionen keimten die Samen langsam, bis vor 40000 Jahren irgend etwas sie veranlaßte, ein explosives Bevölkerungswachstum zu entfachen.

Das war eines der entscheidenden Ereignisse für die Menschheit auf ihrem verschlungenen Weg zum evolutionären Erfolg. Es ist noch immer heiß umstritten, was diese große soziale Umwälzung ausgelöst hat, und die Gründe für unseren »Fortschritt« als Art bleiben ein Geheimnis. War es ein biologisches, mentales oder soziales Ereignis, das unsere Art in Windeseile die Welt erobern ließ? War es das Auftreten einer symbolischen Sprache, die Entstehung der Kernfamilie als Grundelement der menschlichen Sozialstruktur, oder war es eine grundlegende Veränderung der Hirnfunktion? Was auch immer die Ursache der Veränderung gewesen sein mag, sie hat vieles in Gang gesetzt und ist letztendlich dafür verantwortlich, daß wir von kleinen Nebendarstellern im zoologischen Theater zu evolutionären Superstars geworden sind, mit allen damit verbundenen Gefahren wie Eitelkeit, Hochmut und Gleichgültigkeit gegenüber dem Schicksal anderer.

Doch richten sich die Fragen beim Studium der jüngeren menschlichen Evolution nicht nur auf diese verblüffenden Veränderungen. Die Menschen verhalten sich heute höchst komplex. Manche erforschen die seltsame, unbestimmte Natur der Materie mit ihren Bausteinen aus Quarks und Leptonen, andere untersuchen die ersten Sekunden nach der Entstehung des Universums vor 15 Milliarden Jahren, wieder andere versuchen, künstliche Gehirne zu entwickeln, die in der Lage sind, überwältigende Rechenleistungen zu erbringen. All diese intellektuellen Fähigkeiten, die uns heute erlauben, in die tiefsten Geheimnisse unserer Welt einzudringen, wurden während unseres Überlebenskampfes gebildet, unter völlig anderen Umständen als sie heute herrschen. Wie war es nur möglich, daß ein Tier, welches wie alle anderen Wesen ums Überleben kämpfte, und das voll und ganz damit ausgelastet war, Fleisch, Nüsse und Knollen zu beschaffen und sich dabei gegen räuberische Angriffe zu schützen, die geistigen Voraussetzungen entwickelte, die ein Kernphysiker oder Astronom braucht? Das ist die Schlüsselfrage, die uns mitten hinein in unseren Aufbruch aus Afrika führt, zu der Reise, an deren Anfang das nackte Überleben auf nur einem Kontinent stand, und an deren Ende wir die Welt beherrschten.

Wenn wir je verstehen wollen, was genau den modernen Menschen ausmacht, müssen wir versuchen, solche Rätsel zu lösen. Worin unterschied sich der Kibish-Mensch von seinem Verwandten, dem Neandertaler, in Europa, und welcher evolutionäre Druck veranlaßte die Katanda-Menschen zu den entscheidenden Verhaltensänderungen – die ironischerweise gerade im Herzen des Kontinents stattfanden, der schon viel zu lange als rückständig gebrandmarkt wird?

Dieses Buch möchte auf solche Fragen eine Antwort geben und uns verstehen helfen, was Menschsein bedeutet. Die Beweisführung beruht dabei hauptsächlich auf den drei Säulen Paläoanthropologie (Knochen), Archäologie (Steine) und DNA (Gene) sowie einem guten Maß menschlicher Selbsterkenntnis. Im nächsten Kapitel betrachten wir den Stammbaum des Menschen, angefangen bei einer Horde »Affen, welche die Bäume verließ«, einen neuen Weg einschlug und aufrecht ging. Im darauffolgenden Kapitel untersuchen wir, wie gewaltig die Erforschung unseres geheimnisvollen Vorläufers, des Neandertalers, unsere Vorstellung von unserer eigenen Evolution geprägt hat. Aufgrund dieser Forschungen haben viele Wissenschaftler geschlossen, daß der Neandertaler der Vorfahre des modernen Europäers sei. Daran anschließend erzählt Chris Stringer, wie er selbst diese Vorstellung über Bord warf, was dazu beitrug, eine Revolution bezüglich unseres Selbstverständnisses als Art in Gang zu setzen. In Kapitel 5 gehen wir der Frage nach, warum sich der *Homo sapiens* auf Kosten des Neandertalers durchgesetzt hat. Aus diesen Kapiteln geht hervor, wie kurz die Anfänge der Menschheit in Afrika erst zurückliegen. In Kapitel 6 wird dieses Thema vertieft und die genetische Beweisführung, die dieser Vorstellung zugrunde liegt, erläutert, so daß wir sehen, was für eine erstaunliche Ähnlichkeit zwischen allen Menschen dieser Erde besteht. Beginnend mit ihrem Auszug aus Afrika, folgen wir in Kapitel 7 den rätselhaften Spuren unserer Vorfahren rund um die Welt. In Kapitel 8 beschäftigen wir uns mit den Folgen dieser Eroberung – der Entstehung der unterschiedlichen heute lebenden Völker der Erde, der verschiedenen Rassen, in welche die Menschheit eingeteilt wird; eine Klassifizierung, deren Bedeutung durch unser Wissen um unseren nicht lange zurückliegenden afrikanischen Ursprung vollkommen verändert wird. Im vorletzten Kapitel gehen wir auf eine der weitreichendsten Fragen ein: War ein Teil unserer Gehirnarchitektur für unseren schnellen Aufstieg zum Weltbeherrscher verantwortlich? Als letztes werfen wir einen Blick auf das Vermächtnis dieses Aufstiegs, auf die Steinzeitkörper und -triebe des modernen Menschen, Eigenschaften, welche die ungewöhnliche Geschichte unserer Evolution bestätigen und letztendlich unseren Fortbestand als Art bedrohen.

Natürlich ist unsere Rekonstruktion der Menschheitsgeschichte anhand der verfügbaren wissenschaftlichen Daten nicht die einzig mögliche, aber für uns ist sie die realistischste. Jacob Bronowski hat einmal gesagt: »Die Wissenschaft ist eine sehr menschliche Form des Wissens. Wir sind immer am Rande des Bekannten, wir tasten im-

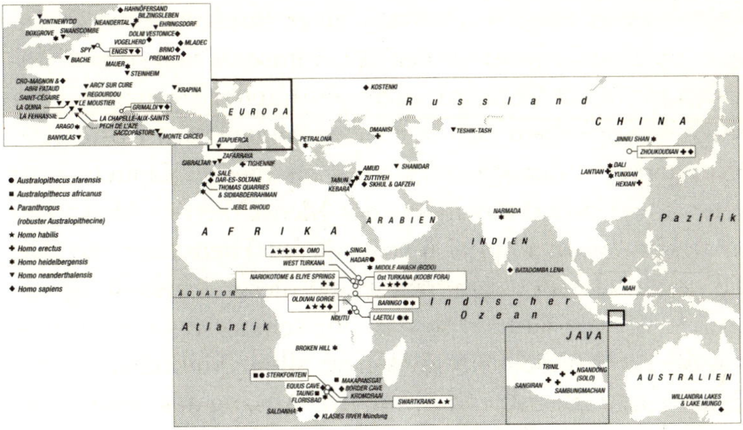

Fundstätten bedeutender hominider Fossilien.

mer nach dem, was wir erhoffen. Jedes wissenschaftliche Urteil erfolgt an der Grenze zum Irrtum und ist persönlich. Die Wissenschaft ist ein Tribut an das, was wir wissen können, obwohl wir fehlbar sind.«[4] Einige werden uns daher widersprechen, und manche werden vor Wut platzen; denn es handelt sich um ein sehr heißes Eisen unter den Forschern. Auf diesem wissenschaftlichen Schlachtfeld haben sich Zusammenstöße von solcher Vehemenz ereignet, daß sie den Streit um die Fälschung des Piltdown-Menschen wie ein freundschaftliches Gespräch unter Betschwestern erscheinen lassen.

Das Thema ist deshalb so konfliktgeladen, weil die Theorie über unseren afrikanischen Ursprung viele eingefleischte Auffassungen über unsere Herkunft umgestürzt hat. Unser Buch will zeigen, daß es sich hierbei um eine fundierte Theorie handelt, und wie bedeutsam es ist, daß die Menschheit in der jüngeren Vergangenheit gemeinsame Vorfahren hatte. Denn daraus geht hervor, daß alle Menschen sehr eng miteinander verwandt sind, was genetische

Untersuchungen bestätigen. Die Unterschiede zwischen den Menschen sind zum Großteil oberflächlich; es handelt sich um Veränderungen, die, gemessen an der gesamten Evolutionsgeschichte, in wenigen Augenblicken erfolgten. Wir mögen unterschiedlich aussehen, doch sollten uns der untersetzte Körperbau der Eskimos oder die hochaufgeschossene Gestalt vieler Afrikaner nicht täuschen. Das, was uns verbindet, ist sehr viel bedeutender als das, was uns trennt. Unser unterschiedliches Aussehen verbirgt eine grundlegende Wahrheit: Unter der Haut sind wir alle Afrikaner, die metaphorischen Söhne und Töchter des Kibish-Menschen.

2 East Side Story

> Die meisten Arten gehen in der Entwicklung ihren eigenen Weg, Schritt für Schritt im Laufe der Zeit. So hat es die Natur vorgesehen. Das ist ganz natürlich und organisch im Einklang mit den geheimnisvollen Zyklen des Kosmos, die sich oft Millionen von Jahren Zeit lassen, um einer Art ihren Charakter und in manchen Fällen ein Rückgrat zu geben.
>
> TERRY PRATCHETT[1]

Charles Darwin war nicht unfehlbar. Er mutmaßte einmal – in der ersten, nicht mehr in den späteren Auflagen der *Entstehung der Arten* –, daß Bären, die manchmal beim Schwimmen das Maul offen haben, um Insekten zu fangen, sich eines Tages zu »einem Wesen so riesenhaft wie ein Wal« entwickeln könnten.[2] Auch zweifelte er die rasche Entwicklung der Mehrzeller während des Kambriums (älteste Stufe des Paläozoikums) vor 550 Millionen Jahren an. Diese evolutionäre »Explosion« gilt heute in der Wissenschaft als erwiesen. Solche Fehlurteile waren jedoch die Ausnahme. Darwin war ein großer, fruchtbarer Denker. In Anbetracht seiner enormen Arbeitsleistung waren gelegentliche Irrtümer unvermeidlich. Viel wesentlicher ist, daß er immer ins Schwarze traf, wenn es um die Entstehung des Menschen ging, und das, obwohl er nicht über »harte« fossile Fakten zur Untermauerung seiner Vorstellungen verfügte. »Es ist etwas wahrscheinlicher, daß unsere frühen Vorfahren auf dem afrikanischen Kontinent lebten, als anderswo«, schrieb er 1881.[3] Er drückte sich vorsichtig aus, aber er hatte recht.

Wäre Darwin heute noch am Leben, er hätte seine Freude an all den Beweisen, die sich anhand der Knochen der Toten und der Gene der Lebenden zur Stützung seiner genialen Vermutungen anführen ließen. Gleichermaßen erstaunt hätte ihn die Bandbreite der in den letzten hundert Jahren ausgegrabenen Fossilien aller anderen Primaten – der Ordnung der Säugetiere, zu der auch wir gehören. Primaten oder Herrentiere sind zumeist langgliedrige, baumliebende Tiere mit guten Augen und geschickten Fingern. Der schwedische Naturforscher Carl von Linné hat sie so genannt, um ihre angebliche Vorrangstellung in der Tierwelt zu verdeutlichen.[4] Die Menschen fallen darunter, zusammen mit Lemuren, Krallenaffen, Tamarins, Pavianen, Schimpansen, Gorillas und vielen anderen. Unsere Geschichte ist daher auch ihre Geschichte. Auch wenn der Aufstieg des *Homo sapiens* (des »weisen Mannes«, nach Linnés äußerst fragwürdiger Bezeichnung) mit Sicherheit nicht die so oft erzählte einfache Geschichte eines glorreichen Aufstiegs durch die Reihe der Primaten war, die im unvermeidlichen Wunder »der mittäglichen Helle des menschlichen Geistes« endete, wie Bertrand Russell den Verstand unserer Art beschrieb.[5] Die Geschichte unserer Evolution ist genauso wie die anderer Lebewesen gespickt mit Glück, Pech, Niedergang, drohendem Aussterben und plötzlichem Aufschwung. Nichts war der menschlichen Rasse vorherbestimmt.

Ihr Auftritt auf der Bühne des Lebens stand sogar unter einem äußerst ungünstigen Stern. Über Millionen von Jahren hinweg, in einer Zeit, die wir das Miozän nennen, hatten die Menschenaffen, die Gruppe der Primaten, zu der wir gehören, sich in den wärmeren Gebieten Afrikas, Europas und Asiens ausgebreitet. Diese großen schwanzlosen Tiere mit relativ großem Gehirn waren eine höchst erfolgreiche, weitverbreitete und uneinheitliche Gruppe. Dann begann ihr Aussterben. Sie hatten den Nahrungskampf ge-

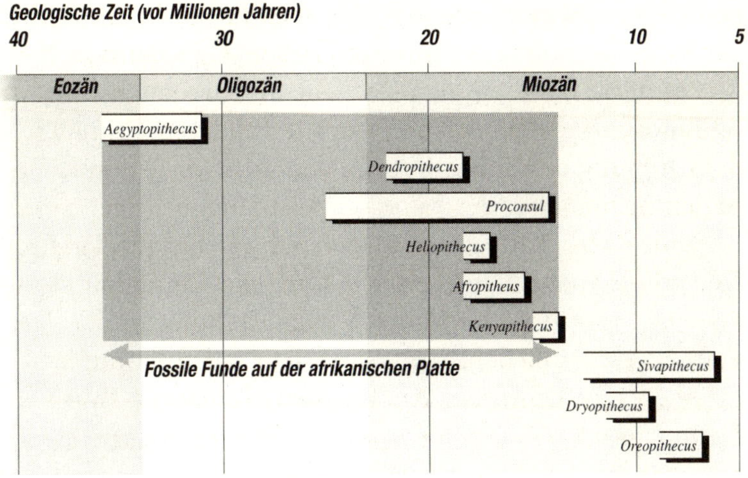

Zeitspannen der wichtigsten fossilen Affen in Afrika
und anderen Kontinenten.

gen die kleineren langschwänzigen Tieraffen verloren, die trotz ihres kleineren Gehirns vor etwa 10 Millionen Jahren die Vormachtstellung in den Wäldern der Alten Welt (Europa, Asien, Afrika) übernahmen.[6] Die Gründe für diesen Machtwechsel unter den Primaten sind nicht klar, aber die Anthropologen sind der Ansicht, daß Klimaänderungen vermutlich eine Schlüsselrolle gespielt haben, denn damals wurde die Erde langsam kälter und trockener. Einige Wissenschaftler weisen auch darauf hin, daß die Tieraffen relativ unreife Früchte verdauen können, was ihnen gegenüber ihren Konkurrenten, den Menschenaffen, einen Vorteil verschaffte. Sie schnappten ihnen die Nahrung vor der Nase weg. Das sind allerdings nur Vermutungen. Sicher ist, daß es Menschenaffen bald nur noch in den Wäldern Afrikas und Südostasiens gab und ihre Zahl seit damals abnimmt. Heute gibt es nur noch vier Arten von Menschenaffen: den Gorilla, den Orang-Utan, den Schimpansen und den Bonobo, auch Zwerg-Schimpanse genannt, und nur der Aufstieg einer neuen Gruppe innerhalb dieses Primaten-Clans, der Aufstieg der Hominiden – zu denen der *Homo sapiens* und unsere Vorläufer *Homo erectus,* Neandertaler und andere gehören –, hat dem Niedergang erfolgreich entgegenwirken können.

Einige Wissenschaftler schrieben dem Aufstieg und der Ausbreitung der Tieraffen und dem damit einhergehenden Rückzug der Menschenaffen sogar eine entscheidende Rolle für unsere eigene Evolution zu. Angesichts einer Konkurrenz, die sich schneller an Nahrung und Umwelt anpassen konnte, begannen einige Menschenaffen auf dem Boden zu leben. Die Menschenvorläufer waren gezwungen, die Bäume zu verlassen. Einmal auf dem Boden, entwickelten sie den aufrechten Gang, später ein großes Gehirn und die Fähigkeit, Werkzeuge herzustellen. Das sind eindeutige Merkmale hominiden Intellekts. »Gemäß dieser Definition mußten die wenigen Menschenaffen, die sich an ein Leben auf dem Boden und in einer offeneren Landschaft anpassen konnten, einige wirklich ungewöhnliche Eigenschaften entwickeln, die nach ihrem ursprünglichen Bauplan keineswegs vorgesehen waren – zum Beispiel den Knöchel-Gang der Schimpansen und Gorillas und den aufrechten Gang der *Australopithecinen*«, sagt der Harvard-Paläontologe Stephen Jay Gould. »Es ist kein besonders edler Stammbaum«, fügt er hinzu. »Unsere vielgerühmte Leiter des Fortschritts ist in Wirklichkeit das Protokoll abnehmender Vielfalt in einer nicht erfolgreichen Linie, der dann zufällig eine spleenige Erfindung namens Bewußtsein zu Hilfe kam.«[7]

Die genaue Ursache und der Zeitpunkt der stammesgeschichtlichen Gabelung zwischen den Menschenaffen bleiben jedoch ein Rätsel. Die einen blieben auf oder in der Nähe von Bäumen und wurden die Vorfahren der heutigen

Gorillas und Schimpansen, die anderen ließen sich in ein Leben auf dem Boden fallen und wurden im Laufe der Evolution zu Hominiden. Wissenschaftler, welche die Gene der Primaten untersuchen, können noch nicht einmal mit absoluter Sicherheit sagen, ob die Schimpansen unsere nächsten Verwandten sind, was am wahrscheinlichsten zu sein scheint, oder ob Gorillas und Schimpansen gleich nah mit dem Menschen verwandt sind. Sie sind sich allerdings sicher, daß eine enge Verwandtschaft zu den afrikanischen Menschenaffen besteht, mit denen wir etwa 98 Prozent unserer Gene teilen. Eine solche biologische Nähe entspricht in etwa der zwischen Zebra und Pferd oder zwischen Wolf und Schakal, das heißt der Unterschied ist erstaunlich gering. Diese Gleichartigkeit sticht auch bei der Betrachtung der menschlichen Proteine ins Auge, deren Aufbau von den Genen gesteuert wird. Hämoglobin, das sauerstofftransportierende Protein, das dem Blut die rote Farbe gibt, ist in allen 287 Untereinheiten der Aminosäure mit dem Hämoglobin des Schimpansen identisch. Als Abgrenzung der Menschen vom Rest unserer Affenverwandtschaft einfach einen unterschiedlichen Familiennamen, »Hominidae«, anzuführen, ist wissenschaftlich äußerst fragwürdig. »Äußerlich ähneln wir so sehr den Schimpansen, daß bereits im 18. Jahrhundert Anatomen, noch fest überzeugt von der Göttlichkeit der Schöpfung, die Gemeinsamkeiten erkannten«, sagt der Physiologe Jared Diamond.

> Stellen Sie sich nur einige ganz normale Menschen vor, die ihre Kleidung und sonstigen Habseligkeiten ablegen, ihre Sprache verlieren, nur noch grunzen könnten und in einen Zookäfig neben den Schimpansen gesperrt würden. An diesen sprachlosen Käfigmenschen könnten wir erkennen, was wir in Wirklichkeit sind: Schimpansen mit

> schwacher Behaarung und aufrechtem Gang. Ein Zoologe von einem fremden Stern würde nicht zögern, den Menschen als dritte Schimpansenart zu klassifizieren, neben dem Zwergschimpansen oder Bonobo von Zaire und dem gewöhnlichen Schimpansen, der im übrigen tropischen Afrika vorkommt.[8]

Der biologische Graben, von dem man einst annahm, daß er Menschen und Tiere trennt, hat sich damit als schmaler genetischer Spalt erwiesen. Der Unterschied im Genom – der Gesamtheit der Gene – zwischen Mensch und Schimpanse beträgt nur zwei Prozent. Das ist ein winziger Unterschied, der dennoch für alle Wunder unserer Zivilisation verantwortlich ist, von der Plasmaphysik über Picasso bis zum Pizzafertigteig. Dieses außergewöhnliche Phänomen zeigt, wie relativ geringe Unterschiede in den Genen und der Entwicklung dennoch grundlegend verschiedene Manifestationen in Erscheinung und Lebensform hervorrufen können. Was das bedeutet, werden wir später im Detail erläutern.

Die Entdeckung dieser engen genetischen Bindung läßt jedoch noch eine andere wesentliche Folgerung zu. Wenn sich Schimpanse und Mensch so sehr gleichen, können wir uns noch nicht sehr lange getrennt entwickelt haben. Die Gabelung zwischen den Menschenaffen, die auf zwei Beinen zu laufen begannen, und denen, die Waldbewohner blieben, kann nicht sehr alt sein. Sie liegt auch nur etwa 5 Millionen Jahre zurück. Doch ernteten die Genetiker, die als erste darauf hinwiesen, noch vor wenigen Jahrzehnten den Spott der meisten Anthropologen.[9] Damals deuteten fragmentarische Kieferknochen und Zähne darauf hin, daß der Zeitpunkt der Trennung mindestens dreimal so lange zurückliegen müsse. Die Anthropologen mußten jedoch einen Rückzieher machen. Inzwischen ist klar, daß unsere vermeintlichen Vorfahren – wie der *Ramapithecus* vom indischen Subkontinent und der *Kenyapithecus* aus Ostafrika – wahrscheinlich zu einer älteren Affenlinie gehörten. Weiterhin ist erwiesen, daß unsere stammesgeschichtliche Trennung von den Affen tatsächlich noch nicht lange zurückliegt.[10]

Die Frage ist, was für eine Kreatur zuerst den Wald verließ und eine Evolutionslinie in Gang setzte, aus der Wesen hervorgingen, die einen Planeten eroberten und inzwischen die anderen Welten des Sonnensystems erforschen. Bis vor kurzem konnte man darüber nur sehr vage Spekulationen anstellen. Doch unser Kenntnisstand hat sich in letzter Zeit deutlich verbessert. 1993 entdeckte ein internationales Forscherteam im äthiopischen Aramis über vierzig Fragmente, unter anderem Kiefer, Zähne und Armknochen mehrerer primitiver Kreaturen, die sowohl menschliche als auch äffische Merkmale aufweisen. Es handelt sich hierbei um fossile Reste von Lebewesen, die vor etwa 4,5 Millionen Jahren – sehr nahe dem Gabelungspunkt Mensch/Affe – in Afrika beheimatet waren. Die amerikanischen, äthiopischen und japanischen Anthropologen, welche die Knochen gefunden und beschrieben haben, gaben ihnen einen neuen Namen: *Ardipithecus ramidus.*[11] Die zweiteilige Nomenklatur geht ebenfalls auf Linné zurück. Gemäß dieser Klassifikation erhält jede Art, ob ausgestorben oder noch lebend, einen ersten Namen, der die Gattung benennt, das heißt die Gruppe, zu der alle eng verwandten Arten gehören, und einen zweiten Namen für die jeweilige Art. Daher die Bezeichnung *Homo sapiens* – »vernunftbegabter Mensch« oder ganz genau »Mensch, der Wissende«. Beim *Ardipithecus ramidus* bedeutet der Gattungsname »Bodenaffe« und der Artname »Wurzel«. Er gibt die stammesgeschichtliche Position an.

Viele Wissenschaftler glauben, *ramidus* bilde die Wurzel des menschlichen Stammbaums, sehr nahe an dem

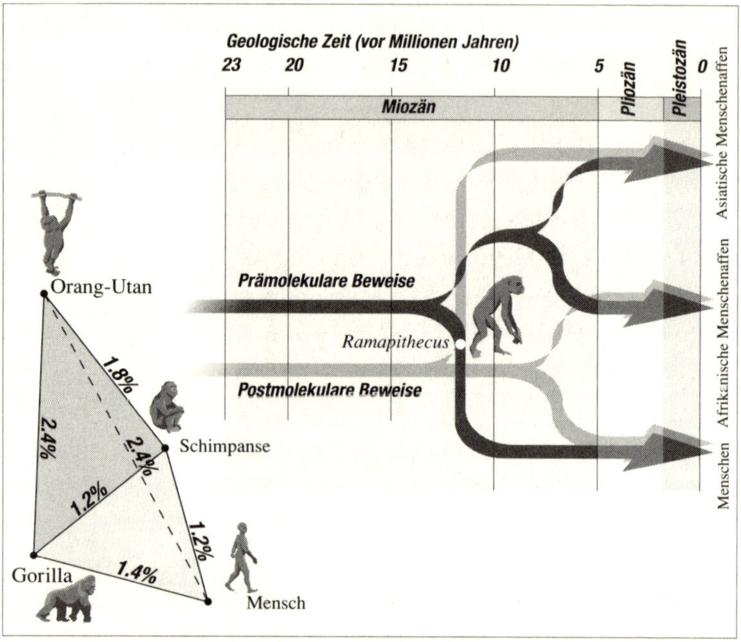

Wie die molekulare Uhr unsere Trennung vom Affen neu kalibriert hat. Daneben ein Netzwerk von Beziehungen basierend auf durch DNA-Hybridisierung festgestellten Unterschieden zwischen Menschenaffen und Menschen.

Punkt, wo sich die Wege von Menschenaffen und Menschenvorläufer trennten. Über den genauen Übergang sind sie sich aber nicht sicher. Einige seiner Charakteristika sind eindeutig menschenähnlich. Die Eckzähne waren kleiner und ähnelten denen späterer Hominiden namens *Australopithecinen* (wörtlich Südaffen), und die Schädelbasis war kleiner, ein Hinweis auf die grundlegendste Eigenschaft der Hominiden, den aufrechten Gang, manchmal auch Bipedie genannt. Eine große Schädelbasis stützt große Nackenmuskeln, die verhindern, daß der Kopf des Tieres nach vorne kippt, wie es bei der vierbeinigen Fortbewegung der Fall wäre. Hunde und Schimpansen verfügen zum Beispiel über dieses Merkmal. Eine kleine Schädelbasis ist ein Hinweis darauf, daß der Kopf des *ramidus* wahrscheinlich wie beim aufrecht gehenden Menschen gut ausbalanciert auf dem Nacken saß und nicht durch kräftige Muskeln hochgehalten werden mußte. Andererseits fand man zusammen mit den Knochen des *ramidus* Reste von Eichhörnchen, Stummelaffen und anderen Waldbewohnern, was darauf hindeutet, daß er sich nicht sehr weit von seiner Waldheimat entfernte. Die Wissenschaftler warten darum noch immer auf die Entdeckung weiterer fossiler Reste, die ihr Urteil bestätigen, wie Tim White, einer der Teamleiter von der University of California in Berkeley, zugibt. »Die fossilen Überreste von Aramis sind anatomisch gesehen die eines Hominiden, und sie waren wahrscheinlich auch funktionell gesehen hominid und außerdem biped. Aber bis jetzt sind die Beweise von Schädel, Zähnen und Armen alles nur indirekte. Wir suchen nach Becken-, Knie-, Knöchel- oder Fußknochen, die einen direkten Beweis liefern«, äußerte er Ende 1994 gegenüber der Zeitschrift *Discover.*[12] Außerdem könnte man von Schädelteilen auf die Größe des Gehirns schließen. Ausgehend von späteren *Australopithecinen* ist es allerdings unwahrscheinlich, daß der Schädel des *ramidus* größer als der eines kleinen Affen war. (Ende 1994 hatte White Erfolg. Er und seine Kollegen fanden an der Fundstätte des *ramidus* neunzig Fossilien, darunter ein halb vollständiges Skelett. All diese wertvollen Funde müssen noch genauer analysiert werden.[13])

Andere Merkmale des *ramidus* sind wiederum den Affen zuzuordnen. Er hatte relativ kleine Backenzähne mit nur einer dünnen Schmelzschicht auf den Zähnen, wie die heutigen Gorillas und Schimpansen, die meist weiche Nahrung – in der Hauptsache Früchte – zu sich nehmen, die zerquetscht, aber nicht stark gekaut werden muß. So hat sich wahrscheinlich auch *ramidus* ernährt. Die große Oberfläche der Backenzähne und die dickere Schmelzschicht bei späteren Hominiden deutet hingegen auf Nahrung hin, die entweder stärker scheuerte oder viel besser gekaut werden mußte oder beides, wie Nüsse, Samen und Knollen.

Aber wenn der Zufall in Form der Tieraffen-Konkurrenz der Auslöser für die ersten Schritte unserer Vorfahren auf zwei Beinen war, so waren es ganz andere Zwänge, die einen Rückfall in das vierbeinige Leben auf den Bäumen verhinderten. Geologische Kräfte bildeten zu dieser Zeit das majestätische Rift valley und trennten damit Ostafrika vom Rest des Kontinents ab. Die Landschaft veränderte sich tiefgreifend. Entlang einer Linie durch Äthiopien, Kenia, Tansania und schließlich Mosambik, bewegten sich zwei riesige Felsplatten – die tektonischen Platten, auf denen die Kontinente ruhen – langsam auseinander. Die Risse und Erhebungen, die durch die unterirdische Trennung der Platten entstanden, haben Umweltveränderungen ausgelöst, die eine bedeutende Rolle für den Fortgang der Evolution in diesem Gebiet spielten. Die gewaltigen Verschiebungen ließen Magma austreten, das die Felsen und Berge von Äthiopien und Kenia formte. Es bildeten sich neue Seen und Flußsysteme, und zu beiden Seiten des Rift valley wurden Bergketten hochgedrückt, die das beständige Klima in Äquatorialafrika drastisch veränderten. Im Westen gab es weiterhin feuchte Wälder, aber der Osten wurde trockener, was vermutlich durch die Entstehung eines saisonal vom Monsun beeinflußten Klimas im Indischen Ozean verstärkt wurde. Dieser meteorologische Effekt setzte mit der Entstehung des Himalaya ein. Die Vorfahren der heutigen afrikanischen Menschenaffen lebten unbehelligt im bewaldeten Zentrum und im Westen, aber die Hominiden (deren Ursprung, wie wir annehmen, in Ostafrika liegt) wurden auf der anderen, weniger dicht bewaldeten Seite des Kontinents immer mehr isoliert. Die mächtigen Flüsse und Seen, die nun von Norden nach Süden durch das Rift valley flossen, verstärkten nur noch die Isolation der Hominiden.

Diese Theorie über den geologischen Einfluß wurde erstmals vor dreißig Jahren von dem Primatologen Adrian Kortlandt[14] aufgestellt und ist in jüngster Zeit von Yves Coppens[15] weiterentwickelt worden. Coppens ist ein französischer Paläontologe, der seiner Theorie den Namen »East Side Story« gab. Der Kernpunkt der Theorie besagt, daß Ostafrika vor etwa 5 Millionen Jahren eine ebenso blühende Tropenlandschaft war wie der Westen. Aber vor etwa 4 Millionen Jahren, nachdem *ramidus* seine Spuren in Ostafrika hinterlassen hatte, begann sich die Umwelt aufgrund geologischer Einflüsse zu verändern. Die Wälder wurden spärlicher und immer wieder abgelöst von Savannen und Grasland. Ganz neue Arten von Schweinen und Affen entstanden, und die bereits bestehenden Arten von Elefanten, Nashörnern und Schweinen paßten sich den neuen Gegebenheiten an. Ihre Zähne veränderten sich und eigneten sich nun besser zum Kauen und Grasen. Diese Veränderungen des Lebensraumes zwangen die Hominiden immer weiter in jene Richtung, die zoologische Umstände bereits begünstigt hatten und die von geologischen Kräften nun verstärkt wurde. »Die Population der gemeinsamen Vorfahren von Menschen und Affen sah sich plötzlich getrennt«, sagt Coppens. »Die westlichen Nachkommen der gemeinsamen Vorfahren paßten sich weiterhin dem Leben in einer feuchten, bewaldeten Umgebung an – das sind die Affen. Die östlichen Nachkommen derselben gemeinsamen Vorfahren mußten hingegen vollkommen neue Fähigkeiten entwickeln, um sich an ihr neues Leben in einer offenen

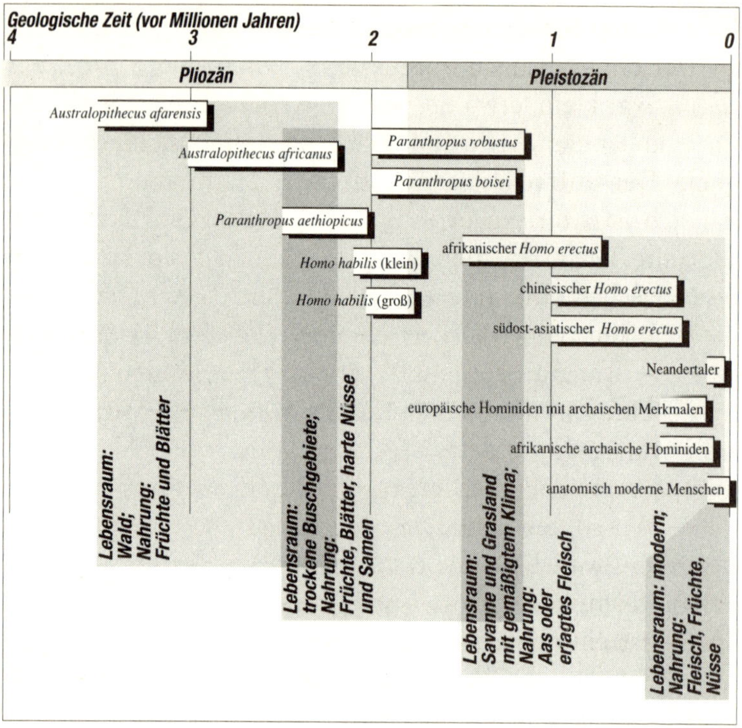

Fossile Hominiden während verschiedener Zeiträume unter Angabe von Veränderungen in Lebensraum und Ernährung. Die drei Spezies robuster *Australopithecinen* sind hier einer eigenen Gattung zugeordnet, dem *Paranthropus.*

Umgebung anzupassen – das sind die Menschen.« Kurz gesagt, wir sind »zweifellos das reine Produkt einer gewissen Dürre«, fügt Coppens hinzu.

Etwa zu diesem Zeitpunkt erschien eine neue Art von Hominiden, der *Australopithecus afarensis,* der nun über Millionen von Jahren in Ostafrika beheimatet sein würde.[16] (Er wurde *Australopithecus,* Südaffe, benannt, nach einem Fund in Südafrika, auf den wir später eingehen, und *afarensis,* nach dem Afar-Gebiet in Äthiopien, wo einige der bekanntesten Fossilien gefunden wurden.) Die Spezies glich in vieler Hinsicht noch immer den Gorillas und Schimpansen. Sie war klein, etwa ein Meter zwanzig, mit kurzen Beinen und langen Armen, konnte aber eindeutig aufrecht gehen. Der aufrechte Gang, der für uns heute selbstverständlich ist, war ein evolutionäres Ereignis von enormer Tragweite. Die erste von drei klassischen Eigenschaften, die den Menschen von anderen Tieren unterscheidet – Bipedie, Abhängigkeit von Werkzeugherstellung und ein großes Gehirn –, war nun eindeutig vorhanden, wenn sie es nicht schon beim *ramidus* gewesen war. Ohne den aufrechten Gang wären die anderen Prozesse, die unsere Evolution lenkten, wahrscheinlich in eine ganz andere Richtung verlaufen. Wir sollten daher den *Australopithecus* nicht unterschätzen. Owen Lovejoy, ein Anatom der Kent State University, formulierte es folgendermaßen: »Der Schritt zur Bipedie ist eine der erstaunlichsten Veränderungen in der Anatomie, die wir in der Evolutionsbiologie kennen.«[17] Auch Richard Leakey teilt diese Ansicht:

> Der Beginn der zweibeinigen Fortbewegung ist eine signifikante Anpassung, die uns das Recht gibt, alle Arten zweibeiniger Affen »Mensch« zu nennen. Das bedeutet nicht, daß die erste zweibeinige Affenart über eine gewisse Technik, einen höheren Verstand oder andere kulturelle Attribute der Menschheit verfügt hätte. Vielmehr war der aufrechte Gang so voller evolutionärer Möglichkeiten – die oberen Gliedmaßen waren frei und konnten eines Tages handwerklich eingesetzt werden –, daß diese Bedeutung sich in der Nomenklatur niederschlagen sollte. Diese Menschen waren nicht mit uns vergleichbar, aber ohne den aufrechten Gang hätten sie nicht wie wir werden können.[18]

Man darf dabei nicht vergessen, daß die drei typischen menschlichen Eigenschaften nicht als evolutionärer »Dreierpack« gleichzeitig auftraten, wie in der Vergangenheit oft angenommen wurde. Lange Zeit glaubte man, ein großes Gehirn habe freie Hände und Arme notwendig gemacht, die dann Werkzeuge herstellten, welche unser sich entwickelnder Verstand erfand. So ist es nicht abgelaufen. Zuerst kam der aufrechte Gang, Gehirn und Werkzeuge kamen später (und erst ab diesem Zeitpunkt kann die Wissenschaft unserer Ansicht nach den Begriff »Mensch« rechtfertigen). Aber warum begannen wir, aufrecht zu gehen? Wir hätten ebenso auf allen vieren den Wald verlassen können. Und das haben wir wahrscheinlich auch, allerdings begannen wir dann recht schnell, uns auf zwei Beinen fortzubewegen. Warum also diese Reihenfolge? Das ist eines der größten Rätsel der Paläontologie, auch wenn es genug Hypothesen gibt. Vielleicht gingen die frühen Hominiden aufrecht, um besser an Nahrung zu kommen oder um Vorräte zu tragen. Vielleicht entwickelten sie die Fähigkeit, Steine zu werfen, um auf diese Weise Beute anzugreifen oder um sich zu verteidigen? Vielleicht haben wir uns auch deshalb aufgerichtet, um möglichst wenig Hautoberfläche der harten Sonnenstrahlung auszusetzen, damit sich das Gehirn nicht überhitzte und um Wasser zu speichern, das ansonsten als Schweiß verlorengegangen wäre. Möglicherweise begannen unsere Vorfahren also aufrecht zu gehen, damit sie kühl blieben und die Sonne ihnen nicht auf den Rücken brannte. So schien sie auf die wesentlich kleinere Fläche ihres Kopfes. Vielleicht mußte der aufrechte *afarensis* auch das dicke Fell abwerfen, das die Savannentiere vor der Hitze schützt, um besser schwitzen zu können, und wurde so der erste nackte Affe.

Um seine Hypothese über das »Kühlbleiben« zu demonstrieren, setzte Peter Wheeler von der John Moores

University in Liverpool Boris ein. Boris ist ein dreißig Zentimeter großes gelenkiges Modell eines *afarensis,* das sowohl in eine zweibeinige als auch in eine vierbeinige Position gebracht werden kann. Mit einer Kamera simulierte man den Lauf der Sonne während vierundzwanzig Stunden. Gleichzeitig wurde Boris sowohl auf allen vieren als auch aufrecht aufgenommen. Dann maßen Scanner die Größe von Boris' Abbildung auf verschiedenen Aufnahmen, die den einzelnen Tageszeiten entsprachen. »Unsere Beobachtungen sind eindeutig«, sagt Wheeler. »Wir konnten feststellen, daß sich die Hitze, die Boris abbekam, um 60 Prozent reduzierte, wenn er aufrecht stand, da so eine kleinere Fläche der Sonne ausgesetzt war.« Außerdem befand sich in aufrechter Haltung der größere Teil des Tierkörpers in größtmöglichem Abstand von der heißen Erde und entging so der von ihr abgestrahlten Wärme, während er etwas von den leichten Luftzügen abbekam, die in einigem Abstand vom Boden zu spüren sind.[19]

Das ist eine schlüssige Theorie, auch wenn noch weitere Beweise nötig sind, ebenso wie für die anderen Erklärungen des Ursprungs der Bipedie. Jede Theorie hat ihre Vorteile und ihre Befürworter, aber auch ihre Skeptiker und Nachteile. Es gibt also noch keine endgültige Erklärung des Ursprungs des aufrechten Gangs beim Menschen.

Der *Australopithecus afarensis* verfügte über einige frühmenschliche Charakteristika, allerdings auch über Eigenschaften, die wir heute als ungewöhnlich und untypisch für unsere Art ansehen würden. Insbesondere schien ein großer Unterschied im Körperbau zwischen männlichen (im Durchschnitt ein Meter fünfzig groß und 65 Kilo schwer) und weiblichen Individuen (im Durchschnitt ein Meter groß und 30 Kilo schwer) zu bestehen, was auf eine Sozialstruktur hindeutet, die sich sehr von unserer unterschied und die nicht monogam war. Die männlichen Individuen entwickelten große Körper, um miteinander um eine möglichst große Gruppe von Partnerinnen – man könnte auch sagen Harems – konkurrieren zu können. Es handelt sich hierbei um ein soziales Gruppenverhalten und eine Dichotomie von Formen, wie wir sie von anderen Arten, zum Beispiel den Gorillas, kennen. Die weiblichen Individuen ihrerseits bevorzugten vermutlich größere, »fittere« Partner. Auch gibt es keine Hinweise auf Werkzeugherstellung und wenig Anzeichen eines »Verstandes«, da das Gehirn des *afarensis* von der Größe her dem des Affen entsprach. Dessen Gehirn hat ein Volumen von 350 bis 550 ml, im Vergleich zu 1200 bis 1600 ml beim durchschnittlichen Jetztmenschen. Die Stirn des *afarensis* war nur ein wenig weiter entwickelt als die des durchschnittlichen Affen und die Schnauze nur leicht zurückgebildet. Nur die kleinen Schneidezähne und die großen Backenzähne, die eine größere Oberfläche zum besseren Kauen von Nüssen, Beeren und Samen hatten, wiesen auf einen Unterschied hin. Der Rest des Skeletts, das von Funden wie »Lucy« bekannt ist – einem zu 40 Prozent vollständigen Skelett eines 3 Millionen Jahre alten *afarensis* –, weist eine Mischung aus äffischen und menschlichen Eigenschaften auf: relativ lange Arme, kurze Beine und eine pyramidenförmige Brust wie ein Affe; ziemlich stark gebogene Handknochen und kurze Daumen, die immer noch einen wirkungsvollen Haken hätten bilden können, um an Ästen zu hangeln; dafür aber vergleichsweise kurze und breite Hüftknochen, die mehr denen des modernen Menschen entsprachen.

Der *afarensis* verschwand vor etwa 3 Millionen Jahren wieder von der Bildfläche. Zu diesem Zeitpunkt erschien am anderen Ende Afrikas eine verwandte Spezies. Über diesen Hominiden sollte mehr spekuliert werden als über alle anderen Vorläufer des Menschen. Die Entdeckung wurde 1924 von Arbeitern in einem Kalksteinbruch in Taung bei Kimberly gemacht. Die ersten Fragmente dieser Hominidenlinie, die vordere Hälfte eines Schädels mit Kiefer und Zähnen, wurden von Raymond Dart analysiert, dem neu berufenen Anatomieprofessor der Witwatersrand University in Johannesburg. Er gab dem Hominiden den Namen *Australopithecus africanus* (Affe aus dem Süden Afrikas) und benutzte damit zum ersten Mal die Bezeichnung *Australopithecus.*[20] Dart stellte fest, daß es sich bei dem Fossil von Taung nicht um einen Erwachsenen handelte, sondern um ein Kind von etwa sechs Jahren. Er erkannte, daß die ersten bleibenden Backenzähne gerade durchgebrochen waren. Aber dennoch behauptete er, daß es sich bei der Spezies um einen intelligenten, Werkzeug herstellenden Vorläufer des modernen Menschen handele. Das wissenschaftliche Establishment in Großbritannien ignorierte Darts Behauptungen. Man erwiderte, afrikanische *Australopithecinen* seien äffische Überbleibsel, die zurückgeblieben seien, als die menschliche Evolution in Europa und Asien fortschritt.

Wir wissen heute, daß Dart in mancher Hinsicht recht hatte. Es hat sich herausgestellt, daß *africanus* sehr viel älter ist als die menschlichen Fossilien von Europa und Asien und daß er unter Umständen einer unserer Vorfahren sein könnte. Andere Behauptungen Darts ließen sich jedoch nicht aufrechterhalten. Er folgerte, die Spezies habe aus eingefleischten Killern bestanden, »fleischfressende Kreaturen, die sich ihrer lebenden Opfer mit Gewalt bemächtigten, sie erschlugen, in Stücke rissen und ihre Glieder abtrennten, gierig ihren Durst mit dem heißen Blut der Beute löschten und das lebendige, zuckende Fleisch fraßen«, wie er in einem Aufsatz über »den raubtierhaften Übergang vom Affen zum Menschen« schrieb.[21] Dieser erstaunliche, fast schon pornographische Erguß fußte auf Darts Interpretation der beschädigten Schädel und Knochen des *africanus* und anderer Tierarten, die man in Taung und später in Makapansgat und Sterkfontein fand. Dart behauptete, die den Hominiden und Tieren zugefügten Verletzungen seien durch primitive Waffen aus Knochen und Stein entstanden, welche die vorzeitlichen Killer für ihre Schlächterorgien, bei denen sie auch dem Kannibalismus frönten, hergestellt hätten.

Darts Hypothese wurde von dem amerikanischen Dramatiker Robert Ardrey aufgegriffen, der diese Vorstellungen in einer Reihe von aufsehenerregenden Bestsellern verarbeitete. Der erste hieß *Adam kam aus Afrika*[22] und schlug in dieselbe Kerbe, daß die Anfänge der Menschheit blutrünstig und gewalttätig verlaufen seien. Nicht das große Gehirn habe die Waffen geschaffen, sondern »die Waffe hat den Menschen geschaffen«, behauptete Ardrey. Die Entwicklung von Faustkeilen und Speeren sei bis heute der Antrieb für unsere Evolution, ein Prozeß, der von der Maschinerie des Kriegs in Gang gehalten werde. Diesen Gedanken griffen wiederum Stanley Kubrick und Arthur C. Clarke in ihrem Film *2001 – Odyssee im Weltraum* auf. Ein Affenmensch, der von unsichtbaren außerirdischen Wesen beeinflußt wird, spielt mit Knochen. Plötzlich wird er sich ihrer Möglichkeiten bewußt und schlägt mit ihnen auf den Boden und später auf seine Feinde ein. Schließlich wirft er die Knochenwaffe in die Luft, wo sie zu einem trudelnden Raumschiff wird. (In der Fassung von Monty Python saust das Raumschiff dann zur Erde zurück und zerquetscht den Affenmenschen.) Was uns der Film vermitteln will, ist klar: Die Technik wird vorangetrieben durch unseren Drang, Waffen herzustellen und zu morden. Eine bequeme Vorstellung, geht sie doch davon aus, daß es in unseren Genen festgelegt ist, Krieg zu führen, und daß daher selbst der vernünftigste Mensch nicht gegen diesen Trieb ankommen kann. Und die Theorie impliziert, daß wir keine Schuldgefühle empfinden oder Verantwortung für unsere Greueltaten übernehmen müssen. Töten sei ein instinktives, natürliches Verhalten.

Doch das ganze außergewöhnliche Gedankengebäude beruhte auf dürftigem und, wie wir jetzt wissen, falsch gedeutetem Beweismaterial. Der arme verleumdete *africanus* hat vermutlich gar kein Werkzeug benutzt, von Waffen ganz zu schweigen, und war auch kein Jäger, sondern vielmehr ein Gejagter.[23] Das Durcheinander von Schädeln und Knochen, das in Makapansgat, Sterkfontein und an anderen Orten gefunden wurde, war von Leoparden und anderen Raubtieren zurückgelassen worden, die ihre Beute, darunter auch *africanus*-Männer, -Frauen und -Kinder, in ihre Verstecke gebracht hatten, um sie ungestört zu fressen. So wird heute zum Beispiel angenommen, daß das Kind von Taung die Beute eines Adlers war, der den beschädigten Kopf des Kindes in sein Nest gebracht hatte.[24] Die Verletzungsspuren an anderen Schädeln und Knochen wurden nicht von menschlichen Waffen, sondern von Raubtierzähnen verursacht. Möglicherweise entstanden sie auch durch die wiederholten Schläge mit anderen Kadaverteilen oder Felsbrocken, die auf sie fielen. Es gibt keinen Grund zur Annahme, daß die Menschheit dem Wesen nach schlecht ist. Von einigen wenigen Daten Aussagen über unser Wesen abzuleiten, ist nur zu unserem Nachteil.

Africanus war sogar in vieler Hinsicht seinem möglichen Vorfahren *afarensis* ähnlich. Er hatte eine ähnliche Körper- und Gehirngröße, aber der Unterschied zwischen männlichen und weiblichen Individuen scheint weniger ausgeprägt gewesen zu sein. Die Schneidezähne waren noch kleiner geworden, die hinteren Zähne relativ größer,

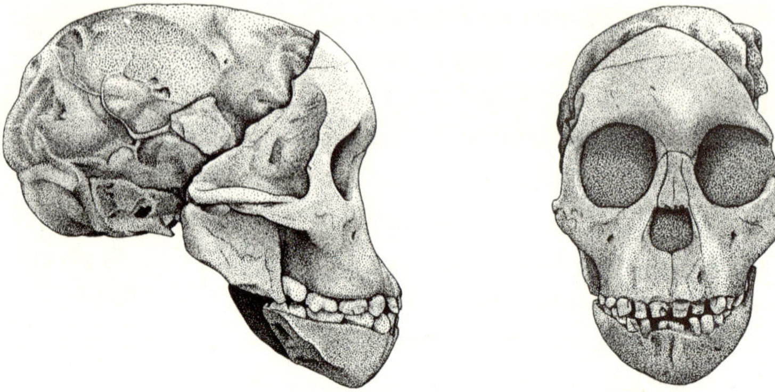

Der Taung-Schädel – Darts *Australopithecus africanus.*

das Gesicht ein wenig flacher, mit markanteren Wangenknochen. Aber die Hüftknochen bildeten noch immer nicht die Beckenform des modernen Menschen. Der *africanus* lebte wahrscheinlich in Gruppen, so wie die meisten heutigen Affen, ohne längerfristige Paarbindung. Er ging aufrecht und bevorzugte eine gemischte, hauptsächlich vegetarische Nahrung. Möglicherweise verzehrte er auch gelegentlich Fleisch, dann allerdings nur, wenn sich die Gelegenheit bot, so wie die heutigen Schimpansen, die gelegentlich einen Tieraffen töten und fressen, wenn er sich zu nah heranwagt.

Zur gleichen Zeit, vor etwa 2,5 Millionen Jahren, wurde das Klima in Süd- und Ostafrika noch trockener, mit unregelmäßigen Regenfällen. Diese Veränderung war sehr wahrscheinlich auf die Bildung der Eiskappen am Nord- und Südpol zurückzuführen, wodurch dem Klimasystem der ganzen Welt enorme Mengen Feuchtigkeit entzogen wurden. Viele Säugetiere, wie zum Beispiel Elefanten und Pferde, entwickelten verstärkte Kronen, was auf einen Wechsel in der Ernährung von Blättern zu Gras hinweist. Die Hominidenlinie begann sich ebenfalls zu verändern, und es entstanden drei Arten »robuster« *Australopitheci-*

nen, die über enorm dicke Kiefer und große Backenzähne verfügten. Aufgrund dieser Spezialisierung klassifizierten viele Experten sie als andere Gattung und nannten sie *Paranthropus* (Beinahemensch), im Gegensatz zu den »Grazilen« (*afarensis* und *africanus*). Gehirn und Körper des robusten *Australopithecus* waren nur wenig größer als bei seinem grazilen Vorgänger, trotz des größeren Gesichts, größerer Kiefer und Zähne. Er ging ebenfalls auf zwei Beinen, konnte aber noch nicht über längere Strecken aufrecht gehen oder laufen wie der *Homo sapiens*.

Der *Australopithecus robustus* war aber nur einer der Hominiden, welche die Evolution vor 2,5 Millionen Jahren im trockener werdenden Ostafrika hervorbrachte. Mit seinem mächtigen, mahlenden Kiefer konnte er große Mengen harter Pflanzen kauen, wie sie in ausgedörrten Landschaften typisch sind. Der *robustus* bildete eine spezialisierte Linie von Hominiden, die sich von dem Stamm, der zum *Homo sapiens* führt, abzweigte und bis vor einer Million Jahren überlebte. Die zweite biologische Reaktion auf die Dürre ist weitaus bedeutender für unsere Geschichte. Nun erschien nämlich eine Kreatur, die bei der Nahrungsbeschaffung wesentlich flexibler war. Anstatt sich anatomisch darauf einzustellen, harte Pflanzen zu kauen, entwickelte diese Art eine flexible, breiter angelegte Strategie bei der Sammlung der Nahrung, die auch Fleisch umfaßte. Das war der erste wirkliche Mensch, ein Mitglied der Gattung *Homo*. Er erschien vor etwa 2,3 Millionen Jahren in Afrika. Ein Team unter der Leitung von Louis Leakey, dem Vater von Richard, nannte ihn 1964 *Homo habilis* (»geschickter Mensch«). Leakeys Interpretation basierte auf Funden in der Olduvai-Schlucht im tansanischen Rift valley.[25] Der *habilis* hatte einen kleineren Kiefer und kleinere Zähne als die *Australopithecinen*, und sein Skelett hatte vermutlich menschenähnlichere Proportionen. Die beiden wichtigsten Unterschiede waren aber zum einen seine Fähigkeit, richtige Werkzeuge anzufertigen, und zum anderen sein Gehirnvolumen von 600 bis 750 ml, womit er sich eindeutig vom Affen und den *Australopithecinen* abhob. Dieser große Schritt in der Gehirnevolution fand im Unteren Paläolithikum, auch frühe Altsteinzeit genannt, statt. Das zu diesem Zeitpunkt erreichte geistige Niveau hielt sich über die kommenden 2 Millionen Jahre.[26]

Bis jetzt haben wir ein recht übersichtliches Bild. Ein affenartiges Wesen mit kleinem Gehirn, der *Ardipithecus ramidus,* erscheint vor 5 Millionen Jahren aus dem Wald und beginnt, sich aufrecht fortzubewegen. An *ramidus* schließt sich *afarensis* an, an ihn *africanus.* Dann teilt sich die Evolutionslinie vor etwa 2,5 Millionen Jahren in die robusten *Australopithecinen* und den *Homo habilis,* den ersten Hominiden mit etwas größerem Gehirn. (Wir dürfen aber nicht vergessen, daß es mindestens 2,5 Millionen Jahre dauerte, bis sich nach der Herausbildung des aufrechten Gangs auch ein wesentlich größeres Gehirn entwickelte.) Aber selbst wenn wir verbleibende Ungewißheiten des ersten Teils unserer Geschichte übergehen, können wir der sich abzeichnenden Komplexität späterer Teile nicht entgehen. Die beiden Zweige, die nach dem *africanus* vom menschlichen Stammbaum abzweigten, sind in letzter Zeit etwas durcheinander geraten. Manche Entdeckungen weisen darauf hin, daß vor 2 Millionen Jahren verschiedene Hominidentypen gleichzeitig existierten, die robusten *Australopithecinen,* möglicherweise zwei getrennte Arten von *habilis* (ein großer mit großem Gehirn und ein kleiner mit kleinem Gehirn)[27] sowie die zur damaligen Zeit am weitesten entwickelten Hominiden, *Homo erectus.* Fossilienfunde beweisen, daß sie geringfügig voneinander abweichende Le-

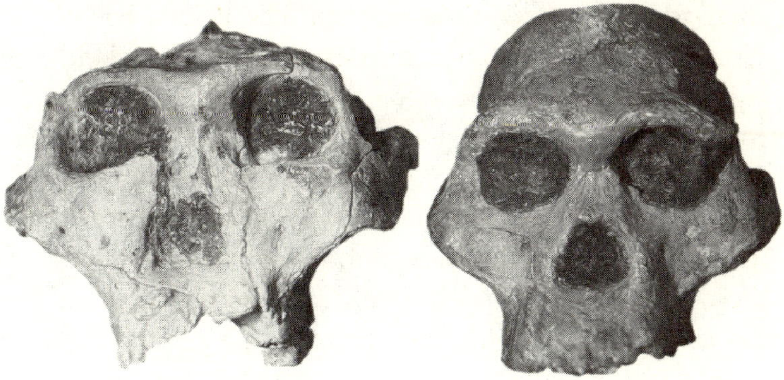

Schädel südafrikanischer *Australopithecinen*.

bensweisen hatten und sich unterschiedlich ernährten. In der abwechslungsreichen Landschaft Ostafrikas, die vor 2 Millionen Jahren aus Wäldern, Grasland und Seeufern bestand, fand jeder von ihnen eine bequeme Nische. Einige hunderttausend Jahre später starb zuerst die Spezies *habilis* und dann auch *robustus* aus, und das Schicksal des Menschen lastete nun allein auf *erectus*. Das Rätsel um seinen genauen Ursprung ist damit aber noch immer nicht geklärt.

Erectus gibt zweifellos einen überzeugenden Menschen ab. Im Vergleich zu *habilis* stellte er wesentlich ausgefeiltere Werkzeuge her. Man unterscheidet zwischen Werkzeugherstellung und Werkzeugbenutzung. Werkzeugbenutzer sind beispielsweise auch Biber oder Seeotter, die Schalentiere mit Steinmeißeln öffnen. Die Artefakte des *erectus* werden häufig zusammen mit den Knochen von Antilopen, Schweinen, Zebras, Flußpferden, Büffeln und Elefanten gefunden. Die Fundstätten liegen oft an prähistorischen Seen oder Flüssen, wo sich die Tiere versammelten, um zu trinken und Schutz unter den angrenzenden Bäumen und im Gebüsch zu finden. Sowohl Raubtiere, wie Löwen und Leoparden, als auch Menschen zog es hierher. Da-

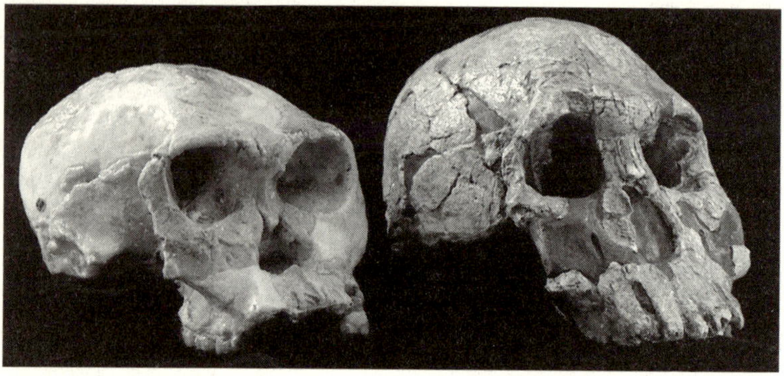

Schädel eines kleinen und eines großen *Homo habilis.*

her ist es nicht möglich zu sagen, ob die Tiere von Menschen oder Raubtieren getötet wurden. Möglicherweise fanden die *erectus*-Männer und -Frauen die Beute erst nach deren Tod, oder sie verscheuchten die Raubtiere. Sicher ist nur, daß unsere Vorfahren im Vergleich zu den späteren Jägern und Sammlern eher Plünderer und Aasfresser waren und keine richtiggehenden Jäger. Das wäre auch eine Erklärung für den großen Körper des *erectus.* Er konkurrierte mit Wölfen und Geiern um die Kadaver, die große Raubtiere, wie Löwen, übrigließen. Ein kräftiger Körperbau wäre bei diesem Konkurrenzkampf von Nutzen gewesen.

Auf jeden Fall öffnete die Verwendung von Werkzeugen eine ganz neue ökologische Nische für den Menschen. Zum ersten Mal konnte der Mensch mit Hilfe von Technik in die Umwelt eingreifen. »Jedes neue Gerät eröffnete Lebensmöglichkeiten, die vorher nur Spezialisten nutzen konnten«, schreibt Jonathan Kingdon in seinem Buch *Und der Mensch schuf sich selbst:*

> Wo grabende Tiere starke Krallen benötigten, setzten sie Steinhacken ein, Katzen besaßen nicht mehr das Mono-

> pol scharfer Krallen, Speere ersetzten Hörner, Stachelschweinstachel oder Eckzähne usw. Zum ersten Mal lebte ein Tier, das durch die Erfindung verschiedener Werkzeuge eine Vielzahl von Rollen übernahm. Eine zunehmende Zahl von Tieren besaß plötzlich einen Konkurrenten, der ihnen zumindest einen Teil ihrer früheren Nische streitig machte. In einigen Fällen (vielleicht bei den Aasfressern) kann die Konkurrenz so groß gewesen sein, daß die Hominiden »das Geschäft« ganz übernahmen.[28]

Für die Hominiden gab es nun kein Zurück mehr. Eine konzentrierte und nahrhafte Fleischkost war die Belohnung für alle, die schlau genug waren, Fleisch aufzutreiben oder die Leistung der Gruppe beim Jagen oder Plündern zu steigern. Durch das Fleisch wurde darüber hinaus der Stoffwechsel entlastet. Das mächtige Verdauungssystem, das wir damals zur Aufspaltung der nährwertarmen pflanzlichen Kost brauchten, mußte jetzt nicht mehr so schwer arbeiten und lieferte den Müttern Nahrung von hoher Qualität für das Gehirn ihrer sich entwickelnden Babys sowie ständige Gehirnnahrung für ihre heranwachsenden Kinder. »Jetzt gab es leichtverdauliche Nahrung wie Fleisch, Fett und Knochenmark. Der Magen mußte nicht mehr so groß sein, und für die Verdauung wurde weniger Energie verbraucht«, sagt die Anthropologin Leslie Aiello vom University College London.[29] »Der Überschuß wurde als Gehirnnahrung verwendet. Dementsprechend begann unser Gehirn zu dieser Zeit beträchtlich zu wachsen. Es war ein Kreislauf. Wir fingen an, Fleisch zu essen, wurden klüger und ersannen immer schlauere Methoden, um an noch mehr Fleisch zu kommen. Allerdings lernten wir wahrscheinlich auch, an andere nahrhafte, aber leicht verdauliche Nahrung, wie Nüsse, zu gelangen.«

Im Vergleich zu anderen Säugetieren ist der Energie verbrauchende Verdauungstrakt des Menschen im Verhältnis zur Körpergröße klein, während das Gehirn auffallend groß ist. Letzteres würde bei einem Säugetier unserer Größe etwa 280 Gramm wiegen. Tatsächlich wiegt das menschliche Gehirn heute aber fast drei Pfund. Umgekehrt ist unser Verdauungssystem mit Magen und Darmtrakt nur etwa halb so groß wie man erwarten würde. »Das ist nur bei hochwertiger sowie leichtverdaulicher Nahrung möglich«, fügt Aiello hinzu. Die Schrumpfung des Verdauungstrakts beginnt schon beim *Homo erectus*. Bei den Menschenaffen und den *Australopithecinen* ist der Brustkorb pyramidenförmig und wird nach unten hin breiter, um den großen Magen und den Darm unterzubringen. *Homo erectus* waren die ersten Hominiden mit einem tonnenförmigen Brustkorb, der sich über den Lungen verbreiterte und nach unten hin über dem Verdauungstrakt enger wurde. Gleichzeitig ist eine eindeutige Vergrößerung des Gehirns feststellbar.

Natürlich sind nicht alle Fleischfresser schlau. Aber im Fall der Frühmenschen wurde auf diese Weise ein bereits kluges Lebewesen noch klüger. Bis dahin waren dem Wachstum unseres Gehirns Grenzen gesetzt. »Man kann nicht ein großes Gehirn und einen großen Magen haben«, sagt Dr. Aiello. »Beides mit Energie, das heißt Nahrung, zu versorgen hätte den Menschen so in Anspruch genommen, daß er keine Zeit mehr zur Fortpflanzung gehabt hätte.«

Diese Hypothese erklärt nicht, warum sich die Menschen auf ein breiteres Nahrungsspektrum eingestellt haben. Aber sie erklärt, warum die Umstellung erfolgreich war. »Unsere Vorfahren sind aus Zufall flexibler geworden, was ihre Ernährung anging, und sie haben Strategien entwickelt, um alle möglichen verschiedenen Nahrungsmittel, einschließlich Fleisch, essen zu können. Dadurch konnte ihr Gehirn größer werden, als das bei der bisherigen rein pflanzlichen Ernährung möglich gewesen war«, sagt Aiello. »Das war unser Glück.« Das Bedürfnis nach einer abwechslungsreicheren Nahrung war eine »Nischenentscheidung«. Angesichts einer Umwelt, die immer trockener wurde, mußten die Menschen entweder spezialisierte Pflanzenfresser werden – diesen Weg schlugen die *Australopithecinen* ein – oder Allesfresser. Zufällig setzte der vom Menschen gewählte Weg Energie frei, durch die das Gehirn wachsen konnte, so daß wir zu immer effizienteren Allesfressern wurden. Damit war ein Kreislauf geschaffen, der die Entwicklung des Verstandes ermöglichte und auch belohnte. Dieser Verstand konnte nun komplexe soziale Aufgaben bewältigen und befähigte zur Geschlossenheit in der Gruppe, aber auch zum Gegenteil, der inspirierten Individualität – alles wesentliche Merkmale der menschlichen Natur. Auf diese ganz besondere geistige Mischung gehen wir in den letzten Kapiteln dieses Buches noch genauer ein. Wichtig ist, daß sich diese intellektuellen Fähigkeiten mit uns auf der ganzen Welt verbreiteten und uns Möglichkeiten erschlossen, die unseren Vorläufern, den Affen, verschlossen geblieben waren.

Interessanterweise wurden die ersten Fossilien dieses allesfressenden Vorläufers des *Homo sapiens* nicht in Afrika gefunden, sondern auf der indonesischen Insel Java. Angeregt von den Schriften des deutschen Biologen Ernst Haekkel, nahm der holländische Arzt Eugène Dubois 1887 eine Stelle im Malaiischen Archipel an, um nach Fossilien des »missing link«, des fehlenden Glieds, zu suchen. In Trinil, am Ufer des Solo-Flusses fand er eine seltsam niedrige Schädeldecke mit ausgeprägten Überaugenbögen über den (fehlenden) Augenhöhlen und Wangenknochen, die ein-

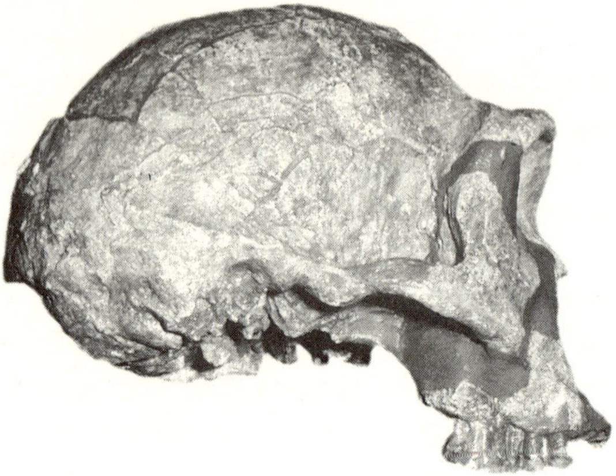

1,8 Millionen Jahre alter *Homo-erectus*-Schädel aus Koobi Fora, Kenia.

deutig die eines Menschen waren. Dubois nannte die Spezies *Pithecanthropus erectus* (aufrechter Affenmensch). Heute wird sie *Homo erectus* genannt, während das von Dubois gefundene Fossil häufig als Java-Mensch bezeichnet wird.[30] Später wurden *erectus*-Fossilien in China (Peking-Mensch) und an verschiedenen Orten in Afrika gefunden, zum Beispiel in Koobi Fora und in der Olduvai-Schlucht. Immer waren die Schädel dickwandig, und die Hirnschale war hinten, oben und an den Seiten mit Knochenleisten verstärkt (besonders bei den asiatischen Funden). Die Augenhöhlen wurden von kräftigen Überaugenbögen dominiert. Eine fliehende Stirn, die auch manchmal ganz fehlte, ging über in einen relativ langen Schädel mit niedriger Schädeldecke. Die Zähne waren wesentlich kleiner als die der *Australopithecinen* und des *habilis*, aber der Unterkiefer war noch immer starkknochig und kinnlos.

Es gab wenig Anhaltspunkte, wie der übrige Körper des *erectus* aussah. Erst 1984 gelang der Durchbruch mit einem der aufsehenerregendsten Funde der modernen Paläontologie. Ein Team unter der Leitung von Richard Leakey hatte in einer abgelegenen Gegend Nordkenias, westlich des Turkanasees, gerade erst mit der Arbeit begonnen. Man hoffte auf wichtige Fossilienfunde. Ein Mitglied des Teams, Kamoya Kimeu, fand in der Nähe des ausgetrockneten Bettes des Nariokotome-Flusses ein kleines, nicht besonders vielversprechendes Fragment eines menschlichen Schädels. Leakey zeigte sich unbeeindruckt. »Sieht nach nichts Besonderem aus«, schrieb er in sein Feldtagebuch.[31] Am nächsten Tag trennten er und seine Kollegen sich von Kimeu und arbeiteten an einer aussichtsreicheren Stelle weiter. Als sie am Abend zurückkehrten, mußten sie feststellen, daß sich die Fragmente wundersam vermehrt hatten und sich zur Schädelform eines *Homo erectus* zusammensetzen ließen. Leakey nahm nur zu gerne alles zurück, was er gesagt hatte. In den folgenden Wochen wurden Kiefer und Gesicht in den Wurzeln einer Akazie gefunden. Auch die meisten anderen Knochen wurden entdeckt und zu einem wertvollen Skelett zusammengesetzt.

Es waren die Knochen eines Kindes, und das Skelett ergab den vollständigsten *Homo erectus*, der bisher gefunden wurde. Leakey hat uns einen einzigartigen Ausblick auf unsere Vergangenheit eröffnet, einen Schnappschuß der Menschheit, wie sie vor 1,5 Millionen Jahren existierte.[32] Die Analyse des Beckens, das bei Jungen und Mädchen auch vor der Pubertät eine unterschiedliche Form hat, und Untersuchungen des Knochenwachstums ergaben, daß es sich um das Skelett eines Jungen handelte. Die Zähne glichen fast bis ins Detail denen eines heutigen Elfjährigen. Die zweiten Backenzähne waren beispielsweise schon abgenutzt, während sich die Weisheitszähne gerade erst bildeten. Größe und Reife des Skeletts deuteten auf ein fortgeschritteneres Alter von vierzehn oder fünfzehn Jahren hin. Diese Beobachtung legt nahe, daß sich das Wachstumsmuster etwas von dem heutiger Kinder unterschied, und daß es, ebenso wie bei den Affen, kein verzögertes schubhaftes Wachstum in der Pubertät gab, das für den *Homo sapiens* typisch ist. Es handelte sich also um einen Elfjährigen mit dem Körperbau eines fünfzehnjährigen modernen Menschen.

Dem Skelett nach zu urteilen, war der Junge von Nariokotome in Körperbau und Größe dem modernen Ostafrikaner sehr ähnlich. Er war groß, langbeinig mit schmalen Hüften und hatte eine Hautoberfläche, die im heißen, trockenen Klima durch Abstrahlung und Schwitzen der Abkühlung dient. Schätzungen zufolge war er etwa 1,60 Meter groß, was für einen Elfjährigen recht beachtlich ist. Daraus läßt sich schließen, daß er als Erwachsener eine Körpergröße von ebenfalls beachtlichen 1,80 Meter erreicht hätte. Unser Vorgänger war also alles andere als ungeschlacht und klein: Im Gegenteil, er war groß und anmutig. Soweit sich das von seinem kräftigen Skelett ablesen läßt, scheint er auch gut genährt gewesen zu sein. Der Junge wog zum Zeitpunkt seines Todes 35 Kilo und hätte als Erwachsener an die 70 Kilo gewogen. Die Wirbelsäule entsprach im großen und ganzen der des modernen Menschen, allerdings hatte er einen zusätzlichen Lendenwirbel. Der Wirbelkanal, in dem die absteigenden Rückenmarksbahnen verlaufen, weist eine charakteristische Verschmälerung in Höhe des Brustkorbs auf. Dies deutet darauf hin, daß sowohl die graue Substanz als auch die Anschwellung des Rückenmarks in dieser Region der Wirbelsäule weniger ausgebildet waren. Möglicherweise verfügte der Junge von Nariokotome nicht über diese Merkmale, weil er seine Rippenmuskulatur nicht so kontrollieren konnte wie der Jetztmensch mit seiner feinen Atemkontrolle, die er unbewußt beim Sprechen einsetzt.

Eine Sprache in unserem Sinne hatte sich wahrscheinlich noch nicht ausgebildet. Das Gehirn des Jungen war etwa doppelt so groß wie ein typisches Affengehirn und erreichte etwa zwei Drittel der Gehirngröße des modernen Durchschnittsmenschen. Die Hirnschale ist noch länger und niedriger als beim modernen Menschen und weist auf der Innenseite Unterschiede zwischen der rechten und der linken Seite auf. Beim Menschen hängen diese Unterschiede davon ab, ob jemand Rechts- oder Linkshänder ist. (Bei Rechtshändern ist die linke, hintere Hälfte des Schädels auffallend vergrößert, da die Nervenleitungen des Gehirns zwischen den beiden Hemisphären über Kreuz laufen. Die linke Seite steuert die Bewegungen der rechten Körperhälfte und umgekehrt. Daher haben Menschen, die in erster Linie die rechte Hand und den rechten Fuß benutzen, eine leicht vergrößerte linke hintere Hemisphäre. Bei Linkshändern ist es umgekehrt. Da die meisten Menschen Rechtshänder sind, überwiegt die damit einhergehende Hirnform, die sich, wie wir sehen, bereits in der Zeit des *Homo erectus* herausgebildet hat.)

Der einzige Hinweis darauf, woran der Junge von Nariokotome gestorben sein könnte, ist eine Entzündung im Unterkiefer, wo kurz zuvor ein Milchzahn ausgefallen war. Möglicherweise hatte dies zu einer Sepsis geführt. Ohne die modernen Behandlungsmöglichkeiten mit Antibiotika ist das eine häufige Todesursache im Kindesalter. Vielleicht starb der Junge also an einer Blutvergiftung. Der Lage des Skeletts nach zu urteilen, fiel er vornüber und blieb mit dem Gesicht nach unten im Morast liegen, wo sein Körper beim Verwesen und Zerfallen leicht auseinandergezogen wurde. Irgendwann trampelten große Säugetiere, vielleicht Nashörner oder Giraffen, über seine Knochen und hinterließen ihre Fußspuren in der Nähe. Später scheinen

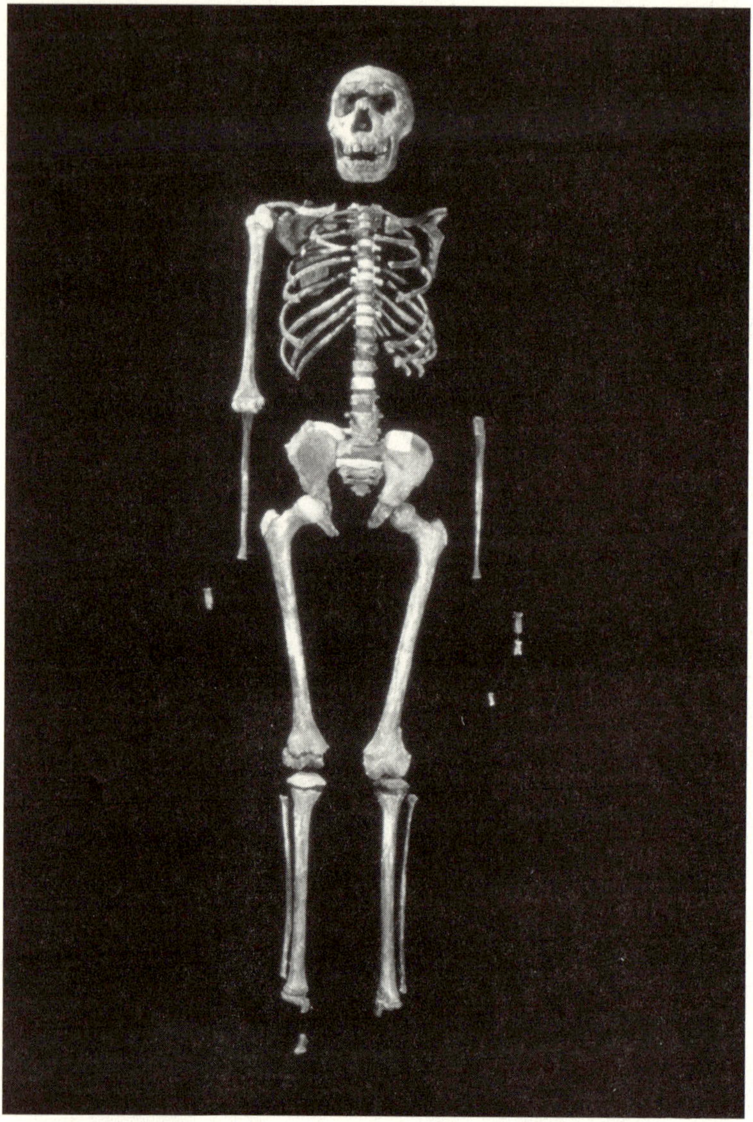

Skelett des *Homo-erectus*-Jungen aus Nariokotome, Kenia.

sich, den Fossilien in der Umgebung nach zu urteilen, Welse und Schildkröten über ihn hergemacht zu haben. Sie alle lagen 1,5 Millionen Jahre unter mehreren Schichten von Sumpf und Schlamm begraben, bis die darüberliegenden Sedimente durch Erosion abgetragen wurden und einige der Fragmente zutage traten, die dann 1984 von Kamoya Kimeu gefunden wurden.

Das war also die Gestalt des ersten transkontinentalen Reisenden; denn der *Homo erectus* war die erste hominide Spezies, von der wir wissen, daß es sie nicht nur in Afrika gab. Bis vor kurzem nahm man an, daß mit dem *erectus* vor etwa einer Million Jahren die Besiedelung der Alten Welt begann. Er verfügte über den idealen Körperbau, um lange Strecken zurückzulegen, eine Steinwerkzeugtechnik und eine soziale Organisation, die es ihm ermöglichten, die verschiedensten unwirtlichen Gebiete zu besiedeln, was den Affen verwehrt blieb. Dieses recht einfache Bild wurde jedoch 1994 komplexer, als ein Team amerikanischer Wissenschaftler zwei javanische *erectus*-Schädel auf ein Alter von 1,6 bis 1,8 Millionen Jahren datierte. Diese Schätzungen entsprechen etwa dem angenommenen Alter der frühesten *erectus*-Fossilien aus Koobi Fora. Das heißt, die Spezies müßte sich mit äußerst rasantem Tempo aus Afrika fortbewegt haben, oder ein bis heute unbekannter Vorläufer war ihm zuvorgekommen. Auf jeden Fall stellt sich bei diesem Alter der Java-Fossilien erneut die Frage nach der Herkunft des *erectus*.

Seine Reise durch die wärmeren Regionen der Alten Welt hat der *erectus* vor einer Million Jahren angetreten. Allerdings weiß man nicht genau, von welchem Ort aus. Damals entstanden die charakteristischen Merkmale der einzelnen Völker. Nach Europa kam der *erectus* spätestens vor 900000 Jahren, wenn man nach dem Unterkiefer urteilt, der vor kurzem in Dmanisi in Georgien[33] gefunden wurde und nach den Fragmenten des Kopfes und der Skelett-Teile, die man in Atapuerca in Spanien[34] fand. Einige Experten sind jedoch zurückhaltend, was diese frühen Funde angeht, da das kältere Klima und die längeren Winter des Kontinents eine ernsthafte Barriere für Siedler dargestellt haben dürften, die nicht über das fortgeschrittene Sozialverhalten und die Werkzeuge späterer Menschen verfügten. Das Problem muß sich vor 700000 Jahren noch weiter zugespitzt haben, als das Weltklima, das während mehrerer Millionen Jahre immer kälter geworden war, nun einen 100000 Jahre andauernden Zyklus durchlief, in dem sich kurze warme und relativ feuchte Klimaperioden (die unserem heutigen Klima entsprachen) mit viel längeren kalten und trockenen Perioden, den Eiszeiten, abwechselten. Doch trotz allem haben die Nachfahren des *erectus* in jenen klimatisch wechselhaften Zeiten ihre Spuren in Europa hinterlassen. Ein vermutlich 500000 Jahre alter kräftiger und kinnloser Unterkiefer wurde 1907 in einer Sandgrube in Mauer bei Heidelberg gefunden. In Boxgrove, in der Nähe von Chichester in England – wo man bereits guterhaltene, ausgefeilte Steinwerkzeuge und Knochen von geschlachteten Tieren gefunden hatte –, fand man 1993 einen großen menschlichen Schienbeinknochen.[35] Er gehörte einem Individuum, das fast so groß war wie der Junge von Nariokotome es im Erwachsenenalter geworden wäre, aber wahrscheinlich noch schwerer war (mindestens 75 Kilo). Die Knochen sind kräftig und dickwandig, was darauf hinweist, daß sie ständig stark beansprucht wurden.

Nachdem sie sich sowohl in Afrika als auch in Europa niedergelassen hatten, kam es beim »archaischen *sapiens*« – wie er von vielen Wissenschaftlern bezeichnet wird, um den Übergang zwischen *erectus* und modernem *sapiens* zu verdeutlichen – zu einem Wachstum des Gehirns bis zu

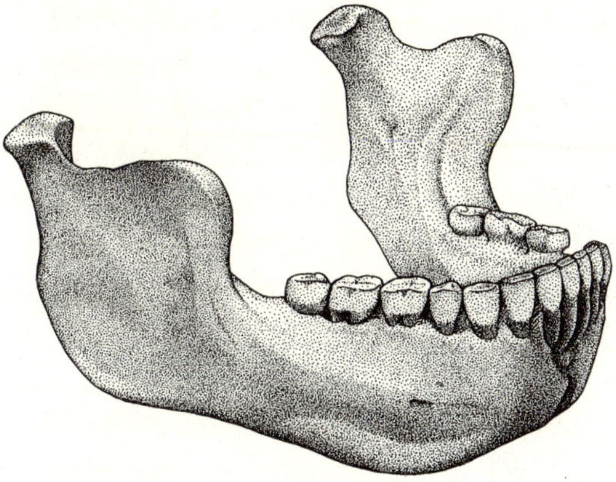

Unterkiefer eines *Homo heidelbergensis* aus Mauer.

einem Volumen von 1300 ml, was dem modernen Durchschnitt entspricht. Diese Entwicklung fand auf der ganzen Welt statt. Die Frage ist, warum? Durch welchen Druck wurde das Wachstum des Gehirns vorangetrieben? Dafür gibt es verschiedene Hypothesen. Möglicherweise wurden die sozialen Gruppen komplexer und es bedurfte eines leistungsfähigeren Gehirns, um die komplizierter werdenden Verhältnisse zu organisieren. Gespräche und Klatsch haben sich womöglich zu einem sozialen »Kitt« entwickelt. Allerdings wird nicht angenommen, daß es zu diesem Zeitpunkt schon eine komplexe Sprache in unserem Sinne gab. Tatsächlich gingen die kulturellen Veränderungen schmerzlich langsam voran, was man an den Steinwerkzeugen ablesen kann, die über Hunderttausende von Jahren unverändert blieben. Desmond Clark von der University of California in Berkeley formulierte es folgendermaßen: »Wenn diese primitiven Menschen miteinander geredet haben, dann müssen sie immer wieder dasselbe gesagt haben.«[36]

Die Hirnschale des archaischen *sapiens* war auch etwas höher und über den Ohren ausgefüllter, bis diese Hominidenlinie vor etwa 300000 Jahren in Europa die Merkmale einer neuen Spezies entwickelte. Fossile Schätze, die das belegen, fand man in einer Höhle im spanischen Atapuerca. Dort fand man weltweit die meisten Einzelknochen primitiver Menschen.[37] Etwa 1100 Knochen und Zähne aus Skeletten von mindestens dreißig Männern, Frauen und Kindern wurden tief in der Höhle in einer kleinen Kammer auf dem Grund eines 1,5 Meter tiefen Schlundlochs gefunden. Wie all diese Knochen in die Höhle kamen, wissen wir nicht. Bis jetzt hat man nur festgestellt, daß sie eine interessante Mischung aus alten (*erectus*) und neueren Merkmalen aufweisen. Manche Gehirne waren größer als der moderne Durchschnitt, andere wesentlich kleiner. Die seitlichen Knochen des Schädeldachs sind bemerkenswert modern geformt. Die zahlreichen Zähne, die man fand, sind für einen *erectus* recht klein. Manche der vorderen Schneidezähne weisen feine Kratzer auf, wo etwas (Fleisch, Fasern?) mit dem Kiefer festgehalten und mit einem von einem Rechtshänder gehaltenen Steinwerkzeug geschnitten wurde. Der Kiefer war weniger kräftig gebaut als der des *erectus*, aber noch immer kinnlos. Die Skelette von Atapuerca sind noch nicht zusammengefügt, es kann sich aber durchaus herausstellen, daß sie im Durchschnitt kleiner sind als die ihrer direkten Vorfahren. Was aber wichtiger ist – ihre Finger-, Arm-, Hüft- und Beinknochen ähneln denen ihrer europäischen Nachfolger, den Neandertalern. Diese rätselhaften Hominiden bilden zusammen mit weiteren Arten, die in anderen Teilen der Welt aus dem *erectus* hervorgingen, das vorletzte Kapitel im Buch der Menschheit. Die Menschen von Atapuerca sehen also aus wie primitive Neandertaler und sind somit ein Glied zwischen der *erectus*-Linie und den klassischen europäischen Hominiden, die während der letzten Eiszeit lebten.

Juan-Luis Arsuaga und Stephen Aldhouse-Green
in der »Knochengrube« in Atapuerca.

In Afrika entwickelten sich unterdessen die Nachfahren des *erectus* ebenfalls weiter. Vor 200000 Jahren trat der fortschrittlichere »spätarchaische *sapiens*« auf. Fossilien dieses Typs wurden in Jebel Irhoud in Marokko und in Florisbad in Südafrika gefunden. Die Schädel- und Gesichtsformen ähnelten noch immer denen des afrikanischen und europäischen archaischen *sapiens* und dem primitiven Neandertaler, wie man ihn in Atapuerca fand. Aber die Überaugenbögen wurden kleiner, die Stirn höher, und die Hirnschale veränderte sich leicht in Richtung der modernen Form. Diese Menschen hatten wahrscheinlich noch die hohe, schmalhüftige Gestalt ihrer afrikanischen Vorfahren. Allerdings gibt es keine vollständigen Skelettfunde, die das beweisen.

Weltweit wurden aus dieser Zeit nur sehr vereinzelt Fossilien gefunden. Abgesehen von einem Schädelfragment in Israel und einer zertrümmerten Hirnschale in Indien, haben die Paläontologen in West- und Südwestasien so gut wie nichts entdeckt. China ist ergiebiger, und man nimmt an, daß der *erectus* dort noch lange weiterlebte, als sich im Westen der Alten Welt der archaische *sapiens* schon weiterentwickelt hatte. Das wäre auch eine Erklärung für eines der großen Rätsel des Paläolithikums (der Altsteinzeit). Abgesehen von simplen Steinsplittern, die als Messer benutzt wurden, war der Faustkeil in einem großen Teil der bewohnten Welt das verbreitetste Steinwerkzeug. Er wurde an Orten gefunden, die so weit auseinander liegen wie Boxgrove und die Olduvai-Schlucht. Aber im Fernen Osten konnten sich diese Werkzeuge nie durchsetzen, möglicherweise weil dort die meisten Werkzeuge aus Bambus und nicht aus Stein hergestellt wurden und den langen Zeitraum nicht überdauerten.

Jüngste Entdeckungen haben aber dieses einfache Bild ins Wanken gebracht. Zwei zertrümmerte Schädel, die in Yunxian gefunden und auf etwa 350000 Jahre datiert wurden, hatten weitaus größere Hirnschalen als der *erectus*.[38] Sie wiesen große Ähnlichkeit mit den Funden archaischer *sapiens* im Westen auf. Der Fund läßt darauf schließen, daß der *erectus* zur damaligen Zeit nicht der einzige Bewohner dieser Gegend war. Die Annahme wurde später durch chinesische Fossilien gestützt, wie zum Beispiel das 200000 Jahre alte bruchstückhafte Skelett von Jinniushan und einen Schädel aus Dali, die beide eindeutig keine Überreste eines *erectus* sind, da die Form der Hirnschale zu weit entwickelt ist. Entweder haben sich die Menschen dort sehr schnell aus dem *erectus* entwickelt, oder sie sind Beispiele von archaischen *sapiens*, die in die Gegend eingewandert sind. In letzterem Falle müßten zu dieser Zeit Völkerwanderungen in Asien stattgefunden haben – ein wichtiger Gedanke, den wir im nächsten Kapitel erneut aufgreifen werden.

Noch rätselhafter war eine Entdeckung, die 1936 in den

Sedimenten des Solo-Flusses in Ngandong gemacht wurde. Dort fand man zwölf Hirnschalen und einige Beinknochen, die eindeutig wie die eines *erectus* aussahen. Unglaublicherweise wurden sie vor kurzem auf nur 100000 Jahre datiert.[39] Wenn das stimmt, müssen die Solo-Menschen, wie das Volk von Ngandong auch genannt wird, die letzten Überlebenden einer Spezies gewesen sein, deren Herrschaft begann, als die *Australopithecinen* und der *Homo habilis* sich vor 2 Millionen Jahren noch in den Savannen Ostafrikas tummelten. Dieses Volk muß am Rande der bewohnten Welt existiert haben, während sich sonst überall ungestüm neue Hominiden entwickelten. Aber nicht alle Wissenschaftler interpretieren die Funde von Ngandong auf diese Weise, wie wir noch sehen werden.

Für die letzte Szene unserer kurzen Darstellung des Aufstiegs, Falls und erneuten Aufstiegs der Hominiden kehren wir wieder nach Europa zurück und betrachten den Neandertaler, die problematischste Figur der Vorgeschichte. Zumindest war er das für die Wissenschaftler seit seiner Entdeckung im Jahre 1856, auch wenn wir mehr über ihn wissen als über jede andere Linie des frühen Menschen. Der Neandertaler wurde 1856 aus dem Abraum der Feldhofer Höhle im Neandertal bei Düsseldorf geborgen.[40] Die Männer, die ihn entdeckten, arbeiteten in den letzten kleinen Kalksteinhöhlen des Tals. Nachdem sie eine der Höhlen aufgesprengt hatten, gruben sie schichtenweise Schlamm, Fels und Kalk heraus. Plötzlich stieß ihr Werkzeug auf Knochen. Zuerst wurde ein Schädel geborgen, dann Oberschenkelknochen, ein Teil eines Beckens, einige Rippen und ein paar Arm- und Schulterknochen. Besonders auffällig waren die dicken, gebogenen Oberschenkelknochen und der Schädel, der kräftige Überaugenbögen aufwies. Die Arbeiter glaubten, das Skelett eines Höhlenbären gefunden zu ha-

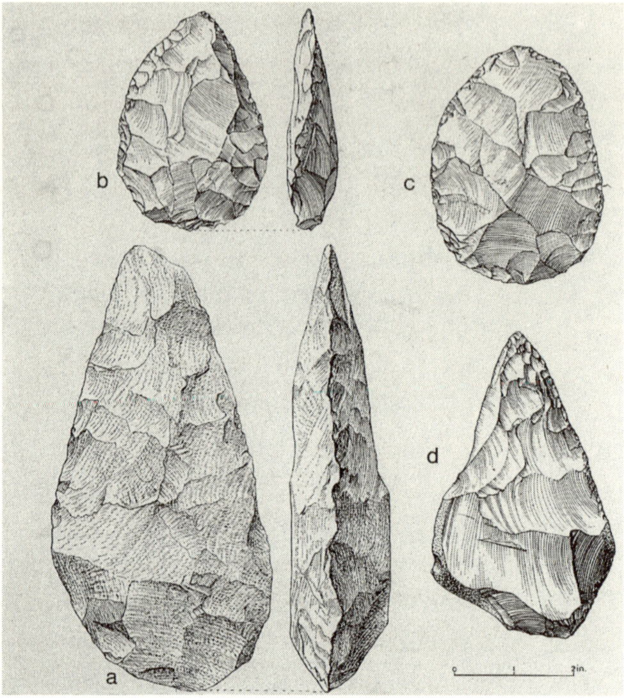

Faustkeile aus Afrika (a), der Levante (c) und Europa.

ben. Zum Glück berichteten sie ihren Fund dem Lehrer Johann Carl Fuhlrott, einem begeisterten Naturwissenschaftler, der den Wert des Fundes erkannte, auch wenn ihm seine wahre Bedeutung kaum klargewesen sein dürfte; denn von nun an würde das Bild, das der Mensch von sich selbst hatte, nicht mehr dasselbe sein.

Die Fragmente wurden zu einer Zeit entdeckt, in der sich neue Ideen über die menschliche Frühgeschichte entwickelten. Die alten Vorstellungen von einer jungen Erde und einer Schöpfung aus dem Nichts konnten den zahlreichen gegenteiligen Beweisen und Analysen einer neuen Generation von Botanikern, Zoologen, Geologen und Paläontologen aus der ganzen Welt nicht länger standhalten.

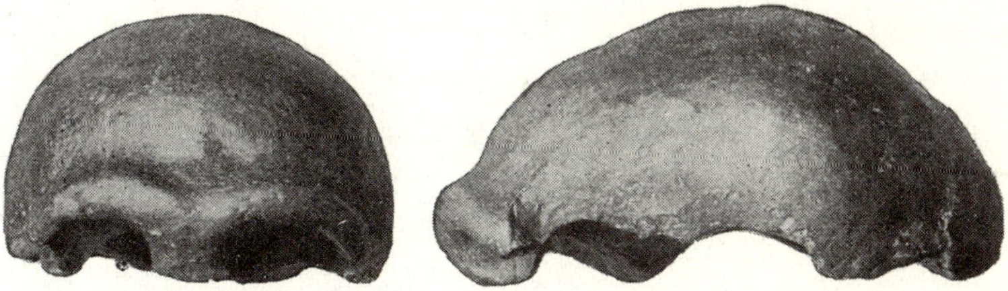

1856 im Neandertal gefundene Schädeldecke.

Einige Jahre zuvor hatte Charles Darwin seine Weltreise auf dem Königlichen Segelschiff *Beagle* beendet und in seinem 1859 endlich veröffentlichten Buch *On the Origin of Species* seine Aufzeichnungen und Gedanken über die Entstehung der Arten zusammengefaßt. Charles Lyell, ein Freund Darwins, war einer von zahlreichen Geologen, die den Grundstock dafür gelegt hatten, daß ein relativ weit zurückliegender Ursprung des Menschen akzeptiert wurde. Lyell baute auf den Werken einer Reihe von Prähistorikern, wie Charles Frère und Boucher de Perthes, auf. Letzterer hatte die Ansicht vertreten, daß die (paläolithischen) Steinwerkzeuge, die man in den Sedimenten ehemaliger Flüsse und Seen sowie in Höhlen gefunden hatte, ein beträchtliches Alter haben mußten.

Die Welt war also bereit für den Neandertaler. Von Anfang an gingen die Ansichten jedoch weit auseinander. War er wirklich ein früher Bewohner Europas, der Hinweise auf unsere eigene Stammesgeschichte geben konnte? Oder war er eine Abweichung, eine kranke Rückentwicklung, die nichts mit unserer Vergangenheit zu tun hatte? Dieser Ansicht war der berühmte Pathologe Rudolf Virchow, der behauptete, die Eigentümlichkeiten des Neandertaler-Skeletts seien auf Rachitis zurückzuführen. Der Anatom Mayer ging sogar noch weiter und meinte, die gebogenen Beinknochen würden das Skelett als Reiter ausweisen, und die

Ellbogenverletzung zeige, daß er in einer Schlacht verwundet worden sei. Es handele sich daher höchstwahrscheinlich um einen Kosaken der Kavallerie, der 1814 bei der Verfolgung von Napoleons Rückzugsarmee nach Preußen eingedrungen sei. Er habe eine Schwertverletzung davongetragen und sei zum Sterben in die Höhle gekrochen. Darüber, was aus Pferd, Schwert und Uniform geworden ist, ließ er sich nicht aus. Auch die Tatsache, daß der Neandertaler begraben worden war, wurde bequemlichkeitshalber ignoriert. Während seiner letzten Tage habe er vor Schmerz das Gesicht verzogen, was zur Bildung der enormen Überaugenbögen geführt habe. Die Erklärung mag Unsinn sein, aber sie gibt einen Eindruck der Diskussionen zu der Zeit, als die Wissenschaftler versuchten, diese ausgestorbene Menschenlinie ans Licht zu holen.[41]

Thomas Huxley wies schließlich auf die primitiven, aber dennoch menschlichen Merkmale der Schädeldecke hin, und William King, ein irischer Anatom, vertrat die Ansicht, daß es sich um einen sehr alten, biologisch von uns abweichenden Menschen handele. Und so nannte er die früheste Menschenart *Homo neanderthalensis.* Damit war der Fels von Gibraltar bei der Namensgebung aus dem Rennen. Dort hatte man 1848 bei einer Sprengung in einem Steinbruch den Schädel einer Neandertaler-Frau gefunden. Der Vorfall erregte nur kurzfristig lokales Interesse und wurde dann nicht weiter beachtet, bis George Busk den Schädel 1864 bei einem Treffen der British Association for the Advancement of Science in Bath ausstellte. Hugh Falconer schrieb ihm daraufhin einen recht amüsanten Brief, ging darin aber auf ein ernstes Thema ein. Der Schädel sei ausgeprägt genug, um als neue Spezies Mensch klassifiziert zu werden, als *Homo calpicus,* so benannt nach Calpé, dem alten Namen des Felsens von Gibraltar. Da dieser Name aber nie in der wissenschaftlichen Literatur veröffentlicht wurde, erhielt der Neandertaler die ungeteilte Aufmerksamkeit, und der Streit der Wissenschaftler entzündete sich an ihm.[42]

Um die Jahrhundertwende wurden in anderen Höhlen, vor allem in Belgien und Frankreich, weitere Fragmente gefunden, die dem Neandertaler ähnelten. Bald war klar, daß es sich nicht bei allen von ihnen um Kosakenreiter oder Kranke handeln konnte. Der berühmte französische Paläontologe Marcellin Boule beschrieb einen der Funde, das Skelett von La Chapelle-aux-Saints, äußert detailliert, und seine Veröffentlichung hatte während des nächsten halben Jahrhunderts wohl den größten Einfluß auf die wissenschaftliche Betrachtung des Neandertalers.[43]

Boule erkannte, daß es sich bei dem Fund von La Chapelle im wesentlichen um einen Menschen handelte, war aber erstaunt über die seltsame Mischung von primitiven und moderneren Merkmalen. Da er nicht über unser heutiges Wissen über die frühesten Stadien der menschlichen Evolution verfügte, versuchte Boule den Menschen von La Chapelle in eine Position zwischen Affe und Menschen zu bugsieren. Er gab ihm Zehen, die greifen konnten, und ließ ihn mit gebeugten Knien aufrecht gehen. Andererseits bemerkte er, daß das Skelett nach geologischen Maßstäben nicht sehr alt sein konnte und daß das große Gehirn (gemessen am Volumen der Hirnschale) sowie die markante Nase eindeutig keine primitiven Merkmale waren. Boule ist in den letzten Jahren stark wegen seiner Interpretationsfehler kritisiert worden, besonders dafür, daß er die Auswirkungen von Krankheiten, wie zum Beispiel Arthritis, auf das Skelett nicht bedachte. Aber seine Fehler waren sowohl auf sein Unwissen bezüglich des Verlaufs der menschlichen Evolution zurückzuführen – was absolut entschuldbar ist,

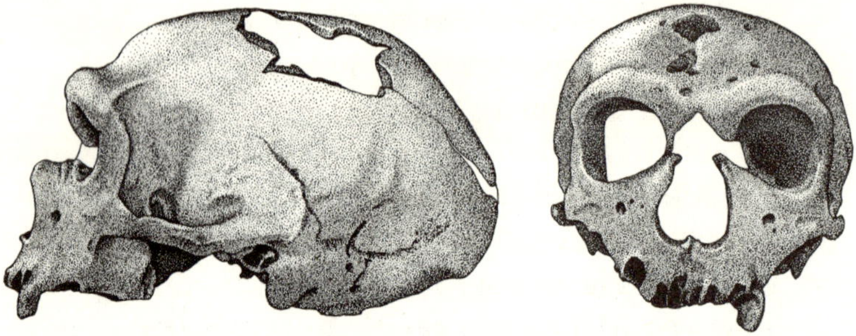

Schädel des »Alten Mannes« von La Chapelle-aux-Saints.

wenn man bedenkt, wie wenige fossile Hominiden man damals kannte – als auch auf seine lückenhaften Kenntnisse über die anatomische Variationsbreite beim modernen Menschen, was weniger entschuldbar ist. Er folgerte schließlich, daß der Neandertaler ein Seitenzweig der menschlichen Hauptlinie sei und affenähnliche Merkmale beibehalten, aber auch gewisse Spezialisierungen herausgebildet habe, die denen des modernen Menschen gleichgekommen seien oder sie sogar übertroffen hätten.

Zur gleichen Zeit fanden weitere Untersuchungen an anderen Neandertaler-Fossilien statt, die aber in der französisch- und englischsprachigen Welt mehr oder weniger ignoriert wurden. Eine sehr große Ansammlung von Fossilien früher Neandertaler ist zum Beispiel um die Jahrhundertwende von Dragutin Gorjanović-Kramberger in Krapina, Kroatien, ausgegraben und beschrieben worden.[44] Es sollte noch viele Jahre dauern, bis diese Funde in die wachsende Datenmenge aus Westeuropa integriert wurden.

Diese frühen Funde repräsentieren jedoch nur einen Teil der Bandbreite des Neandertalers, was Zeit, Ort und Anatomie betrifft. Die Funde im Neandertal, in La Chapelle und in Gibraltar zeigen uns den bekanntesten, den späten westeuropäischen Neandertaler der letzten Eiszeit, wohingegen die Funde von Krapina einen früheren östlichen Typen darstellen. Bedeutende Ergänzungen kamen in diesem Jahrhundert aus dem ferneren Osten, aus der Höhle von Teshik-Tash in Usbekistan, über 3000 Kilometer vom Neandertal entfernt, und aus Shanidar im Irak und Tabun, Kebara und Amud in Israel. In Skhul und Qafzeh, zwei ebenfalls in Israel gelegenen Fundstätten, haben Anthropologen und Paläontologen weitere Fragmente gefunden, die eine Mischung von Merkmalen der Neandertaler und des moderneren Menschen aufweisen. Auf deren Bedeutung gehen wir in einem späteren Kapitel ein. Soweit wir wissen, gab es keine Neandertaler in Afrika oder im Fernen Osten, da diese Gebiete von Menschen mit anderen charakteristischen Merkmalen und einer eigenen Stammesgeschichte bewohnt wurden.

Wir sollten aber nicht glauben, daß die Neandertaler über keinerlei höherentwickelte Fähigkeiten verfügt hätten. Sie verbesserten die Steinwerkzeuge ihrer Vorfahren, indem sie effizientere Methoden zur Herstellung von Werkzeugen anwandten, die sie neben den seit Millionen von Jahren bewährten Faustkeilen benutzten. Diese kulturelle Stufe wird als Mittelpaläolithikum oder mittlere Altsteinzeit bezeichnet.

In Europa wurden die Neandertaler vor etwa 35000 Jahren von Menschen abgelöst, die nach der Cro-Magnon-Höhle in Frankreich benannt wurden, wo man 1868 ihre Knochen fand. Der Cromagnon-Mensch hatte einen längeren, gewölbteren Schädel, schmale Überaugenbögen und ein ausgeprägteres Kinn. Er war größer und langbeiniger, und obwohl er noch recht muskulös war und relativ große Zähne hatte, waren die Wände seiner Beinknochen dünner als beim Neandertaler und anderen früheren Hominiden. Der Cromagnon-Mensch sah dem heutigen Menschen schon recht ähnlich.

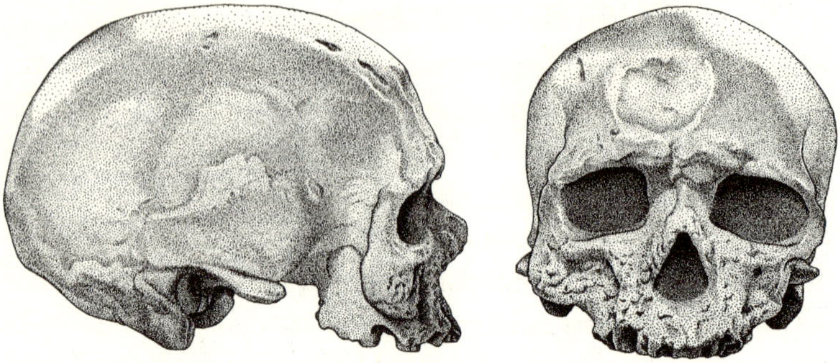

Schädel des »Alten Mannes« von Cro-Magnon,
der 1868 entdeckt wurde.

Fossilien des Cromagnon-Menschen werden stets zusammen mit Artefakten aus dem Oberen Paläolithikum (der späten Altsteinzeit) gefunden. Das Werkzeug bestand häufig aus einem langen, dünnen Steinblatt. Davon stellte man eine ausreichende Menge her, indem man die Werkstücke auf eine spezielle Steinunterlage aufschlug. Dann wurden die Seiten oder Enden der Bruchstücke so bearbeitet, daß sie Messer, Kratzer, Bohrer oder Stichel ergaben. Daneben bearbeiteten die Cromagnon-Menschen als erste intensiv Knochen, Elfenbein und Geweihe, Materialien, die seltsamerweise zuvor kaum beachtet worden waren, obwohl es sie überall gab. Daraus stellten sie Perlen, filigrane Nadeln und andere Gegenstände her. Was die Cromagnon-Menschen jedoch vor allem auszeichnet, ist ihre Kunst. Sie fertigten Gravierungen und Skulpturen an und modellierten mit Ton. Aber am spektakulärsten sind die Abbildungen von Rehen, Pferden, Bisons, Mammuts und anderen zeitgenössischen Tieren, mit denen sie die Wände von tiefen, unterirdischen Kammern bedeckten. In über zweihundert Höhlen Westeuropas hat man inzwischen mit Ocker und Ruß bemalte Wände entdeckt, 90 Prozent davon befinden sich in drei Regionen: an der Biscaya-Küste Nordspaniens; in den Ausläufern der zentralen Pyrenäen; und die größte Anzahl wurde in einem Radius von 30 Kilometern um das französische Dorf Les Eyzies in der Dordogne gefunden. Manche der Höhlenmalereien sind relativ alt, wie zum Beispiel die 33000 Jahre alten »Vulva«-Abbildungen (von denen man annimmt, daß es sich um symbolische Darstellungen der weiblichen Scham handelt) an den Wänden in La Ferrassie in Frankreich. Andere hingegen, wie die großartigen Tierdarstellungen in der Altamira-Höhle in Spanien, sind mit 12000 Jahren relativ jung. Sie sind auch beinahe die letzten Höhepunkte dieser Kunst; denn vor etwa 11000 Jahren entstanden die letzten bekannten Höhlenmalereien des Cromagnon-Menschen.

Von all den beeindruckenden Fundstätten ist sicherlich die Lascaux-Höhle in Frankreich die bemerkenswerteste. Das spektakulärste Zeugnis der Vorgeschichte, nennt sie John Pfeiffer, der Autor von *The Creative Explosion,*[45] einer Untersuchung der künstlerischen Anfänge des modernen Menschen, die mit einer sehr beeindruckenden Beschreibung der Höhle von Lascaux beginnt.

> Drinnen ist es stockdunkel. Plötzlich werden die Lichter eingeschaltet und ohne Vorwarnung, ohne daß es dem Auge möglich wäre, Einzelheiten herauszupicken, sieht man das ganze Gemälde in rot, schwarz und gelb, eine Flut von Tieren, eine Prozession, angeführt von riesigen Geschöpfen mit Hörnern. Die Tiere bilden zwei Reihen, die sich von links und rechts einander nähern und in eine Trichteröffnung zu strömen scheinen und weiter in ein dunkles Loch, das den Weg tiefer in die Höhle weist.

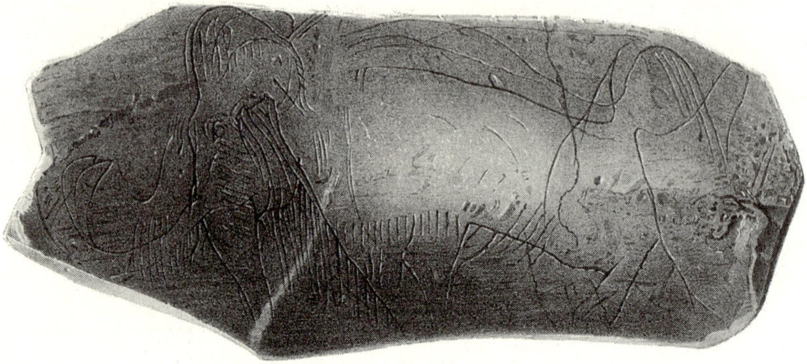

In einen Mammutstoßzahn von La Madelaine geschnitzter Mammut. Einer der frühesten Funde von Cromagnon-Kunst, 1864 entdeckt.

Das Verblüffende an Lascaux und den anderen Höhlen ist, daß diese wirklich erstaunlichen Werke, die von handwerklichem Können und Phantasie zeugen, scheinbar aus dem Nichts entstanden sind. Es gibt wenig, was diesen Kunstwerken vorangegangen ist, keine unbeholfenen, plumpen Anfänge, obwohl es doch wahrscheinlich ist (wie wir sehen werden, wenn wir auf den frühen *Homo sapiens* in Afrika und Australien zu sprechen kommen), daß die Menschen zuvor eine Art Skizze auf Häuten oder anderem verrottenden Material oder auf ihrem eigenen Körper angefertigt haben. Und doch begannen die Menschen im Europa des Oberen Paläolithikums und an anderen Orten während der entsprechenden Perioden, bleibende Kunstwerke zu schaffen – Werke, die von symbolischer Ausdruckskraft und einer beeindruckenden Kreativität zeugen. Hierin erkennen wir zum ersten Mal die Handschrift von Lebewesen, die uns wirklich entsprechen – Menschen, die ihre Umwelt auf charakteristische und anhaltende Art zu prägen begannen, und die eine kulturelle Revolution von entscheidender Bedeutung durchliefen, auf die wir später noch genauer eingehen werden.

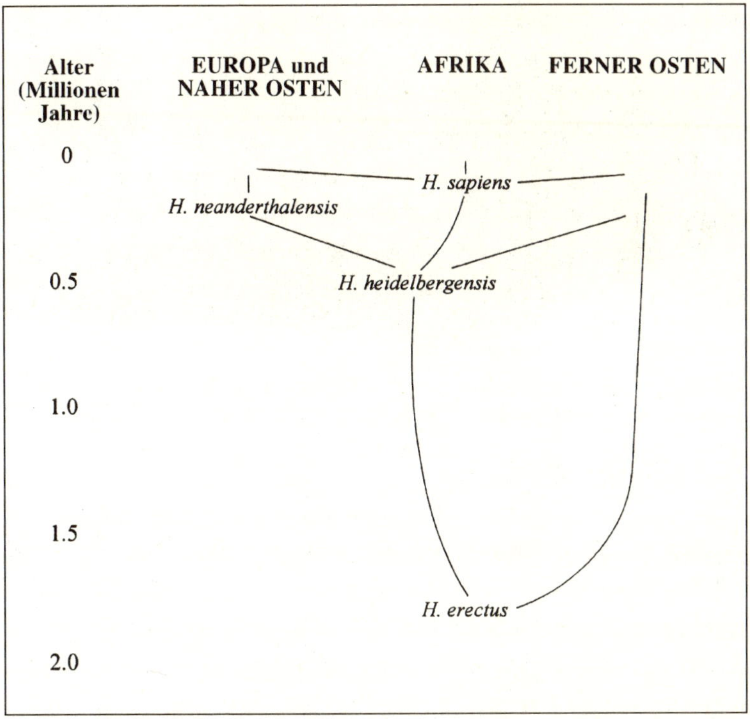

Vereinfachte Darstellung der menschlichen Evolution während der letzten 1,5 Millionen Jahre.

Im Augenblick geht es uns aber um etwas anderes, nämlich um den Ursprung dieser künstlerisch begabten Cromagnon-Menschen und damit um den Ursprung aller anderen Gruppen des frühen *Homo sapiens* der damaligen Zeit, für die wir Hinweise auf der ganzen Welt finden. Gingen die Cromagnon-Menschen aus dem Neandertaler hervor, der ihr direkter Vorgänger in Europa war? Oder müssen wir, gemäß den Worten von Boule, an einem anderen Ort suchen? In der Ausgabe aus dem Jahr 1946 von *Les hommes fossiles* schrieb er: »Die Cromagnon-Menschen, die in unserem Land abrupt die Neandertaler verdrängt zu haben scheinen, müssen zuvor an einem anderen Ort gelebt haben, wenn man nicht eine Mutation unterstellen will, die so groß und so abrupt gewesen sein müßte, daß man sie nur absurd nennen könnte.«[46] Das waren prophetische Worte. Denn wir werden in den nächsten Kapiteln sehen, daß diese Michelangelos der Steinzeit tatsächlich von einem anderen Ort kamen – sehr zum Ärger, ja sogar zum Leidwesen einer ganzen Reihe von Wissenschaftlern.

3 Gräßliche Gesellen

> Ich vermute, es war das Schicksal des Neandertalers, den modernen Menschen hervorzubringen und dann, wie es der älteren Generation in dieser sich verändernden Welt häufig geht, von ihrem eigenen Nachkommen, dem *Homo sapiens*, karikiert, abgelehnt und verleugnet zu werden.
> LORING BRACE[1]

»Das einzige, was man von seinem Gesicht sah, war ein Mund, umgeben von rohem Fleisch, und ein Paar mörderische Augen. In der hockenden Stellung erschienen die Arme länger und die Schultern enorm breit. Sein ganzes Wesen drückte brutale, unermüdliche und erbarmungslose Kraft aus.« Kein besonders angenehmer Zeitgenosse, werden Sie denken. Auch die folgende Beschreibung ist nicht sehr verlockend. »Er muß eine furchterregende Gestalt gewesen sein, behaart und gräßlich, mit einem großen Gesicht wie eine Maske, großen Überaugenbögen und ohne Stirn. Er umklammerte einen riesigen Feuerstein und rannte wie ein Gorilla mit vorgestrecktem und nicht wie ein Mensch mit erhobenem Kopf.«

Natürlich wäre kaum einer von uns über eine solche Begegnung erfreut, doch den Autoren dieser anschaulichen Beschreibungen zufolge, erblickten unsere Vorfahren, die Cromagnon-Menschen, genau das, wenn sie sich einem ihrer Verwandten, den Neandertalern, gegenübersahen. Diese unschmeichelhafte Darstellung stammt von J.L. Rosny-Aines in seinem Roman *La Guerre du Feu*[2] von 1911 (1981 wurde der Roman unter dem Titel *The Quest for Fire* verfilmt). Die zweite Beschreibung stammt aus der 1921 entstandenen Kurzgeschichte *The Grisly Folk*[3] von

H.G. Wells. Bei beiden Werken handelt es sich natürlich um Belletristik. Dennoch ist die Darstellung des Neandertalers als atavistischem mörderischen Ungeheuer typisch für die Haltung zu Beginn des 20. Jahrhunderts und die Versuche, sowohl den Neandertaler als auch den Cromagnon-Menschen stammesgeschichtlich einzuordnen. Und wenn letzterer der Vorbote der »Zivilisation« war, dann mußte man den Neandertalern eine primitivere Rolle im Gefüge der Geschichte verpassen. Man mußte sie vom heutigen Menschen abgrenzen, und so machte man aus ihnen unangenehme und stammesgeschichtlich entfernte Verwandte. Die Neandertaler wurden als brutal und dumm eingestuft. Dieses Bild setzte sich in der öffentlichen Meinung durch die Veröffentlichung von Marcellin Boules Analyse des Neandertalerskeletts von La Chapelle noch weiter durch. Boule kam in seiner Studie zu dem Schluß, daß sich die Spezies in einer evolutionären Sackgasse befand. Boules großes Ansehen und die starke antideutsche Haltung während der Jahre nach dem Ersten Weltkrieg trugen dazu bei, daß diese Vorstellung nicht hinterfragt wurde. Eine Diskussion darüber, ob der Neandertaler ein direkter Vorfahre des *Homo sapiens* sei, fand damals hauptsächlich unter deutschsprachigen Akademikern statt. Opfer dieser Abwehrhaltung waren unter anderem der im vorigen Kapitel erwähnte Gorjanović-Kramberger, der behauptete, der Krapina-Neandertaler sei die logische Vorstufe des modernen Menschen, sowie Gustav Schwalbe, der von einer allgemeineren biologischen Perspektive aus denselben Standpunkt vertrat. Beide publizierten auf Deutsch und bezahlten den Preis dafür; ihre Arbeiten wurden ignoriert. Nicht zum ersten und auch nicht zum letzten Mal wurde der Blick auf die Vergangenheit durch Vorstellungen der Gegenwart verzerrt.

Tatsächlich hatten andere europäische Wissenschaftler, wenn auch unauffällig, begonnen, gegen diesen Strom zu schwimmen. Bezeichnenderweise hatten die meisten fern von ihrer Heimat Erfolg. Der Tscheche Aleš Hrdlička wurde einer der Begründer der Paläoanthropologie in den Vereinigten Staaten, und der in Deutschland geborene Jude Franz Weidenreich machte sich einen Namen als Leiter des Instituts, das die Ausgrabung des »Peking-Menschen« in China organisierte, bevor er sich in New York niederließ. Er hatte aus Nazi-Deutschland fliehen müssen und schrieb danach so gut wie nichts mehr auf Deutsch. Beide waren der Ansicht, daß der Neandertaler der Vorfahre des modernen Menschen sei.[4]

Besonders Weidenreich sah die menschliche Evolution in einem größeren Rahmen. Aufgrund seiner Studien in China war er zu der Ansicht gelangt, daß jede bewohnte Gegend der Welt ihre eigene menschliche Evolutionslinie hervorgebracht habe. »Bereits beim ersten Erscheinen echter Hominiden müssen mehrere verschiedene, morphologisch gut unterscheidbare Äste bestanden haben, die sich alle in dieselbe Richtung auf die heutige Menschheit hin weiterentwickelten«, schrieb er 1943. Seiner Meinung nach kreuzten sich diese verschiedenen Evolutionslinien, entwikkelten sich aber nicht mit gleicher Geschwindigkeit weiter. »Australische Buschmänner sind eine weniger fortgeschrittene Menschenform als der weiße Mann, das heißt, sie haben mehr affenartige Merkmale behalten.« Weidenreich glaubte, eine Linie könne vom chinesischen *Homo erectus* bis zum modernen westlichen Menschen verfolgt werden; eine andere vom frühen zum späten *Homo erectus* in Java und weiter zum heutigen australischen Eingeborenen; wohingegen die afrikanische Abstammungslinie schwieriger zu bestimmen sei, da es weniger Fossilien gebe, die den

Fortgang dokumentierten. Bezüglich der Neandertaler war sich Weidenreich seiner Sache ganz sicher: »Der sogenannte Neandertaler steht für eine weitverbreitete stammesgeschichtliche Phase; er kann durchaus in einem begrenzten Gebiet ausgestorben sein, aber an einem anderen Ort gedieh er, vermehrte und verwandelte sich, so daß aus ihm der *Homo sapiens* hevorging.«[5] Alles in allem entwarf Weidenreich ein klares Bild der menschlichen Evolution, ein Bild, das von tiefgreifenden Rassenunterschieden ausging, die entstanden seien, als sich der *Homo erectus* vor über einer Million Jahren in der Alten Welt niederließ. Nach Weidenreich spalten diese Rassenmerkmale die Völker der Welt. Die voneinander abweichenden Merkmale, über die wir heute verfügen, sind Kennzeichen der alten Linien. Das heißt, die großen Nasen der Europäer, die flachen Gesichter der Asiaten und die fliehende Stirn der Australier können nach dieser Theorie bis zum *Homo erectus* zurückverfolgt werden.

Weidenreich starb 1948, aber seine Arbeit wurde von seinem Schüler Carleton Coon fortgeführt, der dem deutschen Anatom sein 1962 erschienenes Werk *The Origin of Races* widmete.[6] Das Buch war umfassend und wurde zunächst als großes wissenschaftliches Werk begrüßt. Jedes Coon bekannte menschliche Fossil wurde darin beschrieben, mit anderen verglichen und bekam seinen Platz in Coons globalem stammesgeschichtlichen Szenario. »Ein Meilenstein in der Geschichte der Anthropologie«, »ein Meisterwerk«, »ein Jahrhundertwerk«, kommentierten die Kollegen, darunter Wissenschaftler wie Julian Huxley und Ernst Mayr.[7]

In *The Origin of Races* hat Coon sämtliche Argumente Weidenreichs übernommen und sie noch überspitzt. Weiße und asiatische Populationen seien fortgeschrittener als afrikanische und australische, meinte Coon. »Wenn Afrika die Wiege der Menschheit war, dann höchstens als unbedeutender Kindergarten. Europa und Asien, das waren unsere wichtigen Schulen«, so Coon. Seiner Ansicht nach entwickelte sich der *Homo erectus* zum *Homo sapiens,* und zwar »nicht einmal, sondern fünfmal. Jede Unterart hat in ihrem eigenen Gebiet eine kritische Schwelle vom brutaleren zum klügeren Zustand überschritten.« Aber diese Übergänge, die er in erster Linie an der Gehirngröße maß, hätten nicht gleichzeitig stattgefunden. In Europa und Asien erschien der *sapiens* vor etwa 250000 Jahren, während »die australischen Aborigines noch dabei sind, einige der genetischen Merkmale, die den *Homo erectus* vom *Homo sapiens* unterscheiden, abzulegen«, behauptete Coon. Seine Meinung zur Variationsbreite beim modernen Menschen ist in einer merkwürdigen Bildunterschrift zu einem der letzten Fotos in seinem Buch festgehalten. Darin werden eine australische Eingeborene und ein Chinese als »Alpha und Omega des *Homo sapiens*« bezeichnet. Coons paläontologisches Wissen mag einige Forscher beeindruckt haben, aber die untergründige Botschaft seines Buchs roch für viele andere nach Rassismus.

Besonders heftig wurde Coon von dem berühmten Genetiker Theodosius Dobzhansky angegriffen. »Es gibt absolut keine Erkenntnisse in Coons Buch, die auch nur darauf hinweisen würden, daß manche menschliche Rassen in ihrer Fähigkeit zur Kultur und Zivilisation anderen über- oder unterlegen sind«, schreibt er. »Das Buch enthält jedoch einige unglückliche Formulierungen, die eine solche Fehlinterpretation nahelegen. Professor Coon ... macht es Rassisten und anderen Fanatikern leicht, sein Werk zu mißbrauchen.« Diese Rezension von Dobzhansky war ursprünglich von der *Saturday Review* in Auftrag gegeben worden, die sie dann aber zu beleidigend fand, um sie abzudrucken.

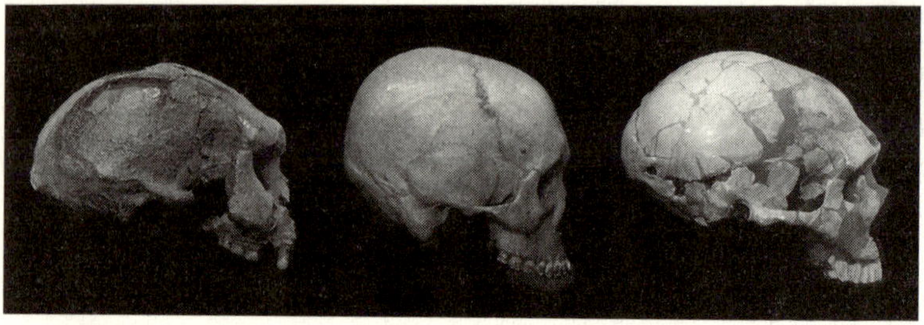

Schädel eines *Homo erectus* aus Java, eines modernen *Homo sapiens* aus Indonesien und eines Neandertalers aus La Ferrassie, Frankreich (von links nach rechts).

Später erschien der Artikel dann in *Scientific American* und *Current Anthropology*. In einer späteren Replik zu Coon schrieb Dobzhansky, es tue ihm leid, daß Coon sich weigere, sich von dem Mißbrauch seines Buches durch Rassisten zu distanzieren.[8,9] (Es gibt keine Beweise dafür, daß Coon, ein wohlhabender Neuengländer mit »einem vornehmen angelsächsischen Überlegenheitsgefühl«, ein offener Rassist war. Allerdings bemerkten Erik Trinkaus und Pat Shipman in *Die Neandertaler*, daß seine Angewohnheit, »sich in Alltagsgesprächen über die Rassenzugehörigkeit von Menschen zu äußern, was ihm den Ruf einbrachte, er hege Vorurteile gegenüber bestimmten Rassen und Völkern, sollte er in den sechziger Jahren scheitern.«[10]) Auf wissenschaftlicher Ebene hob Dobzhansky hervor, wie unwahrscheinlich es sei, daß der Übergang vom *erectus* zum *sapiens* fünfmal unabhängig voneinander stattgefunden haben soll. Der Streit setzte Coons Karriere als angesehenem gemäßigten Paläoanthropologen ein Ende. Von seiner wissenschaftlichen Stelle an der University of Pennsylvania hatte er sich schon vorzeitig pensionieren lassen, als sein »großes« Werk veröffentlicht und er immer stärker an den Rand gedrängt, ja sogar geächtet wurde.

Die Vorstellungen Weidenreichs und Coons über die Evolution fanden keine weitere Beachtung, bis Alan Thorne von der Australian National University 1977 einen Aufsatz vorlegte, in dem er seine »Centre and edge«-Theorie präsentierte.[11] Darin erstanden die Ansichten der beiden Wissenschaftler wieder auf. Thorne versuchte zu erklären, wie sich die modernen Menschen und Rassen in den letzten Millionen Jahren in verschiedenen Teilen der Welt entwickelt haben. Später wurde Thorne von Milford Wolpoff von der Michigan University und Wu Xinzhi vom Institute of Vertebrate Palaeontology and Palaeoanthropology in Peking unterstützt. Zusammen brachten sie 1984 eine endgültige Fassung heraus, die sie »Multiregional Evolution« nannten.[12] Ihre Darstellung konzentrierte sich auf chinesische und australische Fossilien und stützte sich auf zahlreiche Beobachtungen Weidenreichs. »Die frühesten chinesischen Fossilien, die mindestens 750000 Jahre alt sind, unterscheiden sich von ihren Gegenstücken aus Java auf ebensolche Weise, wie sich die heutigen Nordasiaten von den Südasiaten unterscheiden«, schrieben sie.

> Sie haben in der Regel kleinere Gesichter und Zähne, flachere Wangen und eine rundere Stirn. Ihre Nase ist weniger markant, und der Nasenrücken ist abgeflacht. Diese Kombination findet sich auch bei Fossilien aus der Zhoukoudian-Höhle, wo der berühmte Peking-Mensch gefunden wurde. Wissenschaftler haben dort Exemplare mit großem Gehirn und anderen Merkmalen gefunden, die bestätigen, daß sich die alte chinesische Bevölkerung in eine moderne Richtung entwickelte. Auch hier stellen verschiedene Einzelheiten, wie Form und Richtung des unteren Rands der Wangenknochen, eine Verbindung zwischen den Fossilien und den modernen Menschen aus derselben Gegend her.

Die Multiregionalisten hatten auch Coon einiges an geistiger Vorarbeit zu verdanken. Allerdings wurde sein Werk zwar zitiert, aber es wurde kaum anerkannt, da er in viel stärkerem Maße als Weidenreich betonte, wie unterschiedlich und offensichtlich schwerfällig sich einige Evolutionslinien auf ihrem Weg zum modernen *sapiens* hin verhielten. Dennoch stellten diese Autoren, ebenso wie Coon, Verbindungen her zwischen von ihnen wahrgenommenen Merkmalen des modernen Menschen – wie zum Beispiel dem vorspringenden Gesicht und der fliehenden Stirn der Australier – und den Merkmalen vorzeitlicher Fossilien, in diesem Fall den auffälligen Überaugenbögen ihrer örtlichen *erectus*-Vorfahren. Und während Weidenreich argumentierte, diese Veränderungen entsprängen einem eingebauten Trieb zum evolutionären Fortschritt (der sogenannten Orthogenese), glaubte Coon, die natürliche Selektion steuere im großen und ganzen auf eine globale Uniformität hin. Die Multiregionalisten wiederum gingen von einem anderen Mechanismus aus, um den heutigen Status der Menschheit zu erklären. Sie behaupteten, eine Kombination aus kulturellem Fortschritt und regelmäßiger Kreuzung ließe die örtlichen Linien sich gleich schnell entwikkeln. Durch die Vermehrung untereinander entstünde eine Verbindung, die Divergenz und Speziation verhindere.

> Die Entstehung des modernen Menschen kann man sich so vorstellen: Verschiedene Individuen paddeln jeweils in einer Ecke eines Teichs. Jedes behält zwar seine Individualität, aber es entsteht eine gegenseitige Beeinflussung durch die sich ausbreitenden Wellen, die dem Genfluß zwischen den Populationen entsprechen.[13]

Nach Ansicht der Multiregionalisten kam unser vorzeitlicher hominider Vorfahre, *Homo erectus*, vor etwa einer Million Jahren aus Afrika und verbreitete sich über die Alte Welt. In allen bewohnten Teilen der Erde, auf Inseln, im abgelegenen Hochland und in einsamen Tälern entwickelten sich dann aus diesen Frühmenschen langsam und voneinander getrennt Eskimos, Pygmäen, australische Aborigines und all die anderen Völker, die heute die Erde bewohnen. In Europa hat sich dieser Meinung nach der *Homo erectus* zum Neandertaler weiterentwickelt, aus dem dann der moderne Europäer hervorging.

Laut dieser Theorie müßten zwischen den heutigen Rassen tiefgreifende Unterschiede bestehen. Die Multiregionalisten aber meinen, daß der aufgrund immerwährender Verbindungen und Partnerwahl zwischen den Populationen bestehende Genfluß dieser Tendenz entgegenwirke und die menschliche Rasse seit ihrer Entstehung geprägt habe. Dadurch habe sich die Menschheit gemeinsam bis zum heutigen Status hin entwickelt. »Die Evolution des Menschen fand überall statt, da jede Region immer Teil des Ganzen war«, fügen Thorne und Wolpoff hinzu.[14] Damit habe der Genfluß also sichergestellt, daß sich die Weltbevölkerung auf dasselbe Evolutionsziel, den *Homo sapiens*, hinbewegt und sich nicht auf verschiedenen, örtlich begrenzten, Wegen verlor. Allerdings wird auch darauf hingewiesen, daß der lokale Selektionsdruck durchaus regional unterschiedliche physische Ausprägungen geschaffen habe, wie zum Beispiel die große Nase der Europäer. Alle Frühmenschen-Typen der Vorzeit – Java-Mensch, Dali-Mensch, Rhodesien-Mensch, Solo-Mensch und Neandertaler – würden daher zum Kollektiv unserer Vorfahren gehören, da ihre Gene ständig wie Karten im globalen Haufen der menschlichen Evolution vermischt worden seien. Da einige Karten aber trotz des Mischens an Ort und Stelle blieben, bleibe der Samen der modernen »rassischen« Varianten erhalten. In Kapitel 5 gehen wir genauer auf diese Auffassung ein, nach der die menschliche Evolution die Geschichte einer endlosen globalen Genvermischung sei.

Die Hypothese führte zu bizarren Konsequenzen. Sie zwang die Multiregionalisten vor kurzem, die Entstehung des *Homo sapiens* auf über eine Million Jahre zurückzudatieren, nur um einige der störendsten Teile ihrer Theorie unterzubringen. Nach dieser neuen Theorie zur menschlichen Evolution war der *Homo erectus* bereits ein früher *Homo sapiens.* Die Entstehung des *erectus* (vermutlich aus dem *Homo habilis*) sei in Wirklichkeit die Entstehung unserer eigenen Spezies. Nach dieser Ansicht gab es seit 1,5 Millionen Jahren keine Brüche in der Evolution des Menschen. Es gab nur eine menschliche Spezies, den *Homo sapiens.* Während die meisten Experten sagen, sie könnten ohne Schwierigkeiten *erectus*-Fossilien von denen des modernen *sapiens* unterscheiden, behaupten die Multiregionalisten, die Unterschiede seien innerhalb einer einzigen sich entwickelnden Art minimal. So wäre es demnach auch bei dem in Kapitel 2 erwähnten Jungen aus Nariokotome, einem *Homo erectus,* den Richard Leakey und Kamoya Kimeu 1984 fanden. Die Tatsache, daß er kein Kinn hatte und sein Gehirn nur zwei Drittel des modernen Durchschnittsvolumens erreichte, sei ein Detail von geringer Bedeutung, wird impliziert. Tatsache sei, daß es während der letzten Million Jahre nur eine einzige menschliche Population gegeben habe, die sich weiterentwickelte. Daher solle es für sie auch nur einen Namen geben. Mit dieser Umdefinierung versucht man die Probleme zu umgehen, die schon Coon aus der Bahn warfen, nämlich das unterschiedliche Tempo bei der Evolution. Es spielt nun keine Rolle mehr, wenn eine rassische Gruppe vor einer viertel Million Jahren länger brauchte, bis sie moderne Merkmale aufwies. Sie gehörte ohnehin schon zum *Homo sapiens,* und damit wird das Problem zu einer evolutionären Nebensächlichkeit, zur Veränderung *innerhalb* einer Spezies und nicht zwischen verschiedenen Arten. So einfach ist das.

Andere Gelehrte sind hinsichtlich der lässigen Neueinteilung von 1,5 Millionen Jahren menschlicher Vorgeschichte zutiefst skeptisch. Philip Rightmire, der Autor von *The Evolution of Homo erectus*[15], schreibt dazu:

> Wirft man unterschiedliche Populationen wie Neandertaler und andere vorzeitliche Menschen – wie die, deren Schädel man in Broken Hill gefunden hat – mit dem *Homo erectus* in einen Topf und behauptet, es seien während dieser Periode in der ganzen Alten Welt keine nennenswerten Linien ausgestorben, so hilft uns das nicht, das Evolutionsmuster zu erforschen, das schließlich eine Population wie unsere hervorgebracht hat.

Und doch haben die Multiregionalisten auf ihre Weise eine wichtige Frage aufgeworfen: Wie definiert man eine Spezies? Ist es eine rein bürokratische Angelegenheit, ist es Vereinbarungssache oder gibt es strenge Kriterien? In der Regel wird eine Spezies als eine Gruppe von Organismen definiert, die sich normalerweise untereinander fortpflanzt und fruchtbare Nachkommen zeugt, welche sich ebenfalls fortpflanzen können. Engverwandte, aber unterschiedliche Spezies können sich unter Umständen untereinander fortpflanzen, aber das ist entweder nicht ihr normales Verhalten oder die daraus hervorgegangene Kreuzung kann sich auf lange Sicht nicht fortpflanzen. Ein Beispiel dafür ist das Maultier, der unfruchtbare Nachkomme eines männlichen

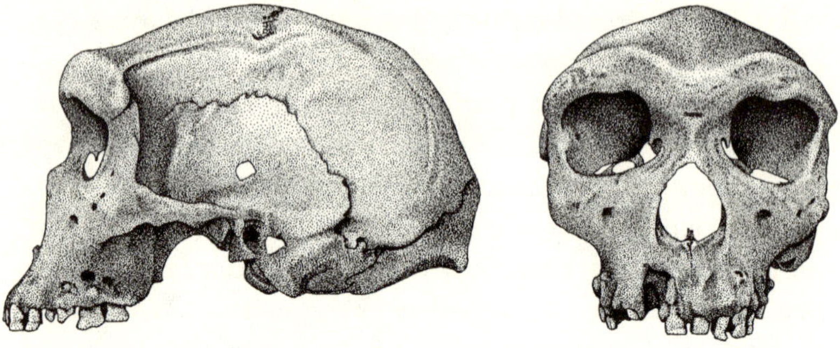

Der Schädel aus Broken Hill (»Rhodesien-Mensch«), der 1921 gefunden wurde. Beispiel eines afrikanischen *Homo heidelbergensis.*

Esels und eines weiblichen Pferds. Selbst wenn sie aufeinandertreffen, zeigen engverwandte Spezies unterschiedliches Verhalten. Lebende Tierarten werden also aufgrund von Beobachtungen ihres Verhaltens klassifiziert, wobei genetische Untersuchungen häufig eine wertvolle Hilfe sind.

Wie sollen wir nun aber an Fossilien herangehen, insbesondere an Menschen aus der Vorzeit? Wie können wir entscheiden, ob der *Homo erectus* eine andere Spezies ist als der *Homo sapiens,* wenn wir nicht wissen können, ob sie sich erfolgreich mit uns paaren würden? Gen-, Fleisch-, Haar- oder Schweißproben liegen uns nicht vor. Wir können nur Knochen und Zähne analysieren und uns die Skelette ansehen, die leider keinen Hinweis auf wesentliche Unterschiede zum Beispiel im Paarungsverhalten geben, da dies keine fossilen Spuren hinterläßt. Was solche Dinge angeht, tappen wir also vollkommen im dunkeln. Es gibt Affenarten, die selbst von Experten nicht anhand ihrer Knochen und Zähne unterschieden werden können.[16] Die Einteilung in verschiedene Spezies anhand fossiler Fragmente ist daher oft ungenau und strittig.

Aber ebenso kann es uns bei der Einteilung in Rassen

ergehen. Als Beispiele für menschliche Rassen werden oft Juden, Pakistani oder Chinesen genannt. Das sind aber kulturelle oder nationale Gruppierungen, die kaum eine biologische Bedeutung haben. Und wenn wir auch einen Einwohner Pakistans kaum mit einem Einwohner Chinas verwechseln würden, wäre es doch für die meisten von uns unmöglich, allein nach äußeren Kriterien einen Pakistani von einem Einwohner aus Bangladesh oder Indien zu unterscheiden. Genauso wäre es bei der Unterscheidung von Chinesen, Koreanern und Japanern. Bei den Juden wird die Angelegenheit sogar noch schwieriger. Juden, die seit Generationen in Europa leben, sehen eindeutig europäisch aus, während Juden, die in Marokko geboren wurden, aussehen wie Nordafrikaner. Die Falascha-Juden aus Äthiopien wiederum sehen den übrigen Äthiopiern ähnlich. Sie sehen sogar so afrikanisch aus, daß es einer Entscheidung der höchsten religiösen Instanz in Israel bedurfte, um zu bestätigen, daß sie wirklich Juden sind, bevor man sie in den achtziger und Anfang der neunziger Jahre aus dem äthiopischen Krisengebiet nach Israel ausflog. Die Falaschas berufen sich bei ihrer jüdischen Abstammung auf Menelik, den angeblichen Sohn König Salomos und der Königin von Saba. Sie führten in Dörfern im Nordwesten Äthiopiens ein abgeschiedenes Leben und hielten sich an jüdische Traditionen wie Sabbat, Monogamie, Beschneidung und die biblischen Reinheitsgebote. Falascha heißt Fremder, und die Falascha-Juden litten schwer unter dem Bürgerkrieg und der Hungersnot in den siebziger und achtziger Jahren, bis Tausende von ihnen in einer Rettungsaktion der israelischen Regierung über eine Luftbrücke gerettet wurden.

Die Zuordnung zu einer Rasse kann eine höchst subjektive Kategorisierung sein. Als Anfang der siebziger Jahre in den Vereinigten Staaten eine Volkszählung durchgeführt wurde, stellte man fest, daß sich 34 Prozent der Befragten von einem Jahr aufs nächste zu einer anderen Rasse zählten. »Unter Rasse sollte eine streng biologische Kategorie zu verstehen sein, so wie die Unterarten bei Tieren«, sagt der Anthropologe Jonathan Marks von der Yale University. »Das Problem ist, daß die Menschen auch kulturelle Kategorien als Rassen bezeichnen, und es ist schwierig, wenn nicht gar unmöglich, beides voneinander zu trennen.«[17]

Dennoch spielten auch bei der Erforschung der Anfänge der Menschheit Rassen eine wesentliche Rolle. Genauer gesagt, das Wissen um unsere stammesgeschichtlichen Wurzeln ist eine unschätzbare Hilfe für das Verständnis der Beziehungen zwischen den heute lebenden Völkern. Wenn wir die Herkunft der modernen Menschen erforschen wollen, müssen wir uns mit den Versuchen der Wissenschaftler, menschliche »Rassen« nach ererbten körperlichen Merkmalen einzuteilen, befassen. Traditionellerweise hält man sich dabei an die auffälligsten Merkmale wie Hautfarbe, Haartyp, Körperbau. In Kapitel 6 und 8 werden wir allerdings sehen, daß die Genetik ein ganz neues Licht auf diese Klassifikationen und ihren Wert geworfen hat. Linné, der größte Klassifizierer von allen, nahm eine simple Einteilung des von ihm so benannten *Homo sapiens* in vier Kategorien vor. (Zwei unechte Kategorien, die er »Wilde Jungs« und »Haarige Männer« nannte, klammern wir dabei aus.) Er nannte die Varianten *americanus, europaeus, asiaticus* und *afer* – eine Klassifikation nach Kontinenten, wobei aber auch einige körperliche Merkmale und Verhaltensmerkmale in die Beschreibung einflossen. So entstand eine Einteilung nach Hautfarbe – rot, weiß, blaßgelb und schwarz – und, weniger verzeihlich, nach Wesenszügen. Die Asiaten waren demnach melancholisch und von ihrem Glauben bestimmt, die Afrikaner träge und von Gefühlen beherrscht, während die Europäer natürlich selbstbewußt waren und sich an die Gesetze hielten![18]

Der Naturkundler Johann Friedrich Blumenbach wandelte Linnés Schema ab. Die Europäer und Westasiaten wurden zu »Kaukasiern«, die Ostasiaten zu »Mongolen« und die Afrikaner zu »Äthiopiern«. Eine weitere Kategorie schuf er für die Einwohner von Südostasien, Polynesien und Australien, die er »Malaien« nannte. Blumenbachs System beruhte auf einer Theorie über die Herkunft der Rassen. Der ursprüngliche, perfekte Mensch war der Kaukasier, wie er angeblich in Georgien gefunden wurde, während die anderen Rassen von diesem Idealzustand abwichen.[19] Carleton Coon nahm 1962 eine Einteilung des Menschen in fünf Untergruppen vor: australoide, mongolide, caucasoide sowie congoide und capoide, wobei sich die vorletzte Bezeichnung auf den größten Teil der Bevölkerung Afrikas bezog und die letzte auf die »Buschmänner« oder »Khoisan« Südafrikas.[20]

Per Definition sollen Kaukasier weniger Pigmente (Melanin) haben, so daß Haut, Augen und Haare häufig hell sind. (Allerdings ist das aber bei einigen kaukasischen Populationen am Mittelmeer und in Indien eindeutig nicht der Fall.) Das Kopfhaar des kaukasischen Typs ist meist ziemlich fein und glatt, und die Männer haben oft eine ausgeprägte Körper- und Gesichtsbehaarung. Die Nase ist meist schmal und vorstehend. Mongolide Typen haben meist eine blasse oder hellbraune Gesichtsfarbe, eine schmale, flache Nase und ein flaches Gesicht mit vorstehenden Wangenknochen. Sie haben dunkles, glattes und drahtiges Kopfhaar, aber die Männer haben im Vergleich zum kaukasischen Typ eine geringe Körper- oder Gesichtsbehaarung. Die Augen haben meist eine weitere Falte am oberen Lid, den sogenannten Epikanthus. Die Ureinwohner

Kurdin, Beispiel der sogenannten »kaukasischen Rasse«.

Amerikas werden in der Regel als Untertyp des asiatischen mongoliden Typs eingeordnet, obwohl ihre Hautfarbe einheitlicher ist und ihre Nase meist vorstehender.

Bei den negriden oder congoiden Typen sind Haut, Augen und Haare dunkel oder schwarz. Die Lippen wirken dick, da sie nach außen gewölbt sind. Sie haben eine breite flache Nase und wollige Haare. Die von Coon definierte capoide Rasse hat ein flacheres Gesicht und vorstehendere Wangenknochen. Die Hautfarbe ist von einem helleren Braun. Die Haare sind kraus, und die Augen haben gelegentlich einen Epikanthus. Der australoide Typ hat eine stark pigmentierte Haut, obwohl gerade Kinder auch blond sein können. Gesicht und Nase sind breit. Die Männer haben meist eine ausgeprägte Körper- und Gesichtsbehaarung und häufig eine schmale Stirn und recht starke Brauenbögen.

Diese Beschreibungen sind natürlich sehr vereinfachend, und bei sich überschneidenden Lebensbereichen findet man selten scharfe Abgrenzungen. Es gibt auch Populationen,

Eskimofrauen aus Labrador – »Mongolide«.

die in keine der Kategorien passen, so wie die Ainu, eine Eingeborenen-Population aus Japan. Ihre Vorfahren scheinen die Inseln bevölkert zu haben, lange bevor sich andere Japaner dort niederließen. Die Ainu haben meist lange braune Haare, vorstehende Nasen und runde Augen. Die Männer der Ainu haben eine wesentlich stärkere Gesichts- und Körperbehaarung, als dies bei anderen ostasiatischen Völkern der Fall ist. Einige Anthropologen behaupten, die Ainu seien eine eigentümliche Form des mongoliden Typs. Andere ordnen sie den Kaukasiern zu, wieder andere den Australiden.

Aber wie kommt es überhaupt dazu, daß Kaukasier und Mongolide und alle anderen rassischen Kategorien, die Coon und seine Mitstreiter verwenden, verschieden aussehen? Warum hat ein Mann aus Nordeuropa blonde Haare und blaue Augen und eine Frau aus Äquatorialafrika dunkle Haut und krauses schwarzes Haar? Und woher kommt das Spektrum, das dazwischen liegt? Die augenfälligste Ursache ist die natürliche Selektion. Sind viele Generationen extremen Umweltbedingungen ausgesetzt, führt das zu körperlichen Veränderungen. So bringt ein sehr heißes Klima zylindrische Körper mit einer großen Hautoberfläche hervor, welche die Hitze abstrahlen kann und den Menschen kühl hält. In kalten Höhenlagen muß die Hautoberfläche möglichst gering sein, um die Wärme zu speichern. Hier haben die Menschen rundere Körperformen entwickelt. Die Kugel hat von allen geometrischen Formen die geringste Oberfläche im Verhältnis zu ihrem Volumen. Rundere Tiere haben daher eine kleinere Oberfläche, durch die Wärme verlorengehen kann, und bleiben somit wärmer. Dies erklärt die Unterschiede zwischen der Gestalt eines kenianischen Stammesangehörigen und den Ureinwohnern von Grönland und Lappland. In jeder Population bildet sich im Laufe der stammesgeschichtlichen Entwicklung eine gewisse Variationsbreite, und im Laufe mehrerer Generationen vermehren sich die bestangepaßten Individuen stärker. Ihre Kinder erben wiederum die »erfolgreiche« Gestalt der Eltern.

Bei der Hautfarbe ist es wiederum so, daß dunkle Haut besser vor der Sonne und der gefährlichen ultravioletten Strahlung schützt, die Hautkrebs verursachen kann. In weniger hellen Gegenden wie Nordeuropa würde eine dunkle Haut aber die Bildung von Vitamin D verhindern. Vitamin D spielt eine wesentliche Rolle im Kalziumstoffwechsel, der wichtig für die Knochen ist. Kalziummangel führt zu Knochendeformationen, insbesondere zu Rachitis. Mit dieser Krankheit hätten unsere Vorfahren einen eindeutigen Nachteil bei der Nahrungssuche und der Jagd gehabt. Rachitische Frauen hätten auch unter Beckendeformationen gelitten mit dem einhergehenden Risiko, bei der Geburt eines Kindes zu sterben. Dies hätte einen starken Selektionsdruck auf die frühen Europäer und die Hochlandbewohner

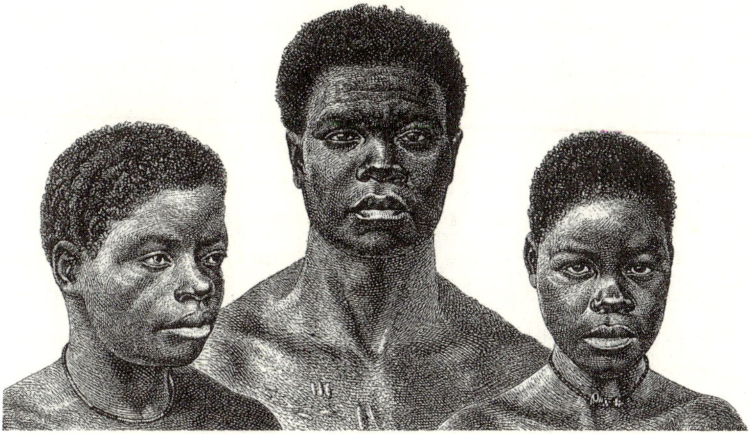

Drei Westafrikaner – »Negride«.

ausgeübt. Auf diese Weise war sichergestellt, daß sich die genetisch bedingte helle Haut recht schnell durchsetzte. Hellhäutige, die in sonnigen Regionen leben, bezahlen heute natürlich mit einem stark erhöhten Hautkrebsrisiko den Preis für diese Anpassung. Bei sonnenhungrigen weißen Amerikanern ist das Hautkrebsrisiko siebenmal größer als bei schwarzen Amerikanern, die in derselben Gegend leben. Ein ähnliches Phänomen beobachtet man bei den Australiern. Im Norden von Queensland hat inzwischen einer von zehn weißen Männern zwischen 60 und 69 Jahren Hautkrebs. Die Melanom-Sterblichkeitsrate ist hier die höchste der Welt.[21]

Das Verhältnis zwischen Hautfarbe und Sonnenintensität ist allerdings nicht immer offensichtlich. Die Hautfarbe der heute ausgestorbenen tasmanischen Aborigines, die in einem Klima ähnlich dem Nordwest-Europas lebten, war fast so dunkel wie die ihrer Verwandten aus dem tropischen Australien. Die Anden-Indios wiederum haben keine besonders dunkle Haut, obwohl sie der stärksten ultravioletten Strahlung der Welt ausgesetzt sind.

Hier spielen offenkundig auch andere Faktoren eine Rolle. Einer davon ist sexuelle Selektion. Jede Gesellschaft hat ihre eigenen Schönheitsideale. In manchen Gesellschaften gilt Körper- und Gesichtsbehaarung als unattraktiv, während sie in anderen als schön empfunden wird. Finden die Menschen Gefallen daran, so wird jemand mit starker Behaarung es etwas leichter haben, einen Partner zu finden und sich fortzuplanzen. Auf diese Weise stehen den nachkommenden Generationen mit der Zeit mehr Gene für Körperbehaarung zur Verfügung. Auch bei der Hautfarbe kann es so ablaufen, wenn in der jeweiligen Gesellschaft eine dunklere oder hellere Haut bevorzugt wird.[22]

Auch Isolierung und Zufall können bei der Entwicklung des Aussehens eine Rolle spielen. Ist eine Population vom Rest der Welt abgeschnitten, so fehlt ihr der Kontakt zu anderen Populationen, wodurch bestimmte sich entwickelnde Unterschiede im Körperbau oder im Aussehen ausgeglichen werden könnten. Diesen Prozeß nennt man Gen-Drift. Wird ein neues Gebiet von einem untypisch kleinen Teil einer Population besiedelt, kann es ebenfalls zu einer dramatischen Verzerrung kommen. Hatte diese kleine Gruppe von »Gründern« im Durchschnitt eine fliehendere Stirn als die Population, der sie entstammte, so könnte sich dieser Unterschied in einem ganzen, bislang unbewohnten Land vervielfachen. Dieses Phänomen wird als Gründereffekt bezeichnet.

Damit kommen wir zurück zur Theorie der multiregionalen Evolution, die besagt, daß Rassenunterschiede das Ergebnis langfristiger regionaler Entwicklungen sind. In jedem Gebiet entwickelten die Populationen seit dem Erscheinen des *Homo erectus* typische Merkmale. In Afrika war das vor etwa 2 Millionen Jahren der Fall, in Java und China vor über einer Million Jahren und in Europa vor mindestens 500000

Jahren. Die verschiedenen Völker dieser Erde begannen laut dieser Theorie als primitive Menschen, die sich, was Gestalt und vermutlich auch Verhalten anging, sehr von uns unterschieden. Nachdem sie sich über die ganze Erde verteilt hatten, begannen sie bald »rassische« Merkmale zu entwickeln. Erst in den letzten 200000 Jahren wurden sie den modernen Menschen vom Aussehen her ähnlicher. Diese Entwicklung ging in den verschiedenen Teilen der Welt scheinbar mit unterschiedlichem Tempo voran.

Nun ist es wichtig, die Begriffe Spezies und Rasse aus der Perspektive der Multiregionalisten zu betrachten. Rassenunterschiede sind demnach eine Folge davon, daß Populationen, die keinen Kontakt zueinander haben, typische Merkmale entwickeln, die sich aus ihrer jeweiligen Umgebung ergeben. Diese Isolierung und Entwicklung ist über einen sehr langen Zeitraum vor sich gegangen – in manchen Fällen über 1,5 Millionen Jahre – und hat an verschiedenen Orten zu unterschiedlichen Ausprägungen geführt. So entstanden der Neandertaler, der Peking-Mensch, der Java-Mensch und so weiter. Und doch soll laut dieser Theorie über diesen langen Zeitraum hinweg eine Vermischung der Völker, auch Genfluß genannt, in genau dem richtigen Maße stattgefunden haben, so daß sich die ansonsten voneinander getrennten Populationen gemeinsam genetisch zu einer Spezies, dem *Homo sapiens*, entwickelten.[23] Das heißt, die genetischen Karten wurden genau so gemischt, daß die wesentlichen menschlichen Gene gleichmäßig verteilt wurden, während die Karten, welche Rassenmerkmale bestimmen, beim Mischen an einem Ort blieben.

Demnach hat sich der *Homo erectus* aus Java und Ngandong zum australischen Aborigine weiterentwickelt, die Fossilien aus Peking und Dali sind die Überreste von Menschen der mongoliden Linie, der Schädel aus Broken

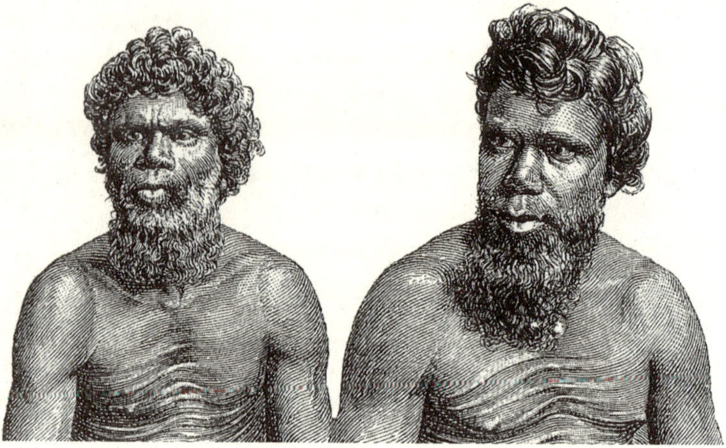

Zwei Männer aus Neusüdwales – »Australoide«.

Hill in Nordrhodesien (heute Sambia) gehörte zu einer proto-negriden oder proto-capoiden Population, und die Neandertaler wurden Kaukasier. Aber kann man diese lokal stattfindenden Veränderungen wirklich anhand der Fossilienfunde nachvollziehen? Hat sich die Menschheit wirklich weltweit parallel entwickelt und sind die Rassenmerkmale früh entstanden und während der ganzen Entwicklung beibehalten worden? Oder war es so, um bei unserem Kartenbeispiel zu bleiben, daß die Evolution des Menschen eher einer Reihe von Kartenspielen glich? Wurden verschiedene Karten ausgeteilt, die dann die Populationen von Europa, Java, China und so weiter bildeten? Kamen die Karten manchmal zurück auf den Stapel, so daß manche Linien ausstarben, und danach an ihrer Stelle ein neues Blatt ausgeteilt wurde? Vielleicht waren die Populationen von Solo und Dali sowie die Neandertaler Karten, die zurück auf den Stapel kamen und nicht neu gemischt wurden. Dann wäre der *Homo sapiens* das bisher letzte Blatt im Spiel der menschlichen Evolution.

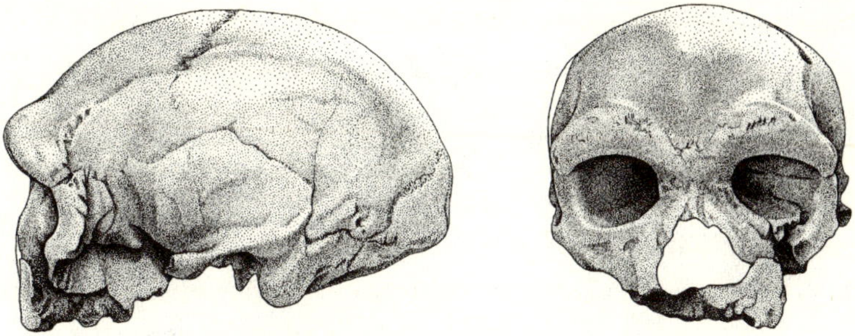

Der Dali-Schädel. Möglicherweise ein spätes Beispiel eines chinesischen *Homo heidelbergensis.*

Diese Vorstellung bildet eine Alternative zum Multiregionalismus und wurde in diesem Jahrhundert in verschiedenen Spielarten präsentiert, unter anderem von Wissenschaftlern wie Henri Vallois, einem Schüler und späteren Kollegen Boules in Frankreich. Er war der Ansicht, aus den Fossilienfunden Europas ergebe sich, daß sich bereits vor 250000 Jahren im Pleistozän in Europa eine Evolutionslinie abgetrennt und auf den modernen *Homo sapiens* hin entwickelt habe. Eine andere Linie habe sich vom *Homo erectus* zum Neandertaler entwickelt und sei schließlich ausgestorben.[24]

Der amerikanische Anthropologe Loring Brace von der University of Michigan griff die »alte Garde« heftig an und warf ein, daß Leute wie Vallois den Neandertaler ohne plausible Alternativen aus unserer Ahnenreihe geworfen hätten.

> In letzter Zeit hängen wieder viele biologische Anthropologen der alten Ansicht an, daß im Oberen Paläolithikum anatomisch moderne Menschen nach Europa kamen, obwohl es keine überzeugenden Skelettfunde für diese These gibt. Sie glauben, die Archäologen hätten die Beweise. Die Archäologen wiederum haben Lippenbekenntnisse zu der

> These über die plötzliche Einwanderung abgelegt, weil sie der Ansicht waren, die biologischen Anthropologen hätten klare morphologische Unterschiede festgestellt.[25]

Brace vertrat die Ansicht, es habe in der Evolution des Menschen weltweit gleichzeitig ein Neandertaler-Stadium gegeben. In mancher Hinsicht ähnelt diese These der von Weidenreich und Coon. Während die beiden allerdings fundamentale Unterschiede zwischen den lokalen Evolutionslinien feststellten und sie auf Rassenunterschiede zurückführten, verwarf Brace den Rassengedanken vollkommen. Für ihn stand fest, daß vorzeitliche Fossilien, wenn man sie erst einmal richtig analysiert hätte, eine allmählich fortschreitende Entwicklung von Neandertaler-Merkmalen zeigen würden, während die Merkmale der Frühmenschen auf ihre direkte Abstammung vom Neandertaler hinweisen würden. Seiner Ansicht nach konnten sich die modern aussehenden Menschen nicht gleichzeitig mit dem Neandertaler entwickelt haben, weil sie aus dem Neandertaler hervorgingen. Und so stellte Brace jede Datierung früher Fossilien moderner Menschen in Frage, wie man sie in Europa, Israel, Borneo und Afrika gefunden hat. Seine Überzeugung paßte zu den liberalen Strömungen der sechziger und siebziger Jahre, als man die Neandertaler wie eine zu Unrecht verfolgte Minderheit zu behandeln begann. Es war die Zeit der Neandertaler-Emanzipation, als das Pendel zurückschwang und die Neandertaler wieder als unsere rechtmäßigen Vorfahren eingesetzt werden sollten.

Einen Eindruck dieser intellektuellen Rehabilitierung erhalten wir durch William Goldings Buch *Die Erben*,[26] das im starken Kontrast zu den Büchern von Rosny-Aines und Wells steht und ein sympathisches Bild von den Neandertalern zeichnet. Golding beginnt sogar mit einem Zitat von

Wells, das wieder einmal »die sehr starke Behaarung, eine gewisse Häßlichkeit oder abstoßende Fremdartigkeit« der Neandertaler betont. Golding fährt dann fort und beschreibt die Neandertaler als schlicht und edel, während die Protagonisten des Buches – die modernen Menschen – zwar einen klaren Sieg davontragen, aber eindeutig unsympathisch dargestellt werden. Seine Beschreibung der Neandertaler könnte sich von der am Anfang dieses Kapitels zitierten nicht deutlicher unterscheiden.

> Der Mund war breit und sanft und über der gekräuselten Oberlippe flappten die Nasenlöcher wie Flügel. Es gab keinen Nasensattel, und der Mondschatten der vorspringenden Brauen lag direkt über der Nasenpitze. Am dunkelsten waren die Schatten in den Höhlen über den Wangen, und die Augen waren darin unsichtbar. Die Stirn war von einer geraden Linie von Haaren gesäumt, und darüber war nichts mehr.

Weiter vorangetrieben wurde die Rehabilitierung der Neandertaler durch den jungen amerikanischen Archäologen Ralph Solecki, der im Irak mit Ausgrabungen in der Shanidar-Höhle über dem Großen-Sab-Fluß begonnen hatte. Die Höhle wurde noch immer sporadisch von kurdischen Stammesangehörigen bewohnt. Diese hatten entlang der Höhlenwand kleine Räume gebaut und einen großen Pferch für ihre Pferde und Ziegen. Aus diesem Grund grub Solecki seinen Graben im Gemeinschaftsareal mitten in der Höhle. Die ihn umgebenden Haushaltsgegenstände und der Eindruck, daß Shanidar seit 100000 Jahren mehr oder weniger durchgehend bewohnt zu sein schien, überzeugten Solecki, daß er es hier mit einer nahtlosen Evolutionskette zu tun hatte, die zum modernen Menschen führte.

Zwischen 1953 und 1960 fand Solecki insgesamt neun Neandertaler-Skelette in Shanidar.[27] Einige waren möglicherweise durch herabstürzende Felsen getötet worden, andere schienen bestattet worden zu sein. Manche wiesen dramatische, aber alte Verletzungen auf, in einem Fall eine Augenhöhlenverletzung, die vermutlich zu einseitiger Blindheit geführt hatte, sowie ein verkümmerter rechter Arm und Verletzungen am rechten Bein und Fuß, was jedoch nicht die Todesursache gewesen war. Der Verletzte lebte weiter, für Solecki ein Zeichen, daß die Neandertaler zu Mitleid und Hilfe gegenüber Kranken fähig waren. Rohlinge hätten sich so jedenfalls nicht verhalten.

Die dramatischste Entdeckung Soleckis hatte aber nichts mit Knochen oder Steinen zu tun, sondern mit Erde. In Erdproben von einer der Beerdigungsstätten fand man ungewöhnlich viele Pollen, mehr als der Wind oder Tierfüße hereingetragen haben konnten. Solecki folgerte, daß der Tote, ein älterer Mann, Blumen als Grabbeigabe erhalten hatte. »Dieser Mann starb vor etwa 60000 Jahren ... aber die Anzeichen von Blumen im Grab bringen uns den Neandertaler im Geiste näher, als wir uns das bisher vorstellen konnten«, schrieb Solecki später. »Daß wir den Neandertaler mit Blumen in Verbindung bringen, läßt uns ganz anders über ihn denken; er scheint ›Seele‹ gehabt zu haben.« Zwei Jahrzehnte später erscheinen Soleckis Annahmen über die Neandertalerseele und sein Buchtitel *Shanidar – The First Flower People*[28] etwas lächerlich, zumal einige Archäologen inzwischen die Blumenbestattungen in Frage stellen. Dennoch zeigt Soleckis Arbeit, wie grundlegend sich die Meinung über dieses ausgestorbene Volk geändert hatte; denn zum damaligen Zeitpunkt regte sich kein Widerspruch bezüglich seiner ergreifenden Darstellung des mitleidigen, sanften Wesens der Neandertaler.

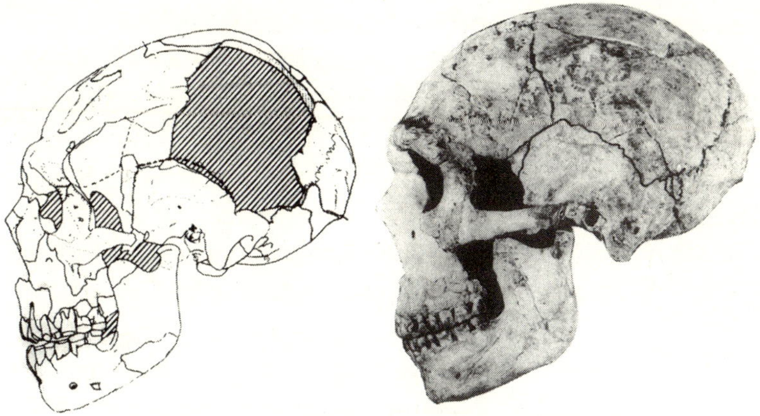

Der Shanidar-I-Schädel (links) und Amud I.

Der Höhepunkt der Neandertaler-Verehrung wurde 1973 erreicht, als George Constables Buch *Die Neandertaler*[29] erschien. Solecki, der das Vorwort verfaßte, schreibt, im Neandertaler finde man »den Verstand des modernen Menschen in den Körper eines vorzeitlichen Wesens eingesperrt.« Im ersten Kapitel führt er an, »zahlreiche neue Erkenntnisse weisen darauf hin, daß manche, vielleicht sogar alle Neandertaler unsere direkten Vorfahren waren. Von 100000 Jahren vor unserer Zeitrechnung bis vor etwa 40000 Jahren trieben sie die Evolution voran ... Sie waren Vorfahren, auf die wir wahrhaft stolz sein können.« Später schreibt er: »Fossilien aus dem Nahen Osten bilden ein solides stammesgeschichtliches Bindeglied zwischen dem Neandertaler und dem modernen Menschen.« Zweifler werden in ihre Schranken gewiesen:

> Alle, die den Neandertaler als Seitenzweig der Evolution des Menschen abgetan haben (und manche sind immer noch dieser Ansicht), glaubten, der moderne Mensch habe schon während des Zeitalters der Neandertaler exi-

> stiert ... Wenn es aber vor so langer Zeit schon moderne Menschen gab, wo haben sie sich dann versteckt? Generationen von Gelehrten haben alles darangesetzt, vorzeitliche, aber modern aussehende Vorfahren zu finden ... aber die Fossilien ließen sie im Stich.

Am Schluß des Buches verfällt Constable in Lobpreisungen über den ausgestorbenen Neandertaler:

> Man stelle ihn sich in einer Landschaft mit hohen, wippenden Gräsern vor. Die Sonne scheint, und in der Luft schwingt die Musik des Sommers. Wer ist dieser Mensch? Er ist ein stammesgeschichtliches Bindeglied, das schon fast über alle Merkmale des modernen Menschen verfügt. Er ist ein Mensch und unser Vorfahre. Wir sollten ihn mit Ehrfurcht betrachten, denn fast alles, was wir sind, haben wir direkt von ihm.

Sicher ist an der Haltung Goldings, Soleckis, Constables und anderer einiges zu bewundern. Vor allem ist sie erfrischend frei von der kolonialen Herablassung, mit der die Neandertaler in der Vergangenheit als minderwertig abgetan wurden. Die neuen Ansichten sind, zumindest was Verständnis und Toleranz gegenüber Andersartigen angeht, lobenswert. Aber die Rehabilitierung der Neandertaler ist eine Sache, zu behaupten, sie seien die direkten Vorfahren des modernen Menschen, eine andere. Und tatsächlich schwang Mitte der siebziger Jahre das Pendel wieder in die andere Richtung. Man nahm Abstand von der Vorstellung, die Neandertaler seien das stammesgeschichtliche Bindeglied zwischen den Hominiden und dem modernen Menschen (und der sich daraus ergebenden Folgerung, daß die Unterschiede zwischen den Rassen groß und gravierend seien). Eine Schlüsselrolle spielte dabei Chris Stringer, der im nächsten Kapitel berichten wird, wie er persönlich an der Neuschreibung der Evolutionsgeschichte des modernen Menschen beteiligt war. Diese Geschichte setzt den wiederhergestellten Ruf der Neandertaler keineswegs herab. Sie waren hochentwickelte, gemeinschaftsfähige Hominiden. Aber es hat sich gezeigt, daß unsere Geschichte eine andere ist als ihre und daß die Entstehung des *Homo sapiens* wesentlich dramatischer und ungewöhnlicher verlief als bisher angenommen. Die Geschichte beginnt mit der Analyse vorgeschichtlicher Knochen und endet mit einer überraschenden Neubeurteilung unseres Selbstverständnisses und der Beziehungen der Menschen zueinander. Man hat festgestellt, daß wir keine heterogene Gruppe von Rassen und Populationen sind, sondern im wesentlichen homogen. Wir sind eine so junge Spezies, daß wir nicht die Zeit hatten, uns in entscheidender Weise zu differenzieren. Eigentlich eine ermutigende Vorstellung, aber wir werden sehen, daß sie den Zorn einer großen Anzahl von Anthropologen und Paläontologen auf sich zog, darunter eben auch jene Wissenschaftler, die vor 30 Jahren die »alte Garde« um Vallois so heftig angriffen, und die sich jetzt hinter ihren eigenen orthodoxen Grundsätzen verschanzen, um sie gegen eine radikale neue Häresie in der Wissenschaft zu verteidigen.

4 Die Wiege der Menschheit: Ein persönlicher Rückblick von Chris Stringer

Jede große Wahrheit beginnt als Blasphemie.
GEORGE BERNARD SHAW[1]

Die Hypothese der multiregionalen Evolution ist tot. Sie ist tot, weil sie unproduktiv, uninteressant und falsch ist.
CLARK HOWELL[2]

Ich konnte nie sagen, woher meine Leidenschaft für Fossilien stammte. Auch meine verblüffte Familie konnte es nie verstehen. Allerdings war sie alles andere als begeistert darüber, daß ich in meiner Kindheit soviel Zeit damit verbrachte, Schädel zu malen. Das konnte doch kein gesundes Hobby für einen heranwachsenden Jungen sein. In meiner Familie kursiert auch die Anekdote, daß ich als kleiner Junge bei einem meiner zahlreichen Besuche des Naturhistorischen Museums in London einen der Aufseher fragte, ob er mir nicht ein paar alte Skelett-Teile geben könne, die sie nicht brauchten. Zum Glück war seine Zurückweisung so freundlich, daß meine Begeisterung für prähistorische Knochen ungeschmälert blieb.

In der letzten Schulklasse schien es dann klar zu sein, daß ich Medizin studieren würde. Meine Eltern waren unerhört stolz. Doch dann, in der letzten Minute, fand ich heraus, daß es für die menschliche Evolution auch ein eigenes Studienfach gab, nämlich Anthropologie. Sofort war der Arztberuf vergessen, sehr zur Bestürzung meines Klassenlehrers und des Biologielehrers, der mir einen kummervollen Vortrag hielt und mir prophezeite, daß ich mit »dem

Studium« nie eine Stelle kriegen würde. Aber meine Eltern schoben ihre Vorbehalte beiseite und unterstützten mich.

Meinen Abschluß machte ich am University College London, noch immer erfüllt von der Liebe zur Erforschung der menschlichen Evolution. 1969 begann ich in einem von Loring Brace geschaffenen intellektuellen Klima mit der Planung meiner Doktorarbeit. Brace hatte die Paläoanthropologie stark verändert und viele althergebrachte Überzeugungen aus dem Weg geräumt. Dennoch hatte ich vor, seine Vorstellungen mit einigen älteren Theorien zu vergleichen. Es erwies sich damals, im Jahre 1969, aber als sehr schwierig, ein Stipendium für eine Doktorarbeit über Neandertaler zu bekommen. Zum Teil lag das an der Zurückhaltung, welche die Regierung nach den Studentenunruhen 1968 gegenüber den Sozialwissenschaften übte. Dazu kam, daß keine der Stellen, die Stipendien für die »richtigen Wissenschaften« vergaben und Projekte finanziell unterstützten, die sich mit Medizin, Naturwissenschaften und Umwelt befaßten, sich für die Erforschung fossiler Menschen verantwortlich fühlte. Dieses Fach schien nirgends dazuzugehören. Michael Day (damals an der Uniklinik in Middlesex beschäftigt) versuchte, mir ein Stipendium für die Analyse prähistorischer Fußknochen zu beschaffen. Nigel Barnicot vom University College London und Don Brothwell vom Natural History Museum bemühten sich um finanzielle Unterstützung für ein Projekt, bei dem ich die Unterschiede zwischen fossilen Schädeln analysieren sollte. Keiner von ihnen hatte Erfolg.

Im Sommer 1970 war immer noch kein Stipendium in Sicht, und meine Aussichten, Paläoanthropologe zu werden, waren düster. Die Vorahnungen meines Biologielehrers bezüglich meiner beruflichen Zukunft schienen sich zu meinem Leidwesen zu bestätigen. Ich war drauf und dran, meine befristete Stelle im Naturhistorischen Museum aufzugeben und eine Lehrerausbildung anzufangen, als in allerletzter Minute in der Anatomieabteilung der Universität Bristol eine medizinische Forschungsstelle frei wurde. Ein Student sollte über die menschliche Evolution forschen. Jonathan Musgrave, ein Dozent der Abteilung, rief Brothwell an, der mich vorschlug. Einen Monat später war ich auf dem Weg nach Bristol.

Jonathan Musgrave hatte die Handknochen von Neandertalern analysiert und dabei die sogenannte multivariate Analyse angewandt, die mit Hilfe mathematischer Methoden mehrere Messungen gleichzeitig untersuchen kann.[3] Man analysiert zwei oder mehr Objekte (z.B. zwei Schädel) und sammelt eine Vielzahl von Maßen, die Auskunft über ihre Form geben. Mittels der komplexen statistischen Methode der multivariaten Analyse ist es dann möglich zu sagen, inwieweit die beiden Objekte insgesamt voneinander abweichen. Das ist eine sehr effektive Methode, und ich wollte sie einsetzen, um zu bestimmen, welche Ähnlichkeit zwischen den Schädeln von Neandertalern und Cromagnon-Menschen besteht. Ich wollte objektive Parameter einführen und damit die emotionale Diskussion versachlichen. Dazu brauchte ich exakte Geräte, wie Greifzirkel und Winkelmesser, zur Bestimmung von Schädelhöhe, -breite und -umfang, um zu messen, in welchem Winkel Kinn und Überaugenbögen vorsprangen, und zur Bestimmung vieler anderer Merkmale, die helfen würden, jede Art in ihren stammesgeschichtlichen Kontext einzuordnen.

Diese Arbeit sollte für mein Leben und meine Karriere bestimmend werden, aber das wußte ich damals noch nicht. Im Winter 1970 dachte ich nur daran, wie ich an möglichst viele fossile Schädel kommen könnte. Sie lagen alle seit Beginn des Jahrhunderts in Museen auf dem Kontinent und

Einige Meilensteine bei der Erforschung der Anfänge des modernen Menschen

1821	Skelett eines Cromagnon-Menschen in der Paviland-Höhle in Wales ausgegraben.
1830	Schädel eines Neandertalerkinds in der Engis-Höhle in Belgien gefunden.
1848	Schädel einer Neandertalerfrau in Steinbruch von Forbes in Gibraltar freigesprengt.
1856	Neandertalerskelett von Arbeitern im Neandertal bei Köln ausgegraben.
1864	William King gibt dem Skelett aus dem Neandertal den Namen *Homo neanderthalensis.*
1868	In Cro-Magnon in Frankreich werden Skelette von Cromagnon-Menschen ausgegraben.
1891–1892	Dubois findet und benennt die »*Pithecanthropus erectus*«-Fossilien in Java.
1899	Gorjanović-Kramberger beginnt mit Grabungen in Krapina, Kroatien.
1907	Unterkieferknochen eines *Homo heidelbergensis* in Mauer bei Heidelberg gefunden.
1908–1909	Funde von Neandertalerskeletten in Le Moustier, La Chapelle-aux-Saints und La Ferrassie, Frankreich.
1912	Veröffentlichung über die »Fossilien« des Piltdown-Menschen.
1921	Erster bedeutender afrikanischer Fund menschlicher Fossilien in Broken Hill, Nordrhodesien.
1927–1933	Grabungen in Zhoukoudian, China; Ngandong, Java; Tabun, Skhul und Qafzeh, Israel.
1935	Weidenreichs erste Veröffentlichung über Fossilien von Zhoukoudian stützen regionale Kontinuität.
1949–1950	Radiokarbonmethode entwickelt.
1951	Solecki beginnt mit Grabungen in Shanidar.
1959	Erste bedeutende Hominiden-Funde in der Olduvai-Schlucht.
1961	Jebel Irhoud I entdeckt.
1962	Coons *The Origin of Races* veröffentlicht.
1962–1964	Brace veröffentlicht Aufsatz über Neandertaler als Vorfahren des modernen Menschen.
1967	Modernes Skelett in Omo Kibish, Äthiopien, ausgegraben; moderne Fossilien in Klasies River Mouth in Südafrika gefunden.
1974–1975	Clark und Protsch veröffentlichen Aufsatz über afrikanischen Ursprung des *Homo sapiens.*
1978	Beaumont, de Villiers und Vogel veröffentlichen ihren Aufsatz »Out of Africa«.
1981	Vandermeersch veröffentlicht über Qafzeh-Fossilien.
1982	Bräuer präsentiert »Afro-*sapiens*«-Modell. Day und Stringer veröffentlichen Omo-Kibish-Studie.
1984	Wolpoff, Wu und Thorne veröffentlichen detaillierte Darstellung der multiregionalen Evolution. Nariokotome-Skelett in Kenia gefunden.
1987	Cann, Stoneking und Wilson veröffentlichen mtDNS-Analyse in *Nature.* Neue Datierungsmethoden an Grabungsstätten in Israel angewandt.

fingen Staub. Jonathan Musgrave und ich stellten also einen Reiseplan auf, der es mir ermöglichen sollte, die wichtigsten Orte zu besuchen. Im nachhinein muß ich sagen, daß die Planung und Durchführung einer solchen Reise nur mit jugendlicher Kühnheit und Naivität zu bewerkstelligen war. (Ich war damals dreiundzwanzig.) Musgrave war mit dem Zug durch Europa gereist, um seine Daten zu sammeln. Allerdings hatte er Handknochen analysiert, und davon gab es relativ wenige. Schädel sind größer und robuster. Sie entgehen dem Netz des Paläontologen nicht so leicht, das heißt, es liegen wesentlich mehr Schädelfragmente unserer Vorfahren in irgendwelchen Museen als Fragmente ihrer Finger. Das wiederum bedeutete, daß ich weitaus mehr dieser Stätten aufsuchen mußte als Musgrave. Leider betrug mein Stipendium für die Reise nur 350 Pfund. Also mußte ich mit meinem alten Morris Minor fahren und zelten oder in Jugendherbergen übernachten.

Im Juli 1971 begann meine Reise auf den Kontinent, wo ich erst zweimal gewesen war. Das erste Mal bei einer kurzen Klassenfahrt nach Paris, und dann war ich einmal mit meinen Eltern an einen Badeort in Italien gefahren. Französisch konnte ich einigermaßen, ansonsten mußte ich mich auf Sprachführer verlassen. Wir hatten Briefe an die einzelnen Museen geschickt, aber von einer ganzen Reihe, besonders in Frankreich, Ostdeutschland und der Tschechoslowakei, war keine Antwort gekommen. Schließlich begann ich in Belgien, wo ich die 1886 ausgegrabenen Spy-Skelette analysierte. Meine Analysen bestätigten, daß die ersten Neandertalerknochen, die man 1856 gefunden hatte, nicht zu einem Mißgebildeten gehörten, wie Virchow und Mayer behauptet hatten. In Deutschland traf ich mich mit meiner Freundin und späteren Frau Rosie. Den größten Teil der Expedition legten wir zusammen zurück. Ich analysierte in

Waschtag, irgendwo in Kroatien, 1971.

Bonn das Skelett des ersten Neandertalerfunds, ließ dann aber Ostdeutschland aus, da ein Besuch dort sicher in Tränen geendet hätte. Nervös reiste ich dann in die Tschechoslowakei, gerade am dritten Jahrestag des sowjetischen Einmarsches. An der Grenze verhörte man mich vier Stunden lang und gab mir zu verstehen, daß ein langhaariger westlicher Anthropologiestudent in etwa so willkommen war wie ein Hippie bei einem Truppenaufmarsch. »Ihr Besuch ist von keiner Bedeutung für die Bevölkerung der Tschechoslowakei«, antwortete man auf meine Beteuerung, daß meine Arbeit von internationaler wissenschaftlicher Bedeutung sei. Ich sei Tourist und kein Wissenschaftler, ließ man mich wissen, und daher mußte ich jeden Tag zehn Dollar in einheimischer Währung ausgeben. Das war unmöglich bei meinem schmalen Budget. Mir blieb nichts anderes übrig, als die Tschechoslowakei nach fünf Tagen wieder zu verlassen. Allerdings hatte ich mir die Zeit genommen, die Neandertalerfragmente und frühen Cromagnon-Funde von Brno zu analysieren.

Nach einem kurzen Aufenthalt in Wien fuhren wir weiter nach Zagreb. Dort war der Museumsdirektor, Dr. Crnolotac, verreist, und man verweigerte mir den Zugang zur größten Neandertalersammlung der Welt. Es handelte sich um die von Gorjanović-Kramberger ausgegrabenen Krapina-Fossilien. (Wie ich feststellte, war sein Büro unverändert erhalten geblieben.) Noch immer waren viele Fragen nicht geklärt, und das Material war in den vergangenen 40 Jahren erst von einem westlichen Wissenschaftler gründlich analysiert worden, und zwar von Loring Brace. Ich muß sehr niedergeschlagen, vielleicht wie ein potentieller Selbstmörder ausgesehen haben, denn ein Vertreter des Direktors hatte Mitleid und ließ mich zu den Krapina-Fossilien, was für ihn sehr riskant war, da die Funde von den jugoslawischen Wissenschaftlern wie Reliquien behandelt wurden.

So verbrachte ich in aller Heimlichkeit drei Tage mit den kostbaren Fossilien. Ich sonnte mich in meinem Anfängerglück, bis zu meinem unermeßlichen Entsetzen am zweiten Tag eines der wichtigsten Krapina-Fossilien auseinanderfiel. Es handelte sich um einen Teil eines Gesichts, das ich gerade vermaß. Ich sah mich schon den Rest meines Lebens jugoslawisches Gefängnisessen zu mir nehmen, als ich bemerkte, daß der Schädel an einem alten, bereits geklebten Riß auseinandergefallen war. Rosie und ich rasten in den nächsten Laden und kauften eine Tube Alleskleber. Unter dem wachsamen Blick des stellvertretenden Museumsdirektors klebte ich schwitzend eines der Juwelen jugosla-

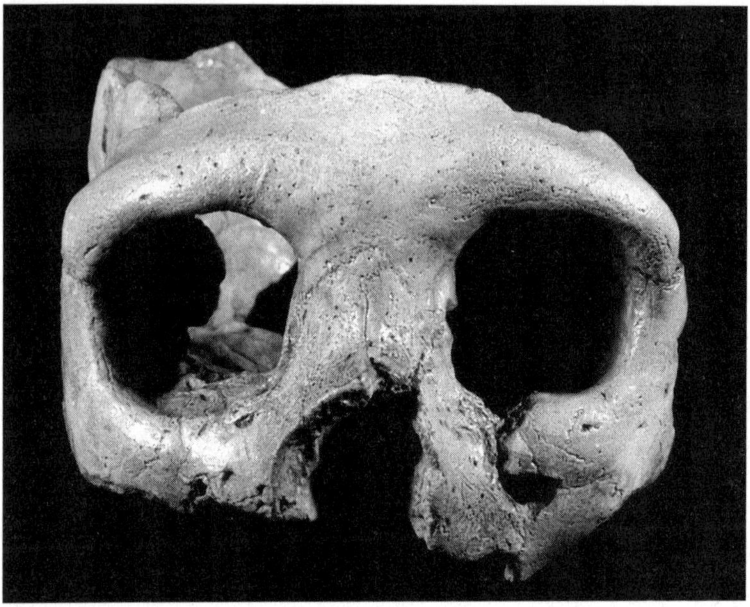

Das Gesicht, das die panische Jagd nach Klebstoff auslöste.

wischer Wissenschaft wieder zusammen und rettete damit sowohl den Hals des Angestellten als auch meine Karriere und verhinderte internationales Aufsehen.

Nach dieser Episode fuhren wir erleichtert weiter nach Süden, um ein weiteres rätselhaftes Fossil zu analysieren, das in der Petralona-Höhle im Norden Griechenlands ausgegraben worden war und jetzt in der Universität von Saloniki aufbewahrt wurde. Als das erledigt war, machten wir uns auf eine abenteuerliche Fahrt durch das Pindos Gebirge zum Fährhafen in Igoumenitsa. In Italien analysierte ich die Neandertalerfossilien aus Monte Circeo und Saccopastore. In Rom wurde mein Auto aufgebrochen und ein menschlicher Schädel gestohlen. Es war ein jüngerer *Homo-sapiens*-Schädel, den ich als Referenz für Vergleiche mit prähistorischen Schädeln mitgenommen hatte. Der Himmel weiß, was die italienischen Diebe damit gemacht haben. Aber es wurden auch ein paar wichtige Sachen gestohlen. Zum Glück hatte man meine wertvollen Meßinstrumente und schwer erarbeiteten Daten liegenlassen. Wären die verloren gewesen, schrieb ich in mein Tagebuch, so hätte ich mich in den Tiber gestürzt. Ab da schlief ich immer mit den Daten unter dem Kopfkissen. Nur sie waren wirklich unersetzlich.

Ich beschloß meine Reise in Frankreich, wo es die ergiebigste Sammlung fossiler Menschen in Europa gibt. Leider hatte ich nun gar kein Geld mehr, und nachdem in Avignon das Auto zum zweiten Mal aufgebrochen worden war, besaß ich nur noch meinen Wäschebeutel mit ein paar schmutzigen Kleidungsstücken. Es war Ende Oktober, und ich schlief im Bois de Boulogne mit so gut wie nichts mehr anzuziehen – nicht gerade die angenehmste Erfahrung meines Lebens. Um dem ganzen die Krone aufzusetzen war einer der Direktoren im Musée de l'Homme alles andere als hilfsbereit. Es endete damit, daß ich nicht an den 1909 gefundenen Neandertaler aus La Ferrassie herandurfte, ein Exemplar, das ich für besonders wichtig hielt. Anscheinend waren die Analysen auch 60 Jahre nach der Entdeckung noch nicht abgeschlossen! Außerdem sagte man mir, ein anderer wichtiger fossiler Schädel aus Jebel Irhoud in Marokko sei dorthin zurückgebracht worden. Die Wahrheit erfuhr ich erst, als ein Kollege – der Anthropologe Yves Coppens, dessen Arbeit an der East Side Story der menschlichen Evolution in Kapitel 2 erläutert wurde – mir zu Hilfe kam und mir heimlich Zugang zu dem Schädel verschaffte.

Ende Oktober 1971 kehrte ich nach London zurück. Ich hatte einen viermonatigen, 8000 Kilometer langen Marathon im Fossilienvermessen hinter mir. Rosie und ich hatten einiges mitgemacht. Unser Zelt war bei einem Unwetter in Prag weggeblasen worden. Der Auspuff des Autos war abgefallen und mußte mit einem Drahtkleiderbügel wieder befestigt werden. Während der Reise hatte ich sechs Kilo abgenommen. Geistig hatte ich allerdings enorm zugelegt durch all das hochkarätige Wissen, das ich über die Schädel der wichtigsten Neandertaler und Cromagnon-Menschen in Europa erworben hatte. Während der nächsten zwei Jahre analysierte ich die Daten sowie die Sammlungen des Naturhistorischen Museums und anderer Museen in England. Einen Großteil der Zeit brachte ich damit zu, fleißig alle Daten auf Computerlochkarten zu übertragen, damit der riesige Computer der Universität von Bristol sie analysieren konnte. Damals war der Computer beeindruckend modern, obwohl er eine geringere Rechenleistung als ein moderner PC hatte. Als ich 1973 als Forscher an das Museum zurückkehrte, war meine Doktorarbeit fast fertig, und meine Ergebnisse kristallisierten sich immer mehr heraus.

Zunächst einmal war mir klargeworden, daß Brace in vielen Punkten recht hatte. Mit Sicherheit hatte es in Europa keine zwei parallel existierenden menschlichen Evolutionslinien gegeben. Der Neandertaler und der Jetztmensch hatten nicht gleichzeitig existiert, wie Boule und Vallois behauptet hatten. Andererseits widersprachen meine Ergebnisse stark der Ansicht von Brace, daß es in der Stammesgeschichte ein weltweites Neandertaler-Stadium gegeben habe. Sowohl die europäischen Cromagnon-Menschen als auch die Skhul-Menschen in Israel scheinen sich sehr von den Neandertalern unterschieden zu haben, die einen eigenen stammesgeschichtlichen Weg gingen und nicht zu modernen Menschen wurden. Ähnlich war es in Java, wo die Fossilien von Ngandong (Solo-Mensch) sich nicht so einfach, wie Brace geglaubt hatte, in die Kategorie der Neandertaler einordnen ließen. Dafür zeigten sie aber viel Ähnlichkeit mit den Fossilien des Peking-Menschen und dessen dortigen *Homo-erectus*-Vorgängern. In Afrika schließlich gab es keine der von Brace prophezeiten Neandertaler. Vom Kibish-Fluß kamen aufschlußreiche Forschungsergebnisse, die darauf hinwiesen, daß es in Afrika – sofern die Datierung stimmte – tatsächlich schon vor etwa 100000 Jahren Menschen gegeben hatte, die im großen und ganzen modern aussahen.

Als ich meine Doktorarbeit beendet hatte, war ich davon überzeugt, daß die Neandertaler nicht unsere Vorfahren waren, daß die frühen europäischen Fossilien zwar ihre Evolution dokumentierten, aber nicht die des *Homo sapiens* und daß es kaum Anzeichen für eine Vermischung von Neandertalern und frühen modernen Menschen in Europa und im Nahen Osten gab. Der Jetztmensch war an die Stelle des Neandertalers getreten. Aber woher kamen die frühen modernen Menschen? Im Jahre 1974 wußte ich das noch nicht.[4] Es gab noch zu wenige Hinweise aus dem Rest der Welt.

Meine Arbeit erregte damals nur wenig Aufsehen. Aber erfahrene Leute, darunter Bill Howells, der mit seinen Forschungen ähnliche Ergebnisse erzielte, ermutigten mich.[5] Dann wurde meine erste Veröffentlichung im *Journal of Archaeological Science* von drei Forschern in Südafrika gelesen. Der Archäologe Peter Beaumont führte Grabungen in Border Cave durch, Hertha de Villiers analysierte die Fossilien und John Vogel übernahm die Datierung. Sie bauten meine Ergebnisse in ihren nächsten Aufsatz ein, der im *South African Journal of Science* erschien.[6] Das Trio gehörte zu einer Gruppe unter der Leitung des Archäologen Desmond Clark von der University of California in Berkeley. Das Team behauptete, die späteren Abschnitte von

Afrikas Steinzeit seien falsch datiert worden und weitaus älter als allgemein angenommen. Wenn das stimmte, dann hatte das Mittelpaläolithikum in Afrika etwa zur selben Zeit wie in Europa stattgefunden, nämlich vor 150000 Jahren bis vor etwa 40000 Jahren. Dies würde bedeuten, daß Afrika alles andere als der rückständige Kontinent in der Entwicklung der modernen Menschheit war. So gab es zusammengesetzte Werkzeuge, wie Speere mit Griff, und an manchen Grabungsstätten fand man ähnlich schmale Steinklingen, wie sie die Cromagnon-Menschen herstellten. Es schien so, als habe sich in Afrika schon früher als in Europa eine fortgeschrittene Steinzeitkultur entwickelt. In Border Cave fand man vier frühe moderne Fossilien: das Fragment eines Schädels, zwei Unterkiefer und ein bestattetes Kleinkind. Alle Fossilien waren dem Anschein nach mindestens 90000 Jahre alt. An anderen Fundstätten Südafrikas kam man zu ähnlichen Resultaten. In Höhlen am Klasies-Fluß wurden Werkzeuge aus dem Mittelpaläolithikum zusammen mit modern aussehenden, aber sehr fragmentarischen Fossilien gefunden. Sie lagen in Schichten direkt über einem Ufer, die sich vor etwa 120000 Jahren dort abgelagert hatte. Konnten sie wirklich so alt sein?

Ich bekam diese Entwicklungen nur am Rande mit und wurde erst auf sie aufmerksam, als Desmond Clark Ende 1974 in London einen mitreißenden Vortrag hielt. Das als Frage formulierte Thema des Vortrags lautete: »Das prähistorische Afrika: peripher oder bahnbrechend?« Clark plädierte deutlich für die Variante »bahnbrechend«.[7] Im darauffolgenden Jahr benutzte der Anthropologe Reiner Protsch aus Berkeley verschiedene Datierungsmethoden, um eine Reihe afrikanischer Fossilien zu analysieren. Einige der Methoden waren erprobt, andere noch im experimentellen Stadium. Protsch behauptete, die frühen modernen

Menschen Afrikas seien die Vorfahren aller späteren Formen des *Homo sapiens*. In anderen Punkten wies sein Aufsatz allerdings Fehler auf.[8] Beaumont, de Villiers und Vogel waren noch überzeugender. Sie stellten die zum Teil auf meinen Forschungsarbeiten basierende These auf, daß es vor etwa 400000 Jahren eine gemeinsame Population in Afrika und Europa gegeben habe. (Die Population entwickelte sich aus dem *Homo erectus* und wird heute *Homo heidelbergensis* genannt, eine Bezeichnung, die an die Stelle des in den vorigen Kapiteln verwendeten Begriffs »archaischer *sapiens*« trat. Vertreter dieser Spezies sind zum Beispiel die in Petralona und Broken Hill gefundenen Fossilien.) Laut dieser These gab es dann eine Gabelung in der Evolution, die von der Sahara, welche eine immer größer werdende geographische Barriere bildete, gefördert wurde. Aus der Linie nördlich der Sahara wurden die Neandertaler Europas und des Nahen Ostens, während sich im Süden die ersten modernen Menschen entwickelten. Demnach waren die wildreichen Savannen Südafrikas die Wiege des modernen Menschen und nicht etwa das Umfeld der Neandertaler am Ende des Mittelpaläolithikums in Europa und im Nahen Osten, wie Brace und Constable behaupteten.

Zwischen 1975 und 1980 analysierte ich bei meinen Forschungsarbeiten auch die Fragmente aus Qafzeh in Israel.[9] Sie schienen überwiegend modern, ebenso wie die Skhul-Fossilien, und so gut wie nichts wies darauf hin, daß die Neandertaler ihre Vorfahren gewesen waren. Tatsächlich bestand eine hinlängliche Ähnlichkeit mit den Cromagnon-Menschen in Europa, und man konnte annehmen, daß die israelischen Fossilien deren Vorfahren waren. Es schien durchaus wahrscheinlich, daß die Vorfahren des modernen Menschen aus Israel kamen, wenn nicht gar aus Afrika.

1979 unterrichtete ich eine Weile in Harvard. (Dort begegnete ich einmal zufällig Carleton Coon, der zwei Jahre später starb. Während einer Unterrichtspause machte ich ausgerechnet auf der Toilette seine Bekanntschaft, und er fragte seelenruhig: »Und wie geht's Weiner, dem verdammten Juden?« Er meinte den berühmten Wissenschaftler, der daran beteiligt gewesen war, den Piltdown-Schwindel aufzudecken und der Coons Bücher wenig schmeichelhaft rezensiert hatte. Ich war sprachlos.) Danach kehrte ich mit gestärktem Selbstvertrauen ans Naturhistorische Museum zurück, mehr denn je davon überzeugt, daß der moderne Mensch aus dem Nahen Osten oder – was immer wahrscheinlicher wurde – aus Afrika stammte. Um diese Überzeugung zu untermauern, führte ich in Teamarbeit zwei Studien an wichtigen Fossilien durch. Die erste Studie erfolgte zusammen mit Erik Trinkaus von der University of New Mexico. Wir konzentrierten uns auf die Neandertaler-Schädel, die Solecki im Irak ausgegraben hatte.[10] Trinkaus hatte Neandertaler-Fußknochen analysiert, und wurde der führende Experte für Neandertaler-Anatomie vom Hals abwärts. Zusammen mit meiner großen Datensammlung über Schädel hatten wir reichlich Material für die Analyse der Shanidar-Fossilien. Dies ermöglichte es uns, die Evolution im Nahen Osten noch einmal genauer ins Auge zu fassen. Die Ergebnisse schienen eindeutig. Beide Schädel und die Skelette ergaben, daß die Shanidar-Fossilien den Neandertalern glichen und nicht den Fossilien von Skhul und Qafzeh. Dies stand im Gegensatz zu den Ansichten von Ralph Solecki, dem Prediger steinzeitlicher Flower Power. Er vertrat die These, die Fossilien von Shanidar und Skhul seien stammesgeschichtliche Übergangsformen zwischen Neandertaler und Cromagnon-Menschen gewesen.

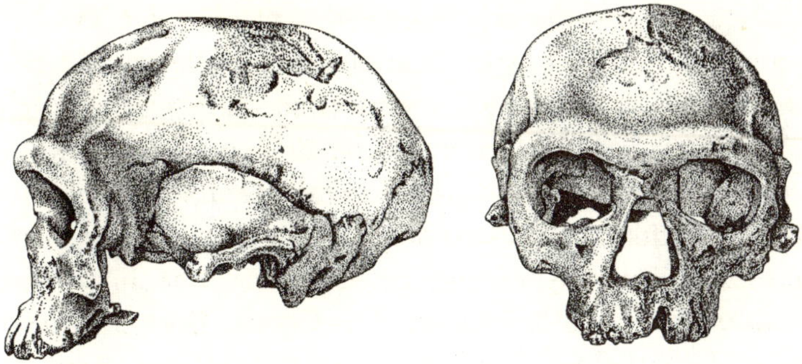

Ein afrikanisches Fossil von entscheidender Bedeutung, das Chris Stringer 1971 fast entgangen wäre – Jebel Irhoud I aus Marokko.

Beim zweiten Projekt führte ich zusammen mit Michael Day eine erneute Analyse der Kibish-Fossilien durch. Wir rekonstruierten den fragmentarischen Kibish-I-Schädel und führten rigorose Tests durch, um festzustellen, wie modern er war. Er bestand die Prüfung ohne Wenn und Aber. Day analysierte daraufhin auch den Rest des Kibish-I-Skeletts und stellte ebenfalls fest, daß es sich um einen modernen Menschen gehandelt hatte. Konnte das der älteste Jetztmensch sein, fragten wir uns? Unterstützung erhielten wir von Richard Leakey, der die Kibish-Fossilien entdeckt hatte. »Ich habe jede Menge Fossilien gesammelt, und wenn ich eines weiß, dann, woher etwas stammt«, sagte er. »Nach den genauesten geologischen Schätzungen und Datierungen müßten sie [die Kibish-Fossilien] zwischen 100000 und 300000 Jahre alt sein.«[11] Bei einer Konferenz in Frankreich im Jahre 1982 präsentierten Day und ich vorsichtig unsere Datierung und blieben fest dabei, daß es sich bei dem Skelett von Kibish um einen frühen modernen Menschen handelte und nicht um eine Art afrikanischen Neandertaler, wie Brace und Wolpoff behauptet hatten.[12]

Die Unterschiede zwischen den verschiedenen Populationen von Frühmenschen fielen für mich nun immer stärker ins Gewicht, bis ich mir irgendwann die Frage stellte, ob die Neandertaler nicht doch so verschieden vom modernen Menschen waren, daß man sie nicht mehr als *Homo sapiens* bezeichnen konnte. (Zwei Kollegen aus New York, Todd Olson und Ian Tattersall, und mein Londoner Kollege Peter Andrews halfen sehr, mich davon zu überzeugen, daß meine Daten eindeutig in diese Richtung wiesen. Von ihnen erhielt ich die nötige Unterstützung, als ich sie brauchte.) Statt dessen schienen die Neandertaler eine langlebige europäische Evolutionslinie zu bilden, die dann aber vor etwa 35000 Jahren plötzlich verschwand. Die Neandertaler-Merkmale, die sich über 200000 Jahre hinweg entwickelt und gehalten hatten, waren in weniger als 10000 Jahren von neuen verdrängt worden. 1984 faßte ich meine Gedanken in der Zeitschrift *Natural History* zusammen.

> Die modernen Merkmale des Cromagnon-Menschen scheinen von außerhalb Europas zu stammen. Forschungsergebnisse aus Südwestasien deuten darauf hin, daß moderne Menschen vor 40000 Jahren an die Stelle des Neandertalers traten. Will man weiter zurückgehen, so muß man sich nach Afrika begeben, um den Ursprung der frühesten modernen Menschen ausfindig zu machen. Wenn die Forschungsergebnisse richtig interpretiert wurden ... haben frühe moderne Menschen vor 100000 Jahren in Südafrika und im heutigen Äthiopien gelebt. Hinweise darauf, daß sie sich getrennt von den Populationen entwickelten, die den frühesten Vorfahren der europäischen Neandertaler ähnelten, sind an Grabungsstätten in Marokko, Äthiopien, Ost- und Südafrika zu finden. Der Übergang könnte von vor 200000 Jahren bis vor 100000 Jahren stattgefunden haben, wobei die moderne Morpho-

> logie in verschiedenen Teilen des Kontinents allmählich an die Stelle der primitiven trat ... die Evolution hat in Afrika möglicherweise den Cromagnon-Menschen hervorgebracht, der dann nach Europa kam, wo er anscheinend, zwar nicht über Nacht, aber nach mehrtausendjährigem Nebeneinander, zum Niedergang des Neandertalers führte.[13]

Einige der Forschungsarbeiten, die mein Denken am meisten beeinflußten, fanden in der Levante statt. Dort hatte Dorothy Garrod, eine Archäologin der Cambridge University, 1929 fünf Jahre währende Grabungen in den Höhlen von Skhul, Tabun und el-Wad in der Nähe der Mündung des Nakhal HaMe'arot im Westen Israels durchgeführt.[14] Nach ihr kamen andere Archäologen und führten Grabungen in Amud und Qafzeh im Osten und in Kebara im Süden durch. Unter den vielen bedeutenden Funden waren auch die Überreste einer Frau, die in Tabun bestattet worden war. Unweit davon, in Skhul, fand man ebenfalls zahlreiche menschliche Knochen.

Einige davon sahen sehr nach Neandertalerfossilien aus. Sie hatten große Überaugenbögen, dickwandige Beinknochen und all die anderen typischen Attribute der Spezies. Andere Fragmente waren graziler und typisch für den modernen Menschen. Die Wissenschaftler hatten angenommen, daß es sich bei der Ansammlung um Überreste von nur einer Spezies handelte und waren zu dem Schluß gekommen, daß die Skelette von einer Art hominiden Bindeglied zwischen Neandertalern und modernen Menschen stammten. Man befand, daß die Fragmente von Tabun und Amud älter und dem Neandertaler ähnlicher wären und schätzte ihr Alter auf 50000 bis 60000 Jahre. Die Funde aus Skhul und Qafzeh wurden als moderner und dem *Homo sapiens* ähnlicher eingestuft. Sie datierte man auf etwa 40000 Jahre. Diese ungeordneten Überreste sollten stummes Zeugnis dafür ablegen, daß sich der primitive Neandertaler in der Levante allmählich in den grazileren *Homo sapiens* entwickelt hatte und somit bestätigen, daß die Menschheit vor etwa 45000 Jahren aus unseren stammesgeschichtlichen Vettern hervorgegangen war.[15]

1970 wurde den Wissenschaftlern langsam klar, daß die Sedimentschichten, in denen sie die Überreste der »Urmenschen« gefunden hatten, wesentlich komplexer waren als bisher angenommen. Leider fehlten ihnen die Instrumente für einen präzisen Blick in die Vergangenheit und eine Datierung der Schichten und der darin enthaltenen Fossilien. Die einzige effektive Technik, die damals zur Verfügung stand, war die Radiokarbonmethode, die aber nur zuverlässige Ergebnisse liefert, wenn die Fragmente weniger als 40000 Jahre alt sind. Und das reichte für die Sedimente in der Levante lange nicht aus.

Erst in den achtziger Jahren wurden neue Datierungsmethoden entwickelt, die den Forschern erstaunliche Einblicke in die Vergangenheit ermöglichten. In Kapitel 7 werden wir noch genauer auf sie eingehen. Bei manchen Methoden werden verschiedene Formen des radioaktiven Zerfalls ausgewertet. Dies geschieht anhand von Uran- und Thoriumatomen sowie der Thermolumineszenz. Bei der Thermolumineszenz-Methode mißt man die Auswirkungen der natürlich vorkommenden Strahlung auf verbrannte Objekte (wie zum Beispiel Flintsteine, die ins Feuer gefallen sind). Mit der Elektronen-Spin-Resonanz erreicht man das gleiche bei Kristallen, wie man sie im Zahnschmelz findet. Mit Hilfe dieser Techniken konnten die Wissenschaftler das wirkliche Alter der Hominiden-Knochen aus der Levante bestimmen. Die Ergebnisse sorgten für großen Wirbel in der modernen Paläontologie. Die Neandertaler-Fragmente aus Kebara waren tatsächlich etwa 60000 Jahre alt, andere nur etwa 40000 bis 50000 Jahre. So weit, so gut. Als man dann aber die Feuersteine und Tierzähne analysierte, die man bei den Überresten der moderner aussehenden Funde in Qafzeh und Skhul entdeckt hatte, stellte sich heraus, daß sie etwa 100000 Jahre alt waren. Damit waren sie 60000 Jahre älter als man bisher angenommen hatte und 40000 Jahre älter als die Neandertaler-Fragmente aus Kebara.[16,17] Dabei sollten doch die Kebara-Neandertaler die Vorfahren der Qafzeh-Menschen sein! Die Berechnungen der menschlichen Evolution waren damit auf den Kopf gestellt worden. Die Neandertaler konnten nicht unsere stammesgeschichtlichen Eltern sein, sie waren eher paläontologische Vettern und recht junge obendrein.

»Nun war es nicht mehr möglich, die robusten Skelette als die Vorfahren der grazilen Skelette einzuordnen«, schrieben der Archäologe Ofer Bar-Yosef und der Paläontologe Bernard Vandermeersch in ihrem Artikel »Modern Humans in the Levant«, der in *Scientific American* erschien.[18] Plötzlich schien das von den Multiregionalisten so vehement propagierte Vorfahren-Nachkommen-Verhältnis zwischen Neandertaler und modernem Menschen alles andere als gesichert.

Wenn der moderne Cromagnon-Mensch aber nicht vom Neandertaler abstammte, woher kam er dann? Wo liegen die Wurzeln der direkten Vorfahren des modernen Europäers, wenn nicht in Europa? Einen wichtigen Hinweis ergaben Erik Trinkaus' Forschungen an den Skeletten von Neandertalern und frühen modernen Menschen. Wie wir im letzten Kapitel gesehen haben, ist der Körperbau der heutigen Populationen an den Ort ihrer Herkunft angepaßt. So haben die Massai aus Kenia und die Eingeborenen

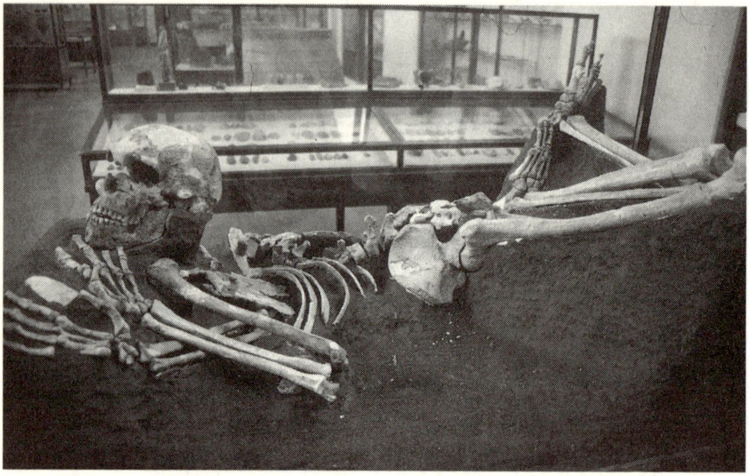

Ein bestatteter Frühmensch, Skhul 4 aus Israel.

aus Mittelamerika eine schmale, zylindrische Gestalt mit großer Hautoberfläche, die Wärme abstrahlt. Diese Anpassung zeigt sich darin, daß die Extremitäten relativ lang sind, insbesondere die Länge des Schienbeins im Vergleich zum Oberschenkelknochen und des Unterarms im Vergleich zum Oberarm. Umgekehrte Proportionen findet man bei den Lappen und Eskimos, die sich an die Kälte angepaßt haben. Diese Proportionen können als eine Art Gliedmaßenthermometer benutzt werden, das in etwa die Durchschnittstemperatur des Landes angibt, dem die Population entstammt. Und dieses Verhältnis ist in erster Linie genetisch bestimmt. Die Afroamerikaner haben mehr oder weniger ihre afrikanische Gestalt behalten, und die Proportionen der weißen Südafrikaner ähneln noch immer denen ihrer holländischen Vorfahren.

Trinkaus' Daten ergaben eindeutig, daß dieses Verhältnis für menschliche Skelette auf der ganzen Welt aussagekräftig ist. Daraufhin wandte er sein Gliedmaßenthermometer bei den Neandertalern an und stellte fest, daß das Schienbein im Durchschnitt nur 80 Prozent der Länge des Oberschenkelknochens maß. Daraus errechnete Trinkaus für den Lebensraum der Neandertaler eine wahrscheinliche Durchschnittstemperatur von um die 0° C. Das entspricht genau den klimatischen Bedingungen der europäischen Eiszeit. Dies bedeutet, daß die Neandertaler aus dem Nahen Osten ebenfalls einen europäisch »kalten« Körperbau hatten. Eine wahre Offenbarung waren jedoch die Meßergebnisse bei den Cromagnon-Menschen aus Europa und den Skeletten aus Skhul-Qafzeh. Hier ergab sich ein Verhältnis von Schienbein- zu Oberschenkelknochen von 85 Prozent. Das war ein ganz anderes Ergebnis als bei den Neandertalern, und das Gliedmaßenthermometer ergab damit extrem andere Temperaturen. Die vermutete Durchschnittstemperatur für den Lebensraum einer Population mit einem solchen Verhältnis Schienbein zu Oberschenkel – was auf sehr lange Extremitäten im Verhältnis zur Rumpflänge hinweist – lag etwa 20 Grad über der Temperatur im Lebensraum der Neandertaler und deutete damit auf eine subtropische, wenn nicht gar tropische Heimat hin![19]

Meine eigenen Analysen ergaben ähnliche Unterschiede in der Gesichtsform. Wie wir im letzten Kapitel gesehen haben, behaupten die Multiregionalisten, daß die große vorstehende Nase eine grundlegende Ähnlichkeit zwischen Neandertalern und modernen Menschen darstellt. Also beschloß ich, diesbezügliche Vergleiche zwischen den Neandertalern, den frühesten Cromagnon-Menschen und den Jetztmenschen anzustellen. Da die Nase aus Fleisch und Knorpel besteht und keine langen Zeiträume überdauert, könnte dies schwierig erscheinen. Es gibt aber Möglichkeiten, Aufschluß über die Nasenform eines Fossils zu erhalten, indem man den Abstand zwischen der Basis der Nasenöffnung und dem Punkt zwischen den Augen mißt. Man kann die Breite der Nasenhöhle messen und wie weit sie sich vom Gesicht abhebt. Die Daten ließ ich durch den Computer laufen und stellte fest, daß sich Neandertaler und moderne Europäer tatsächlich etwas ähnelten, die Cromagnon-Menschen, die nach der Hypothese der Multiregionalisten die Nachfahren der Neandertaler waren, sich aber stark abhoben. Ihre Nasen waren kleiner und flacher als die der Neandertaler und der modernen Europäer.[20] Anscheinend hatten sie anders ausgesehen, als sie nach Europa kamen, und nach und nach eine Nasenform entwickelt, die mehr der des Neandertalers und des Europäers glich. Langsam veränderten sich anscheinend im europäischen Raum die aus einem warmen Gebiet zugewanderten frühen Cromagnon-Menschen und wurden den Neandertalern ähnlicher, was Gesichtsform und Gestalt anging. Diesen Vorgang nennt man Parallelevolution.

Trotz immer handfesterer Beweise sind einige meiner Freunde und Zeitgenossen noch immer nicht bereit, die Neandertaler als potentielle Vorfahren endgültig abzuschreiben. Günter Bräuer von der Universität Hamburg war ebenfalls schon früh ein Anhänger des »Out-of-Africa«-Modells, aber er glaubt immer noch, daß es im Nahen Osten und in Europa eine Vermischung von Neandertalern und frühen Cromagnon-Menschen gegeben habe. Als Beweise führt er die Mischmerkmale des Hahnöfersand-Schädelknochens und anderer Fossilien an.[21] Noch weiter geht Fred Smith von der Illinois University und behauptet: »In Mitteleuropa können wir beweisen, daß es späte Neandertaler gab, die zu einem Großteil Verbindungsglieder waren zwischen früheren, primitiveren Neandertalern und frühen modernen Mitteleuropäern.«[22]

Aber am kräftigsten waren wie immer die Worte von

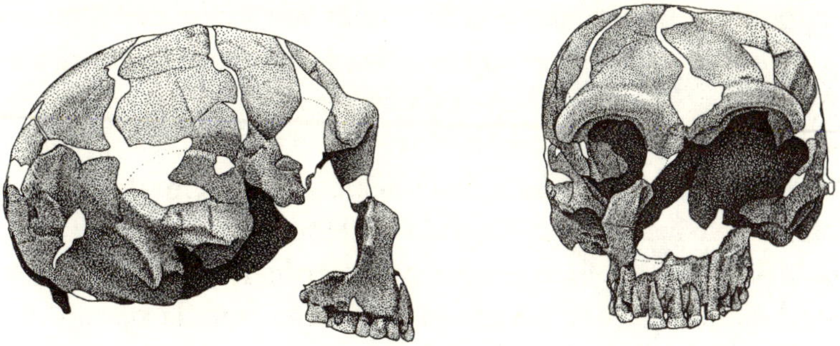

Der Schädel des bestatteten Neandertalers aus Tabun in Israel.

Milford Wolpoff. Auf seine typisch scharfe Art wies er die Theorie zurück, daß Afrika die Wiege der Menschheit sei, und denunzierte sie als eine Theorie über afrikanische Mörder.

> Die Verbreitung der Menschheit und ihre Differenzierung in einzelne geographische Gruppen, die über einen langen Zeitraum anhielt, mit Hinweisen auf langanhaltende Kontakte und Kooperation, ist in vieler Hinsicht eine befriedigendere Interpretation der menschlichen Vorgeschichte als eine wissenschaftlich abgefaßte Geschichte von Kain, basierend auf einer Population, die alle anderen schnell und vollständig und höchstwahrscheinlich mit Gewalt ausrottet. Diese Interpretation der Verbreitung der modernen Population ist eine Geschichte des Kriegs und nicht der Liebe, und wenn sie stimmt, sind ihre Implikationen sehr unangenehm.[23]

Ich hatte niemals unterstellt, daß die Neandertaler mit Gewalt von den Cromagnon-Menschen vertrieben worden seien. Im Gegenteil, ich hatte deutlich dargelegt, daß beide mehrere tausend Jahre lang friedlich nebeneinander existierten, bis die Neandertaler ausstarben, weil sie ökonomisch nicht mit den Cromagnon-Menschen mithalten konnten. Im nächsten Kapitel gehen wir auf diesen Gedanken genauer ein. Das wurde einfach übergangen, aber unbequeme Details zu berücksichtigen, war noch nie der Stil der Wolpoffschen Rhetorik.

Bezüglich meiner Fossilienanalysen schrieb Loring Brace 1994 auf seine polemische Art, einer Mischung aus unverhohlenem Spott, einem Schuß Fremdenfeindlichkeit und einem gut Teil Sarkasmus:

> Stringers Grundhaltung ist ein hervorragendes Beispiel für das, was man »den großen Sprung zurück« nennt, der seit über einem Jahrzehnt großen Raum in der Paläoanthropologie einnimmt. Man könnte sagen, daß der [antidarwinistische] Geist von Sir Richard Owen ein volles Jahrhundert nach seinem Tod wohlauf ist und im Britischen Museum weilt.[24]

Aber nicht nur im Britischen Museum (ich arbeite allerdings im Naturhistorischen Museum) hatten diese sogenannten antidarwinistischen, oder genauer gesagt anti-Braceschen, Ansichten Oberhand. Wie wir in Kapitel 10 sehen werden, hatte die Theorie, daß die Wiege der Menschheit in Afrika liegt, bereits einen solchen Einfluß, daß das große National Museum of Natural History in Washington nach öffentlichen Protesten 1991 einen Teil der Ausstellung zur Evolution des Menschen schließen mußte, weil er nicht dem gegenwärtigen Wissensstand über die nicht lange zurückliegenden Ursprünge des Menschen in Afrika entsprach. »Der große Sprung zurück« scheint in Brace' Heimat Amerika ebenso viel Einfluß zu haben wie in Großbritannien. Und in den nächsten beiden Kapiteln werden wir sehen, daß dieser »große Sprung zurück«, trotz der schrillen Töne von Brace, Wolpoff und anderen, in den letzten

Jahren von immer mehr Wissenschaftlern sehr bereitwillig begrüßt wurde. Mit zunehmendem Wissen über die Vorgeschichte des modernen Menschen und des Neandertalers und über die genetische Evolution des *Homo sapiens* ist die Theorie, daß die Menschheit in Afrika ihren Anfang nahm, in nur zehn Jahren von einer Minderheitenposition zur derzeit vorherrschenden Meinung geworden. Die Häresie von gestern ist die radikale Wahrheit von heute.

Unser Bericht schreitet daher logisch voran. Wir haben erfahren, wie Wissenschaftler ein Bild zusammenfügten von einem aufrecht gehenden Affen mit kleinem Gehirn, aus dem verschiedene Hominidenlinien hervorgingen und schließlich nach 5 Millionen Jahren Evolution der *Homo sapiens.* Wir haben dann gesehen, wie eine Gruppe unserer direkten Vorläufer, die Neandertaler, zunächst als gräßliche Gesellen angesehen und nur langsam als intelligente Art anerkannt wurden. Gleichzeitig haben wir aber auch erfahren, daß sie nicht die Vorfahren der heute lebenden Menschen sind. Sie sind eher geschätzte Geschwister oder sogar Vettern.

Eine Frage bleibt jedoch offen. Wenn wir nicht von den Neandertalern abstammen, uns aber auch nicht sehr von ihnen unterscheiden, warum haben wir sie dann verdrängt? Nichts in der Fossilüberlieferung weist darauf hin, daß wir sehr viel klüger als sie gewesen sind. Und doch haben wir mitten in der europäischen Eiszeit dem untersetzten, dickknochigen und an die Kälte angepaßten Neandertaler den Rang abgelaufen, obwohl wir die Kälte nicht gewohnt waren. Die Beantwortung dieser Frage rührt an dem grundlegendsten Aspekt dessen, was es bedeutet, ein *Homo sapiens* zu sein. Diese Forschungen begannen erst, als wir von unserer afrikanischen Abstammung erfuhren. Wir werden nun untersuchen, was dieses neue Verständnis der mensch-

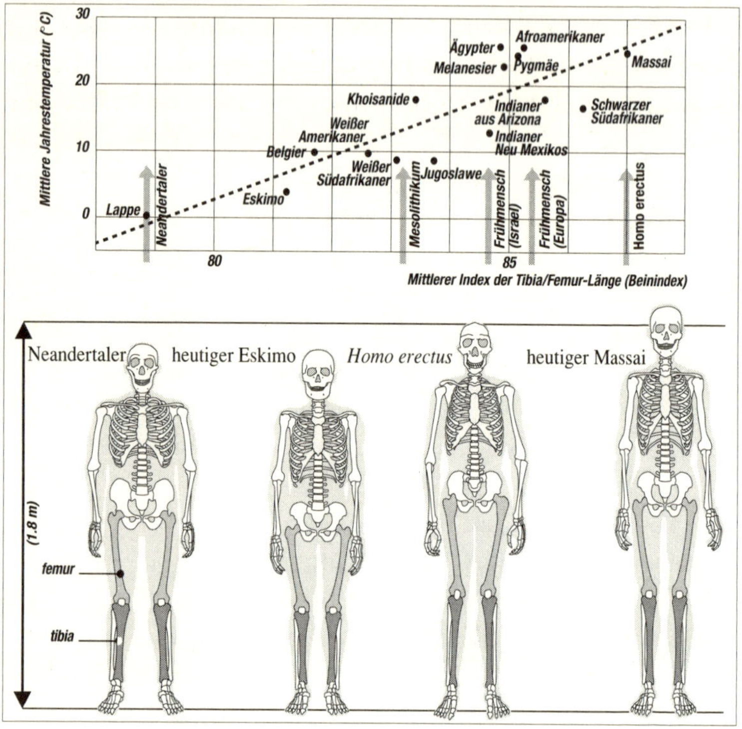

Index, um die Temperatur »vorauszusagen«,
bei der sich die fossilen Menschen entwickelten.

lichen Natur alles beinhaltet, indem wir unsere direkten Vorfahren mit ihren Vettern, den Neandertalern, vergleichen. Wir dürfen dabei allerdings nicht vergessen, daß die Hominiden nicht nur in Europa ausstarben, sondern auf der ganzen Welt, in Asien, Indonesien, möglicherweise auch in Afrika und anderswo, und daß dabei viele Linien zugrundegingen, die älter waren als die Neandertaler. Wir wissen nur deshalb mehr über Neandertaler und Cromagnon-Menschen, weil sich die Ausgrabungen und Erforschung von Fossilien in Europa konzentrierten und nicht in anderen

Teilen der Alten Welt. Auf jeden Fall kann das, was wir über diese ausgestorbenen Populationen erfahren, Licht auf das Schicksal anderer werfen und uns dabei viel über uns selbst sagen.

5 Alles liegt an Zeit und Glück

Die Vergangenheit ist ein fremdes Land, dort macht man die Dinge anders.

L. P. HARTLEY[1]

In einer alten Kalksteinhöhle hoch über einem Flußbett in Obergaliläa machte der Anthropologe Yoel Rak von der Universität Tel Aviv im Jahre 1992 eine herausragende Entdeckung. Er fand das 60000 Jahre alte Grab eines Kleinkinds. Es war ein ergreifender Fund, eine Erinnerung daran, so schien es, daß die Menschheit schon immer das Bedürfnis hatte, die Toten zu ehren und würdevoll zu begraben. Einen Schwachpunkt gab es allerdings bei der Interpretation dieser vorzeitlichen Bestattung. Die Knochen in dem Grab gehörten keinem Menschenkind, zumindest keinem, das wir uns in einer Wiege oder einem Kinderwagen vorstellen könnten.

Die Überreste ähnelten zwar denen eines *Homo sapiens,* aber der Kiefer war kinnlos, die Öffnung in der Schädelbasis, wo die Wirbelsäule verankert ist, war oval, nicht rund, und der Unterkiefer war seltsam gebaut. »Das war kein Mitglied unserer Spezies«, sagt Professor Rak mit Bestimmtheit.[2]

Und tatsächlich hatte Rak die hervorragend erhaltenen Überreste eines zehn Monate alten Neandertalerkinds gefunden, das 60000 Jahre in der Höhle von Amud gelegen hatte.[3] Die Höhle erhielt ihren Namen von einer unverwechselbaren Felssäule, die gleich einem Wächter an ihrem Eingang steht. (Amud ist das hebräische Wort für Säule.)

Das war einer der aufregendsten Augenblicke in Professor Raks Berufsleben und der Glanzpunkt einer langen Beziehung zwischen dem Wissenschaftler und dieser Grabungsstätte. Die Verbindung geht zurück auf das Jahr 1959, als Hisashi Suzuki von der Universität Tokio mit den ersten Grabungen in der Höhle begann. Frustriert über die Weigerungen anderer Länder, ihn nach dem Krieg Grabungen vornehmen zu lassen, kam der große japanische Paläontologe nach Israel und beschloß, sich in Amud an die Arbeit zu machen. Die Gründe für die Wahl der Grabungsstätte weiß man inzwischen nicht mehr, aber sein Instinkt hatte ihn nicht getrogen. Er und sein Team gruben einen meterbreiten Graben quer durch die Höhle und exhumierten nach zwei Jahren Arbeit das zerfallene Skelett eines erwachsenen Neandertalers.[4]

Als die Neuigkeit bekannt wurde, machte sich der junge Yoel Rak, der sich schon immer für Fossilien begeistert hatte, direkt von der Schule auf den Weg und trampte nach Amud. Unangemeldet kletterte er zur Höhle hinauf, wo er einer bizarren Szene japanischer Formalitäten ansichtig wurde. Der berühmte Wissenschaftler war beim Essen für sich, während seine Mitarbeiter etwas von ihm entfernt saßen und schweigend aßen. Der jugendliche Eindringling wurde aber höflich empfangen, und seine schwelende Liebe zur Paläontologie loderte ab da in hellen Flammen.

Suzuki nahm die gefundenen Knochen und Steinwerkzeuge zur Analyse mit nach Japan. Nach seiner Abreise blieb die Höhle bis 1991 unbeachtet. Dann kehrte Rak zu ihr zurück. Er war inzwischen Anatomieprofessor und leitete die Grabung zusammen mit der Archäologin Erela Hovers von der Hebrew University Jerusalem und William Kimbel vom Institute of Human Origins in Berkeley, Kalifornien. In der glühenden israelischen Sommerhitze durchsiebte das Team noch einmal Staub und Erde. Sie fanden wenig Bemerkenswertes. Dennoch kehrten sie im nächsten

Yoel Raks Grabungen in der Amud-Höhle in Israel.

Jahr zurück und brachten wie üblich einen Trupp begeisterter junger Studenten mit. Diese freiwilligen Helfer machen sich oft in der größten Hitze von früh bis spät mit unermüdlichem Einsatz um die Paläoanthropologie verdient und suchen die Erde mit Skalpellen und Bürsten nach menschlichen Knochen oder Artefakten ab.

Wochenlang fanden sie in den Erdhaufen, die wie riesige mit Schnüren und Fähnchen gekennzeichnete dreidimensionale Kreuzworträtsel aussahen, nichts anderes als Steinsplitter und Tierknochen. Die genaue Fundposition dieser Fragmente wird im Computer gespeichert und hilft den Wissenschaftlern nachzuvollziehen, wann und wie eine Höhle benutzt worden ist. Findet man zum Beispiel Teile eines Steinwerkzeugs, so kann man feststellen, ob es an Ort und Stelle hergestellt wurde. In diesem Fall befinden sich dort auch vom Abschlagen übriggebliebene Splitter. Wenn nicht, ist es an einem anderen Ort hergestellt worden. Daraus kann man wiederum schließen, ob die Höhle nur als Ruhestätte und zeitweiliger Aufenthaltsort benutzt wurde oder ob sie als dauernde Bleibe diente. Ebenso kann man von den Knochen von bestimmten Ratten, Mäusen und anderem Ungeziefer, das sich in der Nähe des Menschen aufhält, auf die Dauer des Aufenthalts schließen. Je mehr Knochen dieser von Abfall lebenden Nager vorhanden sind, desto intensiver wurde der Aufenthaltsort genutzt. Diese Arbeit ist wichtig, aber berühmt macht sie einen nicht.

Dann kratzte ein Student beim nördlichen Höhlenende in der Erde und stieß auf die verstaubten Umrisse eines auffälligen Knochens. Es war ein Augenblick, wie ihn sich jeder Paläontologe erträumt, das erste schwache Schimmern eines großen Fundes. »Langsam, ganz langsam, bürsteten wir die Erde beiseite. Und dann kam es. Ein Schädel, ein winziger, nur faustgroßer Schädel wurde sichtbar. Es war sehr aufregend«, erinnert sich Rak.

Nach und nach exhumierte das Team das Skelett eines Kleinkinds und seine Ruhestätte. Eine Nische unter einer alkalihaltigen Kalksteinplatte hatte das Skelett vor trampelnden Füßen und Hufen geschützt sowie vor zersetzendem sauren Mist und Tierurin. Dieser glückliche geologische Umstand hat dafür gesorgt, daß die Knochen der kleinen Leiche nach beinahe 60000 Jahren noch fast vollständig waren. Meist finden die Paläontologen nur frustrierend kärgliche Überreste früher Hominiden.

Doch dann stellte sich heraus, daß anscheinend nicht Glück allein die Überreste des Kindes geschützt hatte. Es schien, als sei es bestattet worden. Das Skelett hatte seine Form behalten. Es war relativ intakt, die Knochen lagen in der richtigen Position, und die Arme dicht neben dem Körper. Dies deutet darauf hin, daß die Bestattung rasch erfolgte. Ansonsten hätten sich räuberische Hyänen oder Wölfe die Knochen geschnappt und sie zertrümmert.

Natürlich hätte ein Deckeneinsturz dasselbe bewirken können. Vielleicht war die Leiche auch nur wegen des Verwesungsgestanks mit Erde bedeckt worden. Doch dann fand das Team weitere Hinweise darauf, daß es sich hier um eine primitive Art von Bestattung gehandelt hatte. Weiteres vorsichtiges Kratzen brachte den Kieferknochen eines Rothirschs ans Tageslicht, der über das Becken des Kindes gelegt worden war. Rak interpretiert dies als Grabbeigabe trauernder Eltern. »Es handelt sich um eine Opfergabe, auch wenn noch nicht klar ist, ob sie als Nahrung für ein Leben nach dem Tod gedacht war oder eher eine symbolische Geste darstellte. Auf alle Fälle haben wir hier ein sehr frühes Grab, und das Kleinkind wurde richtiggehend bestattet.«

Raks Entdeckung hatte etwas Rührendes, aber auch etwas Unheimliches. Hier hatte eine andere Spezies Opfer für ein Leben nach dem Tod gebracht und war dann ironischerweise gänzlich ausgestorben. Aber auch wenn die Bestattung nach menschlicher Trauer aussah, so wiesen doch Raks weitere Forschungen darauf hin, daß die Verwandtschaft zwischen dem Kind von Amud und dem *Homo sapiens* eher weitläufig war. Der Verwandtschaftsgrad entsprach eher dem zwischen stammesgeschichtlichen Vettern als Geschwistern. Besonders auffallend war die fremdartige Anatomie des Kindes. Seine körperlichen Merkmale unterschieden es eindeutig von unserer eigenen Art.

»Man kann die Skelette von allen Primatenjungen nur schwer unterscheiden. Das ist sogar bei Schimpansen und Gorillas schwierig, und sie gehören zu einer völlig anderen Spezies. Wenn sie noch sehr jung sind, ist ihre Anatomie sehr ähnlich. Aber in diesem Fall sah man den Unterschied sofort. Das war einfach kein Mensch wie wir ihn kennen«, kommentiert Rak. Und daraus ergaben sich wichtige Hinweise. Wenn ein kleiner Neandertaler schon so fremdartig aussah, wie anders muß dann erst ein Erwachsener gewirkt haben. Wir haben es hier mit einer völlig anderen Spezies zu tun und nicht mit einem modernen Menschen.

Insbesondere drei anatomische Merkmale ließen Rak so sicher sein: Der Unterkiefer hatte keinen Kinnvorsprung; das große Hinterhauptsloch, durch welches das Rückenmark tritt, war oval; und es gab Spuren eines medialen flügelförmigen Höckerchens. Das ist ein Verankerungspunkt für das *Ligamentum stylomandibulare,* ein Band, das hilft, den Kiefer zu halten, und das bei den Neandertalern besonders ausgeprägt ist. In diesem Fall war schon bekannt, daß die Spezies über ein besonders großes Ligament verfügte, was ein sehr kräftiges Kauen ermöglicht. Der Kiefer war wie eine dritte Hand und konnte zupacken. Pflanzen, Wurzeln, Nüsse und Fleisch müssen von den Zähnen der Neandertaler zermalmt worden sein wie Autos in einer Shredderanlage. Im Vergleich dazu sind wir absolute Schwächlinge, was das Kauen angeht.

Aber haben die Neandertaler nun einen kräftigen Kiefer entwickelt, weil sie schwer an ihrer Nahrung zu beißen hatten? In diesem Szenario wäre die Muskelentwicklung die Reaktion auf eine Herausforderung der Umwelt. Ist es andererseits nicht genauso möglich, daß dieser Unterschied den Neandertalern angeboren war? Der Schädel des Kindes von Amud gab nun die Antwort, meint Rak. Sogar im Alter von zehn Monaten hatte ein Neandertaler schon ausgeprägte Tuberkel. Das bedeutet, die Neandertaler waren genetisch dafür programmiert, kräftige Kauwerkzeuge zu bilden. Ein weiteres Zeichen, so der israelische Anthropologe, daß sie sich von Grund auf vom modernen Menschen unterschieden.

Das ergibt ein interessantes und scheinbar widersprüchliches Bild. Einerseits haben wir Hinweise auf komplexes Verhalten und eine weitreichende symbolische Vorstellungskraft, wie wir sie nur beim heutigen *Homo sapiens* finden. In diesem Fall ein Bewußtsein der Sterblichkeit und möglicherweise der Glaube an ein Leben nach dem Tod. Im Gegensatz dazu finden wir untrügliche Hinweise auf eine einzigartig spezialisierte Anatomie. Das ist ein sicheres Zeichen für die Abweichung von einer Evolutionslinie, die später zum modernen Menschen führte. Auch beschränken sich die Unterschiede nicht auf die drei von Rak genannten Merkmale. Wir wissen, daß der Neandertaler im Vergleich zum *Homo sapiens* massig und untersetzt war, schwere Muskeln und einen tonnenförmigen Brustkorb hatte. Die Männer waren im Durchschnitt 1,65 Meter groß und wogen 63 Kilo. Die Frauen waren etwa 1,57 Meter groß und wogen 50 Kilo. Diese Grundform variierte allerdings je nach Region. In Nordwesteuropa lebten die untersetzteren Populationen. Hier war es kälter und die Eisdecke der hohen Breitengrade näher. In Osteuropa und Westasien hingegen lebten etwas leichter gebaute Neandertaler.

Die Neandertaler waren an ein rauhes Leben angepaßt. Ihre kräftigen Muskeln zeigten, daß sie den Überlebenskampf mit Körpereinsatz bestanden. »Diese Kreaturen verfügten über eine Körperkraft, von der die besten olympischen Athleten nur träumen können«, sagt John Shea von der Harvard University.[5] Tatsächlich deutet alles darauf hin, daß sie ein hartes und gewalttätiges Leben führten, wie Shea es formuliert. »Bei fast allen Neandertalern findet man geheilte Kopf-, Arm- und Beinverletzungen. Aufgrund von Altersschätzungen nimmt man außerdem an, daß sie kaum ein höheres als das fortpflanzungsfähige Alter von 30 bis 40 Jahren erreichten.«

Man darf auch nicht vergessen, daß sich die Gestalt der Neandertaler in der Zeitspanne vor 100000 bis 300000 Jah-

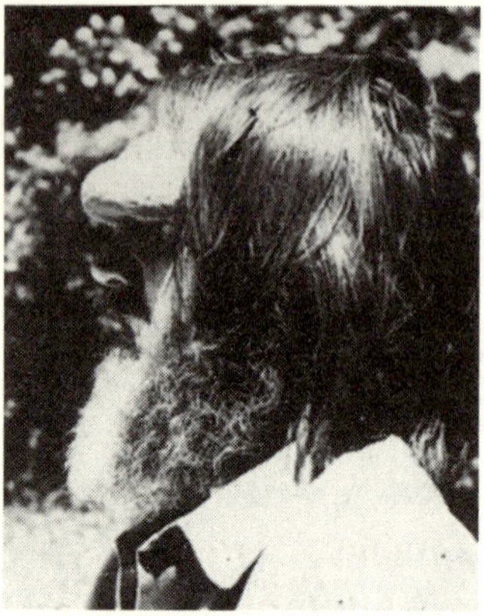
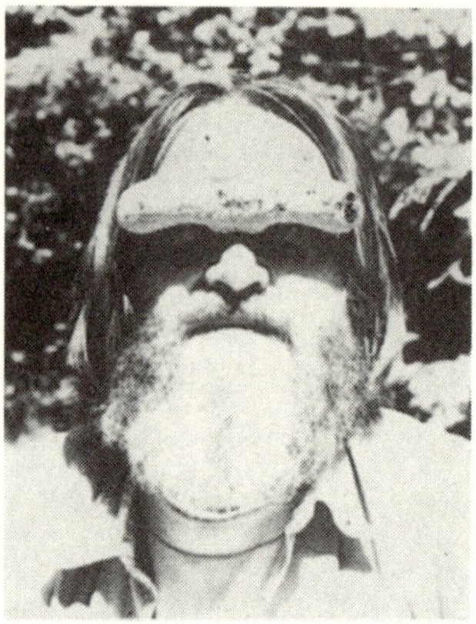

Grover Krantz mit seinen *Homo erectus*-Überaugenbögen.

ren bildete, als es in Europa wiederholte Eiszeiten gab. Wie wir gesehen haben, waren sie rund und kräftig gebaut, während der frühe *Homo sapiens* schlanker und weniger kompakt war.

Andererseits hatten die modernen Menschen und die Neandertaler eine Menge Gemeinsamkeiten: ein großes Gehirn, den aufrechten Gang und eine lange Kindheit. Sie waren Fleischfresser, machten Feuer, bauten Behausungen und fertigten Steinwerkzeuge an. Und sie konnten sprechen. Bis auf die Gehirngröße müssen alle diese Merkmale genauer qualifiziert werden; denn sie beruhen auf der Interpretation fossiler oder archäologischer Dokumente. Dennoch wirft diese Aufzählung gemeinsamer Merkmale bereits ein Licht auf die Neandertaler und auf uns. Die Neandertaler waren eine evolutionäre Sackgasse. Wir sind diesem Schicksal bis jetzt entgangen. Vielleicht gibt es irgendwelche anatomischen und archäologischen Hinweise auf die entscheidenden Merkmale, die uns so sehr geholfen haben, und deren Fehlen die Neandertaler aussterben ließ.

Gehen wir also den Neandertaler von Kopf bis Fuß

durch, angefangen mit dem Gehirn. Erwachsene hatten ein Gehirnvolumen von 1200 bis 1750 ml. Über das größte Gehirnvolumen verfügte der von Hisashi Suzuki in Amud gefundene Neandertaler. Der moderne Mensch weist ähnlich große Schwankungen auf, wobei das Durchschnittsvolumen geringer ist. Bei beiden ist das Gehirn der Frauen etwas kleiner als das der Männer. Allerdings ist der Unterschied beim *Homo sapiens* weniger ausgeprägt. Das Gehirn des Neandertalers war oben flacher, vorne schmaler und an den Seiten und hinten gerundeter. Einige Wissenschaftler sind der Ansicht, daß diese typischen Konturen ein Hinweis auf eine größere Sehhirnrinde und einen kleineren Stirnlappen sind. Beim modernen Menschen ist der Stirnlappen für die Planung von Handlungen zuständig. Dies würde bedeuten, daß die Neandertaler bessere Beobachter als Strategen waren.

Wir sollten mit unseren Vermutungen aber nicht zu weit gehen; denn es ist äußerst schwierig, von den Oberflächenmerkmalen auf die Gehirnfunktion zu schließen. Diese hängt von der Komplexität der Nervenleitungen im Gehirn ab. In einem Punkt sind sich die Wissenschaftler allerdings einig: Das Gehirn des Neandertalers war asymmetrisch. Es war rechts vorne und links hinten leicht größer, was bedeutet, daß der Neandertaler, ebenso wie der moderne Mensch, Rechtshänder war.

Nun zu den kräftigen, zweifach gewölbten Überaugenbögen des Neandertalers, die zwar bereits etwas kleiner waren als bei seinem Vorfahren, dem *Homo erectus*, aber immer noch enorm sind neben denen eines *Homo sapiens* mit hoher Stirn und ohne nennenswerte Überaugenbögen. Es ist nach wie vor ungeklärt, warum unsere Vorläufer vor 2 Millionen Jahren diese anatomische Absonderlichkeit entwickelten. Möglicherweise hatte sie eine Signal- oder Drohfunktion (hauptsächlich unter Männern) oder sie sollte die Augenhöhlen schützen, die sonst aufgrund der fehlenden Stirn exponiert gewesen wären.[6] Vielleicht war ihre Funktion sogar noch zweckmäßiger und prosaischer, wie Grover Krantz von der Washington State University in einem herrlich exzentrischen Versuch zeigte. Er bildete die Überaugenbögen eines *Homo erectus* nach, befestigte sie über den Augen und lief ein halbes Jahr damit herum. Nachts bot er einen furchterregenden Anblick, was zumindest die Hypothese von der Signalfunktion unterstützt. Am Tag schützte das hominide Accessoire seine Augen vor der Sonne. Den größten Vorteil sah Krantz aber darin, daß die Bögen ihm die Haare aus den Augen hielten. Er hatte sie sich als Teil des Experiments wachsen lassen, und nun fielen sie ordentlich zu beiden Seiten der Überaugenbögen herab. »Mehrere Langhaarige haben die künstlichen Überaugenbögen mit demselben Ergebnis getragen«, fügt Krantz hinzu, der viele gleichgesinnte Freunde zu haben scheint.[7] Möglicherweise entwickelte der *Homo erectus* die vorstehenden Bögen, damit ihm seine Haarpracht nicht die Sicht nahm, und gab diesen Vorteil dann an den Neandertaler weiter; denn anscheinend haben, so Krantz, »während des ganzen sogenannten Neandertalerstadiums der menschlichen Evolution ähnliche Bedingungen geherrscht«.

Die Augen der Neandertaler waren vermutlich groß, entsprechend den großen, runden Augenhöhlen. Wir wissen jedoch nicht, welche Farbe sie hatten. Die afrikanischen Menschenaffen und die meisten modernen tropischen Völker haben braune Augen, was auf einen längeren Stammbaum mit dieser Farbe hinweist. Die Neandertaler könnten ebensogut blaue Augen (und eine hellere Haut) gehabt haben, wie einige der modernen Menschen, die sich an den mangelnden Lichteinfall in Europa angepaßt haben.

Das hervorstechendste Organ der Neandertaler war aber ihre Nase – zumindest soweit wir das den Fossilien entnehmen können. Diese Nasen müssen riesig gewesen sein und das Gesicht wie anatomische Fahnenmasten beherrscht haben. Auch heute noch gibt es bei den Europäern und den Indianern viele »Zinken«, ebenso wie es bei den Eingeborenen Afrikas und Australiens breite Nasen gibt. Doch die Nase des Neandertalers war lang und breit. Sie stach horizontal zwischen den Augen hervor, und ihre Länge wurde noch durch die seitlich nach hinten laufenden Wangenknochen betont. Im Naseninneren war der Boden der Nasenöffnung (im Vergleich zu allen anderen Menschen) vertieft, wodurch der Neandertaler riesige Nasenlöcher mit großflächig feuchter Haut und guter Durchblutung hatte. Zu beiden Seiten der Nase hatte er enorm große Nebenhöhlen, in denen warme Luft zur Wärmedämmung gespeichert werden konnte. Der moderne Mensch besitzt diese Nebenhöhlen ebenfalls, aber beim Neandertaler waren sie weitaus größer. »In diesen Nebenhöhlen hätte man die Wassermenge eines Swimmingpools einlassen können«, sagt der Anthropologe Jeffrey Laitman von der New York Mount Sinai School of Medicine.[8]

Doch welchen evolutionären Vorteil konnte man aus einer solchen Nasenkonstruktion ziehen? Ein besseres Geruchsvermögen vielleicht? Möglich, doch hätte sich eine Glanzleistung auf diesem Gebiet gegen den allgemeinen Evolutionstrend bei den Primaten gerichtet. Hier ist der Geruchssinn gegenüber dem Sehen in den letzten 40 Millionen Jahren immer mehr in den Hintergrund getreten. Außerdem haben die Säugetiere, die über einen guten Geruchssinn verfügen, meist flache Nasen mit feuchter Nasenspitze, wie zum Beispiel Hunde, aber nicht solche wie Neandertaler.

Die meisten Theorien über die Nasengröße der Neandertaler setzen beim Klima an. So sehen einige Wissenschaftler den Zweck eines vorspringenden Mittelgesichts im größeren Abstand zur Hirnrinde. Dadurch konnte kalte Luft vorgewärmt werden, bevor sie in die Nähe des Gehirns kam, das eine stabile Temperatur und Durchblutung benötigte. Aufgrund der aktiven Lebensform wurde eine große Menge warmer Luft von den Lungen ausgestoßen und vermischte sich dann mit der eingeatmeten kalten und trockenen Luft. Die geräumigen Nebenhöhlen ermöglichten einen ausgezeichneten Wärme- und Feuchtigkeitsaustausch und verbesserten die Qualität der eingeatmeten Luft, bevor sie in die Lungen kam.[9]

Anhand des Klimas läßt sich also das Volumen des Nasenraumes erklären. Aber wieso mußte die Nase so weit herausragen, schließlich drohte bei dem damals herrschenden kalten Klima die Gefahr von Erfrierungen? Diese Frage ist schwer zu beantworten. Aber immerhin ist es möglich, daß der Gesichtserker keine biologische Funktion hatte, sondern als optisches Signal diente. Der in Kapitel 3 erläuterte sexuelle Auswahlprozeß könnte hier eine Rolle gespielt haben. Möglicherweise galt eine große Nase als besonders schön oder attraktiv, und die Neandertaler haben Partner mit großen Nasen bevorzugt. Die natürliche Selektion wiederum gab einem großen Volumen des Nasenraumes den Vorzug. Wahrscheinlich hat beides eine Rolle gespielt.

Die Muskeln und Bänder im Kiefer des Neandertalers waren sehr kräftig, besonders die am Schließen des Kiefers beteiligten. Die Vorderzähne waren groß. Das ist ein seltsames Merkmal; denn die Menschen haben im Vergleich zu den Menschenaffen relativ kleine Schneidezähne entwickelt. Außerdem hatten die Zähne des Neandertalers lange

Wurzeln und zeigen Spuren heftiger Benutzung. Die vorderen Zähne sind abgenutzt, als wäre etwas immer wieder bei fest geschlossenem Kiefer hindurchgezogen worden. Vielleicht haben die Neandertaler Pflanzen entstielt oder Häute weich gemacht, indem sie Teile davon durch die Zähne zogen, wie die heutigen Eskimos. Abgesehen von Kerben an den Zähnen weisen auch Kratzer darauf hin, daß etwas – vielleicht Fleisch – mit dem Kiefer festgehalten und mit Steinwerkzeugen geschnitten wurde. Aus der Richtung der Kratzer geht hervor, daß die Neandertaler – ebenso wie die in Kapitel 2 beschriebenen Menschen von Atapuerca – Rechtshänder waren.

Es ist eine sehr spannende, aber auch sehr komplexe Aufgabe, anhand fossiler Knochen auf die Lebensweise zu schließen. Die Interpretationsprobleme verlieren jedoch an Bedeutung, wenn wir uns den nächsten Merkmalen zuwenden. Sie stehen im Zusammenhang mit der Sprache. Und damit sind wir beim verwirrendsten und umstrittensten Thema der Neandertaler-Anatomie. Seit dem *Homo erectus* hat sich die Position des Kehlkopfes bei den Hominiden stark verändert. Der Kehlkopf besteht aus Knorpel, Bändern und Membranen, welche die Öffnung zur Luftröhre schützen und es uns ermöglichen, sämtliche Laute zu produzieren, die wir zum Sprechen benötigen. Die Schädelbasis wurde kürzer, so daß der Kehlkopf tiefer zu liegen kam. Der dadurch entstandene größere Luftraum über dem Kehlkopf ermöglichte die Bildung zahlreicher Laute. Damit war der Anfang gemacht für alle späteren sprachlichen Leistungen. Von den *Australopithecinen* bis zum modernen Menschen läßt sich verfolgen, wie der Kehlkopf immer weiter nach unten wanderte. »Jetzt ist über dem Kehlkopf ein großer Luftraum vorhanden, durch den der Ton stärker als bei jedem anderen Säugetier moduliert werden kann«, sagt Jeffrey Laitman in einem Interview der Zeitschrift *Discover.*[10] »Das ist so, als nähme man ein Jagdhorn und machte daraus eine Trompete, indem man die Röhre verlängert. Dadurch haben wir physikalisch die Möglichkeit zur Artikulation. Das ist typisch menschlich.« Eine Ausnahme gibt es allerdings bei diesem sprachlichen Fortschritt, und das ist der Neandertaler. »Dort ist die Entwicklung in die andere Richtung gegangen. Unsere Linie hatte verbesserte Möglichkeiten zur sprachlichen Kommunikation. Warum das so ist, ist sehr schwer zu erklären«, fügt Laitman hinzu. Beim Neandertaler scheint die Schädelbasis flacher gewesen zu sein, und der Kehlkopf dadurch höher gelegen zu haben als bei den Hominiden, die direkt vor ihm lebten.

Für viele Anatomen und Paläontologen paßt das ins Bild vom Neandertaler als »abgezweigte« eigene Art, als einmalige Abweichung von der Hauptlinie der Hominiden, die vom *Homo erectus* zum *Homo sapiens* führt. Während der Gesichtsschädel von *erectus* und *sapiens* zum Beispiel flache oder zurückgezogene Wangenknochen aufweist, sind die Wangenknochen des Neandertalers übergroß und nach vorne gezogen, so daß sie fast vertikal zur Gesichtsebene stehen. Ein weiteres Beispiel ist die rückläufige Entwicklung beim Kehlkopf. »Das waren sehr spezialisierte Kreaturen«, sagt Rak. »Sie waren eine Außenseitergruppe, eine Sackgasse.«[11]

Vielleicht gab es aber auch einen ganz einfachen Grund für den stimmlichen Rückschritt bei den Neandertalern. Die Rückkehr zu einem höhergelegenen Kehlkopf verkleinerte den Rachenraum. So konnten nur kleine Mengen der kalten Luft durch den Mund eingeatmet werden, die ansonsten Schäden an den empfindlichen Membranen von Hals und Lungen verursacht hätten. Nun wurde der Großteil der

Luft durch die große Nase mit ihrem Wärme- und Feuchtigkeitsregler aufgenommen, wodurch das innere Gewebe geschützt wurde. Auch der Kehlkopf der Neandertaler war keine absolute Fehlentwicklung. Es mag den Neandertalern nicht möglich gewesen sein, Vokale wie a, i und u so deutlich wie wir zu artikulieren, aber das hat sie nicht notwendigerweise davon abgehalten, miteinander zu sprechen. In vielen modernen Sprachen werden nicht alle Vokale und Konsonanten genutzt, welche die menschliche Kehle produzieren kann, ohne daß dies eine effiziente Kommunikation beeinträchtigen würde.

Die Schädelbasis der Neandertaler war auffällig anders geformt. Beim modernen Menschen ist sie gefaltet oder »geknickt«. Manche Neandertaler haben eine offene, flachere Schädelbasis. Da an dieser Basis die Kehle am Schädel verankert ist, ist die glattere Oberfläche möglicherweise ebenfalls ein Hinweis auf eine eingeschränkte Lautbildung. Andererseits spricht die Entdeckung eines Zungenbeins – das beim *Homo sapiens* an der Artikulation beteiligt ist – bei einem 60000 Jahre alten Neandertaler aus Kebara für einen relativ modernen Sprechapparat bei den Neandertalern.[12]

Um aber eine endgültige Aussage darüber machen zu können, ob die Neandertaler eine Sprache ähnlich der des modernen Menschen hatten, müssen wir noch wesentlich mehr über ihr Gehirn erfahren. Je mehr sich herausstellt, daß zur Erforschung der menschlichen Sprache eine Analyse der Höcker in Gehirnabgüssen oder Vertiefungen auf der Innenseite der Hirnschale nicht ausreicht, sondern daß viele Gehirnteile harmonisch und der Reihe nach zusammenarbeiten müssen, um menschliche Sprache möglich zu machen, um so weiter entfernen wir uns davon, die Qualität des Neandertaler-Gehirns realistisch und ohne grobe Verallgemeinerungen beurteilen zu können.

Über das Gebiet unterhalb des Halses können eindeutigere Aussagen getroffen werden. Inzwischen hat man genügend fossile Neandertaler gefunden, um einen guten Eindruck von ihrer Gestalt zu erhalten, die kompakter, größer und breiter war, mit tonnenförmigem Oberkörper und kürzeren Extremitäten als beim modernen Menschen. Die Knochen der Extremitäten waren gebogener und dickwandiger, was auf größere Belastungen im täglichen Leben hinweist. Die Hände waren nicht affenartig, aber dennoch in der Lage, fest zuzugreifen. Sie hatten tiefe Muskelfurchen und vergrößerte Fingerspitzen. Für diese Kreaturen war Muskelkraft zur Lösung ihrer Probleme ebenso wichtig wie Hirn, und selbst die Kraft von Neandertalerfrauen und -kindern würde uns heute überraschen. Das eigentlich bemerkenswerte ist jedoch, daß die Neandertaler einen Körperbau beibehielten, den die menschliche Evolution in den vergangenen 2 Millionen Jahren hervorgebracht hatte. In Wirklichkeit waren es nämlich wir, die modernen Menschen, die aus der Reihe fielen. Wir machten Schluß mit der Überbetonung der Körperkraft und entschieden uns stattdessen für ein Leben als hominide Schwächlinge.

Nun zur Hüfte. Zunächst nahm man an, daß bei den Neandertalerfrauen Beckenschale und Geburtskanal größer waren und sie somit größere und reifere Babys zur Welt bringen konnten. Jüngere Forschungen haben jedoch ergeben, daß dies unwahrscheinlich ist. Der Geburtsvorgang war bei den Neandertalern vermutlich ebenso kompliziert wie beim modernen Menschen. Das Baby wurde mit dem Kopf zuerst geboren und mußte sich während der Geburt drehen. Das innere Volumen des Beckengürtels entsprach etwa dem unseren, aber die Tiefe war unterschiedlich. Da die Hüftknochen an der Seite des Körpers nach außen gedreht waren, lagen sie vorne weiter auseinander. »Ich würde sagen, daß das Becken des modernen Menschen einzigartig ist, da es an das Gehen oder Laufen über lange Strecken angepaßt ist«, sagt Rak.[13]

Die Neandertaler wiesen also erstaunlich »menschliche« Merkmale auf, dennoch ist aus ihrer Gestalt immer wieder ersichtlich, daß sie nicht zu unserer Spezies gehörten. Ihre Knochen zeigen ganz deutlich, daß es sich um eine andere Art handelte. Natürlich kämen uns sowohl ein Neandertaler als auch ein Cromagnon-Mensch äußerst vorzeitlich und wild vor, wenn wir ihnen beim Einkaufen begegnen würden, dennoch haben einige Wissenschaftler behauptet, sie seien im Grunde wie wir. William Straus und A.J.E. Cave waren zum Beispiel der Ansicht, »daß ein wiedergeborener Neandertaler in einer New Yorker U-Bahn kaum mehr Aufsehen erregen würde als andere Fahrgäste, vorausgesetzt, er wäre gewaschen, rasiert und hätte moderne Kleider an.«[14] Viele andere Anthropologen bestreiten das. Sie glauben, daß noch immer ein großer Unterschied in der Erscheinung zwischen einem Neandertaler und einem frühen *Homo sapiens* bestehen würde. Steve Jones, Genetikprofessor des Galton Laboratory am University College London, gab eine markige Antwort auf das von Straus und Cave entworfene Szenario in der U-Bahn. »Die meisten Leute würden den Platz wechseln, wenn sich ein Cromagnon-Mensch neben sie setzte. Bei einem Neandertaler würden sie aussteigen.«[15]

Die körperlichen Unterschiede werfen weiterführende Fragen auf, und plötzlich stehen nicht mehr nur unsere stammesgeschichtlichen Vettern zur Debatte, sondern unser ureigenes Verständnis des Menschlichen. Wenn wir wissen, was wir nicht sind, bekommen wir auch einen viel deutlicheren Eindruck dessen, was wir sind. Als Spezies, die sich durch Intellekt, Körperbau und Verhalten leicht von

Rekonstruktion einer Neandertaler-»Familie« in Gibraltar.

uns unterscheidet, geben uns die Neandertaler wertvolle Hinweise für die älteste aller Suchen – die Suche nach uns selbst. Deshalb sind sie so wichtig für das Verständnis des menschlichen Wesens. Vor 30000 Jahren verschwand die Spezies von der Bildfläche. Das ist erst 1500 Generationen her. Die Art wies einige moderne Merkmale auf, aber nicht alle. Was waren die wesentlichen Merkmale, über die wir verfügten, und die ihnen fehlten? Was in ihrer Anatomie oder ihrem Verhalten stellte einen solchen Nachteil dar, daß sie hinter dem modernen Menschen zurückblieben und ausstarben? Eine Beschreibung der Merkmale, die dem *Homo sapiens* zur Weltherrschaft verhalfen, müßte uns viel über uns selbst mitteilen. Und tatsächlich kommen wir hier an den Kern dessen, was den Menschen ausmacht, und stellen uns eine der aufregendsten Fragen der modernen Wissenschaft.

Es ist nicht einfach, die Verwandtschaftsverhältnisse zwischen Neandertaler und modernem Menschen zu entwirren. Man hat herausgefunden, daß der Neandertaler von vor mindestens 200000 Jahren bis vor 30000 Jahren gelebt hat. Sein Verbreitungsgebiet erstreckte sich von Wales im Nordwesten bis Gibraltar im Südwesten, und von Moskau im Norden bis Usbekistan im Osten. Das ist eine enge geographische Eingrenzung; denn in keinem anderen Teil der Alten Welt – weder in Afrika oder Indien noch in Ostasien – hat man Spuren von Neandertalern gefunden. Allerdings wurden an den Grenzen dieses Gebiets, vor allem im Süden und im Nahen Osten, die interessantesten und bedeutendsten Funde gemacht, insbesondere im Hinblick auf ihr Verhältnis zum *Homo sapiens*. Die wichtigsten dieser Fundstätten sind Skhul, Qafzeh, Kebara und Tabun.

Falsche Zeitangaben wurden von denen aufgestellt, die glaubten, die Neandertaler seien unsere Vorfahren. Jetzt stellten Wissenschaftler diese Zeitangaben auf den Kopf und »erschütterten das traditionelle Evolutionsszenario«, wie Bar-Yosef und Vandermeersch es ausdrückten.[16] Die Levante war alles andere als ein statischer geographischer Schmelztiegel, in dem sich die Neandertaler langsam zu modernen Menschen entwickelten. Hier fand vor 50000 bis 100000 Jahren ein seltsamer Pas de deux zwischen den beiden Protagonisten statt: dem derbknochigen, an die Kälte angepaßten Neandertaler und dem grazileren Aufsteiger *Homo sapiens*. Sie waren nicht Vorfahre und Nachkomme. Sie waren zeitgleich lebende Siedler. Und hier an der Mittelmeerküste und in Teilen der Levante fand ein Kampf statt, bei dem sich die beiden hominiden Spezies abwechselnd in Angriff und Verteidigung befanden. Manchmal war ein Tal vom *Homo sapiens* besiedelt, dann war es wieder das Revier des Neandertalers. So fand man in den Höhlen von Amud, Tabun und Shanidar Neandertaler-Fossilien, während man in Skhul und Qafzeh Überreste moderner Menschen fand.

Aber was führte den Neandertaler überhaupt in das milde Klima der Levante? Möglicherweise war seine Anwesenheit nur auf einen Ausflug in den südlichsten Zipfel seines normalen Lebensraumes zurückzuführen. Allerdings weisen Bar-Yosef und Vandermeersch auf folgendes hin:

> Der Neandertaler war zwar an die Kälte angepaßt, wie man an seiner untersetzten Gestalt erkennen kann, aber selbst er konnte den arktischen Bedingungen nicht trotzen, die im Zeitraum von vor 115000 bis vor 65000 Jahren plötzlich hereinbrachen. Die eisige Kälte zwang ihn unter Umständen, weiter in den Süden zu ziehen ... vielleicht durch die heutige Türkei oder den Balkan.

Wenn der Neandertaler also in den Süden zog, wie reagierte der moderne Mensch darauf? Er war an sonnigeres Klima gewöhnt. Es ist gut möglich, daß es ihn überforderte, sich an die kühlere Levante anzupassen und gleichzeitig dem Neandertaler zu trotzen, so daß er zeitweise an Boden verlor. Während wärmerer Perioden ist er möglicherweise wieder erstarkt, so daß die Eindringlinge aus dem Norden nun ihrerseits zurückweichen mußten. Es kann auch sein, daß beide Populationen zeitweise gleich stark waren und friedlich nebeneinander lebten.

Die archäologischen Daten erlauben zur Zeit noch keine schlüssige Antwort. Es ist nicht genau feststellbar, wie eng der Kontakt zwischen den beiden war. »Man kann unmöglich sagen, inwieweit wir uns mit den Neandertalern vermischt haben«, sagt Rak. »Wir könnten uns um tausend Jahre verpaßt haben. Wir haben kein genaues Bild der Populationsbewegungen und Lebensräume von damals.« Intuitiv erscheint es aber unwahrscheinlich, daß Neandertaler und *Homo sapiens* ohne großen Kontakt aneinander vorbeigegangen sein sollen, meint Rak.

> Wir müssen uns von der tiefsitzenden Vorstellung lösen, daß es immer nur eine Spezies gab, bloß weil das heute so ist. Während des größten Teils unserer Evolution war es vermutlich genau andersherum, und es gab mindestens zwei Arten. Geht man noch weiter in die Vergangenheit zurück, waren es möglicherweise noch mehr. Eine Szene aus »Krieg der Sterne«, in der alle möglichen Arten von Außerirdischen zusammen in einer Bar reden und spielen, liefert, glaube ich, ein besseres Bild unserer evolutionären Vergangenheit.[17]

Die Vorstellung, daß völlig verschiedenartige Kreaturen zusammen trinken und sich hin und wieder intergalaktische Kneipenschlägereien liefern, ist recht ungewöhnlich, wenn man es zu unseren höhlenbewohnenden Vorfahren in Beziehung setzt. Dennoch veranschaulicht Raks Metapher, daß möglicherweise mehrere Spezies nicht nur relativ stabil nebeneinander lebten, sondern auch eine gemeinsame Technik teilten. In »Krieg der Sterne« waren es Laserkanonen und Raumschiffe. Vor hunderttausend Jahren in der Levante waren es paläolithische Steinwerkzeuge.

Und wieder stoßen wir auf Zusammenhänge, die es uns unmöglich erscheinen lassen, daß eine der beiden Spezies der Vorfahre der anderen gewesen sein könnte. Sicher gibt es bei den Neandertalern mögliche Anzeichen für symbolisches Denken und die Vorstellung von einem Leben nach dem Tod. Andererseits unterschied sich ihr Körperbau wesentlich von dem des modernen Menschen. Zwar haben beide Arten zu verschiedenen Zeiten und getrennt voneinander in der Levante gelebt, aber sie scheinen dabei die gleichen Werkzeuge benutzt zu haben. Und doch führten diese Werkzeuge in einem Fall zum langfristigen Überleben und zur Entwicklung einer neuen Lebensweise und im anderen in eine Sackgasse.

Dieser letzte Punkt ist besonders rätselhaft. Wenn wir davon ausgehen, daß die beiden paläolithischen Arten sich intellektuell grundlegend voneinander unterschieden – womit das Überleben des einen auf Kosten des anderen erklärt wäre –, warum hat sich der zerebrale Unterschied dann nicht offensichtlicher manifestiert? Warum haben die beiden Spezies nicht verschiedene Geräte hergestellt und ihr Leben unterschiedlicher gestaltet? Schließlich ist die Hand die Verlängerung des Gehirns, wie Jacob Bronowski bemerkte.[18] Aber die Archäologen können keine Unterschiede bei den Geräten feststellen, die damals von Neandertaler und *Homo sapiens* in der Levante verwendet wurden. Beide benutzten Werkzeuge des Mittelpaläolithikums, hauptsächlich Kratzer und Messer aus Feuerstein und gelegentlich dolchartige Spitzen und Faustkeile. Man weiß nicht, wie diese Werkzeuge genau eingesetzt wurden. Es ist ein Rätsel, warum die gleichen Werkzeuge, am selben Ort und zur selben Zeit benutzt, bei einer Spezies zum Erfolg und bei einer anderen zum »Versagen« führten, betont John Shea.

> Wenn die Fähigkeit des Neandertalers, Steinwerkzeuge herzustellen und zu benutzen, als Maß für seine Intelligenz und Anpassungsfähigkeit genommen wird, dann gibt es in der archäologischen Dokumentation wenige gravierende Unterschiede zwischen Neandertaler und frühem Jetztmensch. Der Neandertaler, der unseren Vorfahren gegenübertrat, sah vielleicht anders aus, aber

> er war ebenso intelligent. Warum es uns heute noch gibt und ihn nicht, ist eine der spannendsten Fragen der Paläoanthropologie.[19]

Manche Wissenschaftler, wie Yoel Rak, machen es sich einfach. Sie finden, das sei nicht ihr Problem. »Wieso sollte ich mir darüber Gedanken machen, warum zwei unterschiedliche Arten die gleichen Werkzeuge benutzen? Ich bin Anatom. Ich sage, es handelt sich um unterschiedliche Kreaturen. Jemand anders muß erklären, warum sie die gleichen Werkzeuge benutzten. Das ist ein archäologisches Problem.«[20]

So kann man natürlich argumentieren. Aber die Gegner des »Out-of-Africa«-Modells machen sich genau diese Erklärungsschwierigkeiten zunutze. »Die Kultur dieser ›modernen‹ Menschen war identisch mit der Kultur der zeitgenössischen Neandertaler. Sie benutzten dieselbe Art von Steinwerkzeugen, mit derselben Technik und derselben Häufigkeit. Sie hatten die gleichen Bestattungsriten, jagten das gleiche Wild und schlachteten es sogar nach derselben Methode«, behaupten Alan Thorne und Milford Wolpoff in *Scientific American*.[21] All das sei doch auf jeden Fall ein Hinweis darauf, daß Neandertaler und moderne Menschen eine Spezies waren und in der Levante der Übergang vom einen zum anderen stattfand.

Aber das stimmt nicht. Die sich ähnelnden Werkzeuge der beiden Arten lassen sich wesentlich besser mit gemeinsamen Vorfahren erklären, die 150000 Jahre zuvor gelebt hatten. Seit jener Zeit entwickelten sich die beiden Arten getrennt, aber ihre Werkzeugtechnik veränderte sich langsam und parallel. Mit der gesamten Kultur ging es damals nur langsam voran. Und aus diesem einfachen Grund verwendeten sie Werkzeuge gleichen Niveaus. Für eine cha-

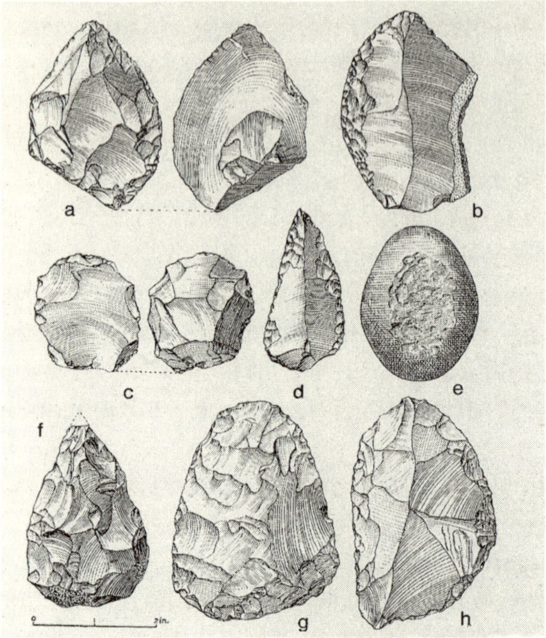

Mittelpaläolithische Steinwerkzeuge aus Europa.

rakteristische eigene Technik hatten sie sich noch nicht lange genug getrennt entwickelt. Damit ist das Problem der Ähnlichkeit der Werkzeuge zu erklären, eher ein Scheinproblem. Der Archäologe Paul Mellars drückt es so aus: »Der moderne Frühmensch hatte keine Wahl, ob er dem Mittelpaläolithikum angehören wollte, das Obere Paläolithikum war schließlich noch nicht erfunden!«[22]

Es ist immer heikel, eine Rasse, einen Stamm oder eine Spezies nur nach ihren Werkzeugen zu beurteilen. Kategorisiert man die australischen Aborigines auf diese Weise, könnte man von ihren einfachen Steinwerkzeugen ausgehen und sagen, sie seien wie Neandertaler; denn einige ihrer Werkzeuge ähneln denen aus dem Mittelpaläolithikum. Andererseits haben diese Leute eine hochkomplexe soziale und religiöse Tradition. Dazu gehören ihre Vorstellungen vom Umgang mit rituellem Land und ihre mythische kreative Periode, »das Träumen«. Man glaubt, das Land wurde von Geistern geformt, die dabei verschiedene Arten und auch das menschliche Leben schufen. Diese komplexen Vorstellungen lassen sich nicht an einem Stück Stein ablesen.

Nur weil *Homo sapiens* und Neandertaler die gleichen Werkzeuge benutzten, heißt das nicht, daß sie die Geräte auf die gleiche Weise verwendeten. Dies betonten Shea und sein Kollege Dan Lieberman von der Harvard University.[23] Die beiden Wissenschaftler versuchten, anhand von Skeletten und Artefakten feine Unterschiede im Verhalten der beiden Arten herauszufinden. Das ist eine wahre Sisyphusarbeit, da die fossilen Überreste bis zu 100000 Jahre alt sind. Knochen und Steine, die so alt sind, sagen meist nichts über die Lebensweise aus. Dennoch konnten die beiden Wissenschaftler mit einigen interessanten Ergebnissen aufwarten.

Zunächst analysierten sie Zähne von Beutetieren, die sowohl von Neandertalern als auch von modernen Menschen getötet und zurückgelassen worden waren. In einem Steinbruch fanden sie hauptsächlich Gazellen, das levantinische Äquivalent der Take-away-Pizza. Die abwechselnd hellen und dunklen Streifen, die sie beim Aufschneiden der Zähne entdeckten, erweckten das besondere Interesse der beiden Forscher. Die Streifen waren in den verschiedenen Jahreszeiten entstanden, wenn eine bestimmte Nahrung vorherrschte. »Dieser Effekt entsteht dadurch, daß sich natürliche Mineralien mit Kollagenfasern verbinden und den Zahnzement produzieren«, sagt Lieberman.[24] »Bei spärlicher Nahrungsaufnahme wird weniger Kollagen produziert und der Zahn erhält mehr Mineralien. Dadurch wird er dunkler.« Die dunklen Streifen enstanden also durch die proteinarme Winternahrung, bei proteinreicher Sommernahrung entstanden helle Streifen.

Um dies zu beweisen, fütterte Lieberman Ziegen abwechselnd mit proteinarmer und proteinreicher Nahrung, wobei er in verschiedenen Stadien Vitamine und fluoreszierenden Farbstoff beimischte. Dann zog er ihnen die Zähne, besah sich die Streifen und stellte wie erwartet fest, daß bei typischem Winterfutter dunkle Streifen entstehen, bei typischem Sommerfutter helle. Hat man nun einen prähistorischen Tierzahn, kann man erkennen, in welcher Jahreszeit das Tier gestorben ist. Bei einer dunklen Außenschicht ist es im Winter gestorben, bei einer hellen Außenschicht im Sommer. Als Lieberman an den Neandertaler-Fundstellen im Nahen Osten Gazellenzähne analysierte, stellte er fest, daß sowohl helle als auch dunkle Streifen vorkamen. Das heißt, die Orte waren das ganze Jahr über bewohnt. An den Fundstellen moderner Menschen gab es entweder helle oder dunkle Zähne. Diese Orte waren also nur während einer Jahreszeit bewohnt gewesen.

> Es ist eindeutig, daß der moderne Mensch zwischen verschiedenen Winter- und Sommergebieten wechselte, während der Neandertaler das ganze Jahr über an einem Ort blieb. Das ist ein wichtiger Hinweis, denn es bedeutet harte Arbeit, am selben Ort zu bleiben. Nüsse, Beeren, Knollen und Gemüse sind abgeerntet, und die Tiere der Umgebung – sogar die Gazellen – gehen einem aus dem Weg. Aus diesem Grund ziehen die heutigen Jäger und Sammler ständig weiter. Die Neandertaler mußten sehr weite Strecken zurücklegen und sich abmühen, wenn sie an einem Ort blieben. Und wenn man stundenlang nach Nahrung sucht, lohnt es sich nicht, nur ein paar Beeren oder Kartoffeln zurückzubringen. Man braucht ein Reh oder eine Gazelle, auf jeden Fall proteinreiche Nahrung

> für all die Mühe. Das ist der Schlepp-Effekt. Man schleppt sich nicht stundenlang weiter, wenn es keine entsprechende Belohnung gibt. Im Falle der Neandertaler bestand die Belohnung in Großwild. Sie jagten mehr, zogen aber weniger umher als der moderne Mensch. Wir zogen öfter um, jagten aber weniger.

Um ihre These zu untermauern, suchten Shea und Lieberman nach weiteren Beweisen. Sie analysierten, wie häufig die einzelnen mittelpaläolithischen Steinwerkzeuge von Neandertalern und modernen Menschen verwendet wurden. Dabei stellten sie anhand von Steinen, die zur Werkzeugherstellung verwendet worden waren, fest, daß Neandertaler zehnmal häufiger Jagdausrüstung herstellten und wegwarfen als der moderne Mensch. Es sind die gleichen Werkzeuge, aber sie wurden unterschiedlich häufig verwendet. Man fand zahlreiche Speerspitzen an den Neandertaler-Fundstätten. Oft waren sie beschädigt, weil sie auf Knochen getroffen hatten.

> Beide Arten lebten in derselben Region, aber sie verhielten sich unterschiedlich. Der Neandertaler nutzte die Ressourcen seiner Umgebung intensiver. Er mußte härter und bereits in jüngeren Jahren arbeiten als der moderne Mensch, weil er mit seiner Umwelt anders umging.

Das muß den Neandertaler tief geprägt haben. Lieberman ist der Ansicht, daß dieses Verhalten jeden Bereich seines Lebens, einschließlich seines Knochenbaus, beeinflußte. »Es ist klar, daß der Neandertaler robustere Knochen als der moderne Mensch hatte. Das liegt am unterschiedlichen Verhalten, nicht nur an den Genen. Er war aktiver, mußte härter arbeiten und mehr jagen, weil er seine Umwelt anders nutzte als der moderne Mensch.«

Lieberman führte nun Experimente durch, die selbst für einen Anthropologen exzentrisch waren. Er ließ Gürteltiere mehrere Stunden am Tag in einer Tretmühle laufen. Dieser Vergleich zwischen einem rennenden Termitenfresser und einem sich entwickelnden Menschen scheint an den Haaren herbeigezogen zu sein. Dennoch läßt sich eine Verbindung herstellen; denn Lieberman stellte fest, je länger die Tiere liefen, desto robuster wurden ihre Knochen.

Er konnte diesen Effekt an verschiedenen Spezies nachweisen. Sein Lieblingsbeispiel bleibt aber das gepanzerte, höhlengrabende südamerikanische Gürteltier. Die Weibchen bringen regelmäßig eineiige Vierlinge zur Welt. Da er auf diese Weise zwei Paare mit genetischen Doppelgängern zur Verfügung hatte, konnte Lieberman die Auswirkungen von Umwelteinflüssen auf die körperliche Entwicklung des Gürteltiers untersuchen, ohne sich Gedanken über erbliche Unterschiede machen zu müssen. Zwei der Gürteltiere aus einem Wurf durften ihr normales Leben führen. Das andere Paar mußte mindestens eine Stunde am Tag in der Tretmühle laufen. Das Ergebnis kann man jetzt in Schuhschachteln mit Gürteltierknochen in Liebermans vollgestopftem Arbeitszimmer bewundern. Die Gürteltiere, die jeden Tag laufen mußten, haben wesentlich robustere Knochen als die genetisch identischen Wühler, die ein gemütliches Leben führten. Diese Beobachtungen werden durch Liebermans sorgfältige Messungen nach der Obduktion wissenschaftlich gestützt.

»Robuste Knochen sind nicht nur eine Sache der Veranlagung«, sagt er. »Will ich ein Tier extrem robust werden lassen, kann ich das im Labor erreichen. Ich kann kleine Neandertaler-Gürteltiere produzieren, indem ich sie in der Tretmühle laufen lasse, solange sie jung sind.« Beim heutigen Menschen setzt dieser Effekt ebenfalls ein. Marathonläufer entwickeln nicht nur eine kräftige Laufmuskulatur, sondern auch robustere Knochen, die besser mit der Belastung des häufigen Laufens fertigwerden.

Und damit kehren wir zurück zum Neandertaler. Die Arbeit von Lieberman und Shea läßt das plastische Bild einer Spezies entstehen, die sich immer mehr plagen mußte, um an ihrem Standort bleiben zu können. Da der Neandertaler über keine effizientere Methode zur Nutzung seines Lebensraums verfügte, mußte er immer härter arbeiten, wurde athletisch, entwickelte robuste Knochen – und starb aus. Beim *Homo sapiens* sehen wir Muster eines leichteren, effizienteren Ansatzes zur Nutzung der Umwelt.

Es gibt auch andere Hinweise auf eine unterschiedliche Lebensweise des Neandertalers. Lewis Binford von der Southern Methodist University untersuchte mehrere Fundstätten und kam zu dem Schluß, daß die Jäger, vermutlich Männer, keine kleinen Säugetiere mit ins Familienlager brachten, keine Kaninchen, Füchse oder Nagetiere. Aber es ist schwer vorstellbar, daß sie, im Gegensatz zu allen anderen großen Fleischfressern, diese Tiere nicht gegessen haben, meint Binford. Die einzige plausible Erklärung ist die, daß sie die Tiere auf dem Feld verzehrten. Nur große Kadaverstücke, wie Schädel und Markknochen, wurden mit ins Lager gebracht, weil sie über dem Gemeinschaftsfeuer gekocht werden mußten. Der Neandertaler hat also oft allein gejagt und gegessen. Damit bestand ein wesentlich geringerer sozialer Zusammenhalt als beim *Homo sapiens.*[25]

Insgesamt deutet alles darauf hin, daß sich vor 40000 Jahren die in einem engeren Sozialverbund lebenden modernen Menschen über Europa ausbreiteten und in das Herzland der Neandertaler eindrangen. Dies geschah zu einem Zeitpunkt, als sich die Eismassen dramatisch verschoben und sich Klima und Lebensraum ständig änderten.

Ironischerweise starb der an die Kälte angepaßte europäische Neandertaler gerade unter diesen Bedingungen aus. Zunächst lebte er relativ isoliert weiter. Das läßt sich daraus schließen, daß seine Feuersteine nie weiter als 50 Kilometer von ihrem Ursprungsort gefunden wurden. Die sich ausbreitenden modernen Menschen hingegen scheinen immer größere soziale Netze geknüpft zu haben. Sie bildeten neue »Stämme« oder Gruppen und bauten einen florierenden Handel mit Feuersteinen, Steinartefakten und Schmuck auf. Macht man sich auf die Suche nach dem Ursprung der Geräte, stellt man fest, daß Rohmaterial bis zu 300 Kilometer weit transportiert wurde, was für ein beträchtliches kommerzielles Geschick spricht. Jetzt tauchten auch die ersten strukturierten Lager, Vorratsgruben und primitiven Dörfer auf. Die Neandertaler hingegen bewegten sich weiter auf der Stelle. Es gab keinen nennenswerten kulturellen Fortschritt, bis sie schließlich nahezu ausgestorben waren. Im Vergleich zum *Homo sapiens* entwickelten sie kaum Forschungsdrang. Soweit wir wissen, bauten die Neandertaler keine Boote und verpaßten damit die Chance, die Inseln im Mittelmeer zu besiedeln. Diese Inseln wurden die begehrtesten Plätze auf dem Immobilienmarkt der bevorstehenden Steinzeit. Und ohne Boote konnten die Neandertaler auch nicht die wenigen Kilometer zwischen Gibraltar und Afrika, der Heimat ihrer Vorfahren, überwinden.

Der *Homo sapiens* knüpfte unterdessen immer ausgedehntere Beziehungen zwischen Verwandten und Handelspartnern. Dies lassen jedenfalls die gemeinsamen Artefakte und Statuetten erkennen, die es bald auf dem ganzen Kontinent gab. Diese Verbindungen dienten als Rückhalt in Lebensräumen, wo man nur eines mit Sicherheit wußte: die Ressourcen würden nicht immer ausreichen. Trotz der Belastungen durch wechselnde Klimaverhältnisse und eines Körperbaus, der besser an die Tropen angepaßt war, konnte sich der moderne Mensch auf widrigem Terrain behaupten. Den Neandertalern gelang dies nicht. Immer wenn sich die Bedingungen änderten, wanderten sie weiter und kehrten zurück, wenn es die Umstände zuließen. Als die Verhältnisse sich dann wirklich verschlechterten, starben sie entweder regional aus oder zogen weiter, vermutlich in der Hoffnung zurückzukehren, wenn sich die Situation, das heißt das Klima, verbessert hatte. Aber bis dahin hatte sich der *Homo sapiens* etabliert und die alten Gebiete der Neandertaler für immer besetzt.

Das ging soweit, daß die Neandertaler vor 35000 Jahren nur noch in isolierten Gebieten Westeuropas lebten. Sie hatten kaum noch Zugang zu guten Sammel- und Jagdgebieten. Der Austausch von Partnern wurde unterbrochen und es fiel ihnen immer schwerer, die Bevölkerungszahl zu halten. Sie standen kurz vor dem Aussterben. Vor 30000 Jahren gab es so gut wie keine Neandertaler mehr. Nur noch in wenigen hochgelegenen Regionen und am Rande Europas (zum Beispiel in Höhlen in den Alpen und in Südspanien) fand dieses Volk Unterschlupf, das einst das Gebiet von Wales bis Usbekistan besiedelt hatte. Wo genau der letzte Neandertaler starb, wird man nie wissen. Möglicherweise war es in Zafarraya bei Málaga, vielleicht auch an einem anderen Ort.

In Zafarraya haben französische und spanische Wissenschaftler in dem engen Korridor einer Kalksteinhöhle in der trockenen Sierra de Alhama, 30 Kilometer nördlich von Torre del Mar an der Costa del Sol, Überreste gefunden, die zeigen, daß es noch vor weniger als 30000 Jahren Neandertaler gab. Das war lange nachdem die Spezies aus dem übrigen Europa verschwunden war. »Südspanien ist die Sack-

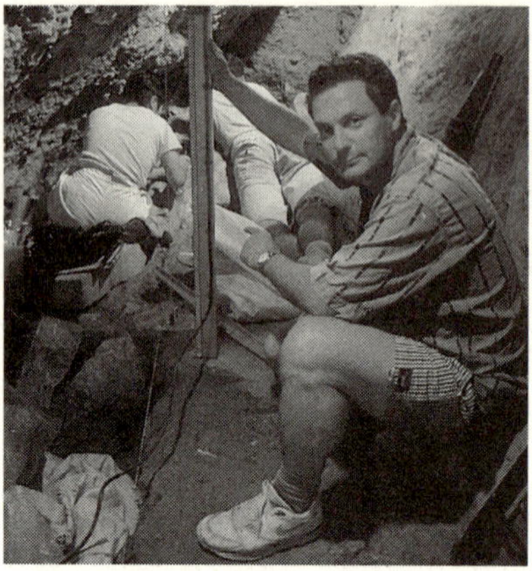

Jean-Jacques Hublin in der Höhle von Zafarraya.

gasse Europas, hier ist der Kontinent zu Ende«, sagt einer der Leiter der Grabung, Dr. Jean-Jacques Hublin vom Musée de l'Homme in Paris. »Wenn die Neandertaler irgendwo noch länger überleben konnten, dann hier.«[26]

Dr. Hublin, ein gebürtiger Algerier, der in Paris Anthropologie studiert hat, begeisterte sich wie Yoel Rak seit seiner Kindheit für alles, was mit Paläontologie zu tun hat. Seit Jahren leitet er Teams von Freiwilligen, die in einem schmalen Felsgang, der über dem Dorf Ventas de Zafarraya achtzehn Meter tief in eine Kalksteinklippe führt, mit Bürsten und Skalpellen dünne Schichten Erde wegkratzen. Dort geht es extrem eng zu, was andere Grabungsorte wie Amud richtiggehend luxuriös erscheinen läßt. Es war nur möglich, das Innere der Höhle zu erforschen, indem man in Schichten arbeitete und einen Bretterboden einzog, unter dem man in Rinnen von nur einem Meter Breite graben konnte. Auf diese Weise gelang es dem Team unter der Leitung von Hublin und dem zweiten Grabungsleiter Cecilio Barroso-Ruiz, einen wahren Schatz an Überbleibseln und Feuersteinen sowie Überreste von Menschen und Tieren aus der Steinzeit zu bergen. Gekochtes Ziegenfleisch scheint eine der Lieblingsspeisen der hier ansässigen Neandertaler gewesen zu sein, denn die Wissenschaftler fanden Berge von Knochen der örtlichen Unterart *Capra ibex pyrenaica*. Außerdem fanden sie die Überreste von mindestens einer Feuerstelle.

Vor den Grabungen in Zafarraya stammten die letzten Neandertaler aus Saint-Césaire und Arcy-sur-Cure in Frankreich. Sie waren 36000 beziehungsweise 32000 Jahre alt. Anhand der in Zafarraya verwendeten Radiokarbon- und Uran-Thorium-Datierungen konnten die Wissenschaftler inzwischen das Alter um mehr als 2000 Jahre nach vorne korrigieren.[27] »In Zafarraya haben die Neandertaler eindeutig noch zu einer Zeit weitergelebt, zu der wir sie für ausgestorben hielten«, fügt Dr. Hublin hinzu.

Die von ihnen in der Höhle zurückgelassenen Steinwerkzeuge waren eine große Überraschung. Sie stammen aus dem Mittelpaläolithikum. Im übrigen Europa waren diese einfachen Kratzer und Klingen durch Werkzeuge des Aurignacien ersetzt worden. Sie sind nach ihrem Fundplatz Aurignac in Südfrankreich benannt. Diese Werkzeuge waren weit entwickelt und erschienen vor etwa 40000 Jahren. Sie werden eindeutig mit dem *Homo sapiens* in Verbindung gebracht. Typisch für diese Geräte sind lange retuschierte Klingen, kurze Kratzer mit Abbruchkante und Knochenspitzen. Bis dahin hatte es kaum Knochenwerkzeuge gegeben. Seit dem Aurignacien waren sie in Europa üblich.

Die Geräte des Aurignacien zeigen eine völlig neue Art der Steinbearbeitung und eine profundere, komplexere Art des Denkens. Wenn ein Neandertaler ein mittelpaläolithisches Steinwerkzeug herstellen wollte, nahm er einen Brocken Feuerstein und schlug mit einem anderen Stein darauf herum, bis ein Faustkeil oder eine Speerspitze geformt war. Die modernen Handwerker des Aurignacien schlugen oben auf den Feuerstein, so daß er in viele Splitter zerbrach, die verschiedene Verwendungszwecke hatten: Kratzer, Messer, Speerspitzen, Gravierwerkzeug, Bohrer usw. Dies weist auf viel komplexere Gedankengänge hin. Hier wurden bei einem Arbeitsvorgang mehrere Verwendungsmöglichkeiten in Betracht gezogen. Der Neandertaler hatte nur einen Zweck im Sinn, er stellte ein einfaches paläolithisches Taschenmesser her. Der moderne Mensch produzierte ein steinzeitliches Schweizer Messer.

»Mit dem Erscheinen des modernen Menschen wurden alle möglichen fortschrittlicheren Geräte hergestellt«, sagt Dr. Hublin, »selbst von Neandertalern. Das hat es uns erschwert, ihr Verhalten zu verstehen und die Gründe für den Erfolg des *Homo sapiens* zu erkennen.« An einem Neandertaler-Fundort in Châtelperron in Zentralfrankreich entdeckten Archäologen Geräte, die in Konstruktion und Ausführung wesentlich höher entwickelt waren als im Mittelpaläolithikum üblich. Sie hatten eine gewisse Ähnlichkeit mit Geräten des Aurignacien. »Inzwischen wissen wir aber, daß die Neandertaler solche fortschrittlichen Geräte nur in Gegenden wie Châtelperron herstellten, die nahe bei Wohnstätten des modernen Menschen lagen«, sagt Hublin.

> Die Neandertaler haben sich also von unseren Vorfahren inspirieren lassen. Sie waren Jäger, und als sie sahen wie der moderne Mensch mit Speeren aus Knochenspitzen Tiere jagte, haben sie das wohl schnell begriffen und imitiert. Auch im Nahen Osten bestatteten die Neandertaler Tote erst mit Erscheinen des modernen Menschen.

Die Neandertaler haben diese Kultur also vermutlich vom modernen Menschen übernommen. In Südspanien, wo es den *Homo sapiens* erst seit weniger als 30000 Jahren gibt, stellten sie weiterhin ausschließlich mittelpaläolithische Werkzeuge her. In der Felshöhle von Zafarraya überlebten die Neandertaler in einer biologischen und kulturellen Nische, bis der afrikanische Aufsteiger, *Homo sapiens*, schließlich aus Frankreich und Nordspanien herunterkam und seine High-Tech-Steingeräte mitbrachte. Das Resultat war das Aussterben der letzten der ersten Europäer.

Der Zoologe Jonathan Kingdon entwirft ein anschauliches Bild von den letzten Tagen der Neandertaler in seinem Buch *Und der Mensch schuf sich selbst*:

> Die Neandertaler ... überlebten die Winternächte an Lagerfeuern, in Höhlen, die in der Nähe reicher Tiervorkommen lagen. Eine Jagdausbeute, die ausreichte, um einige Individuen über den Winter zu bringen, ließ sich am besten von kleineren Familiengruppen erreichen, die in ihren eigenen Höhlen und Schutzanlagen lebten und diese wohl auch verteidigten. Ihre Wohnplätze legten sie in die Nähe der Wanderrouten der Tiere oder reicher, pflanzlicher Nahrungsgründe. Sehr kleine Gruppen, die jagen, schlachten und das Fleisch transportieren mußten, waren gezwungen, mehr Energie einzusetzen, kräftiger und ausdauernder zu sein, als Mitglieder stärkerer Verbände. Die Neandertaler überlebten die nahrungsarme Winterzeit, indem sie kleine, weit verstreute Gruppen ausbildeten, ihre Ansprüche einschränkten und eine Vielfalt an Nahrungsmitteln nutzten: Höhlenbären, Mammute, Nashörner, Pferde, Hirsche, Rentiere, Wisente und Steinböcke. Sie vertrauten darauf, stark und widerstandsfähig sowie innerhalb der Familie kooperativ zu sein. Es gibt keine Hinweise, daß sie auch in größeren Gruppen zusammenkamen.[28]

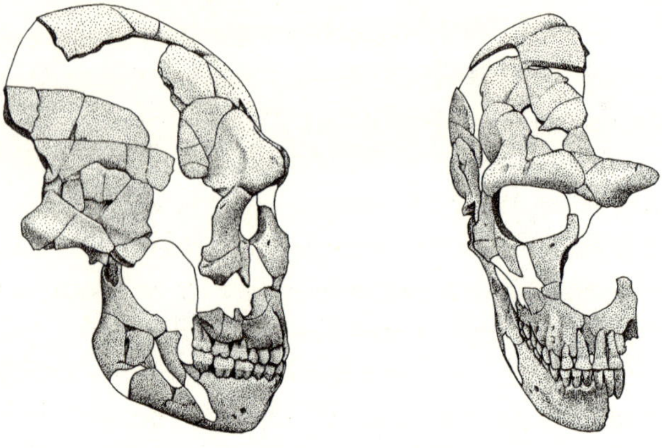

Der Saint-Césaire-Neandertaler aus Frankreich.

In vielen harten Wintern muß die Neandertaler-Population kurz vor dem Verhungern gewesen sein, sagt Kingdon. Solange keine anderen Hominiden in der Nähe waren, konnten sie diese Wechselfälle überstehen. Sobald aber der moderne Mensch mit seiner größeren sozialen Flexibilität und Organisation erschien, zogen sich die Neandertaler sehr schnell zurück und starben aus. Die Cromagnon-Menschen nahmen Ziegen, Hirsche und andere Jagdbeute für sich in Anspruch, so daß kein Fleisch mehr für die Neandertaler blieb. Dabei bestand ihre Nahrung in jenen harten Zeiten in erster Linie aus Fleisch. Sie konnten dem Hungertod gar nicht entgehen. Unser Erscheinen hat mehr oder weniger direkt zu ihrem Untergang geführt.

Es ist eine ergreifende Geschichte, aber selbst wenn man sich bemüht, sie unparteiisch zu erzählen, ist es schwer, kein Urteil über diesen evolutionären »Aufstieg« zu fällen. Weil sich die Neandertaler nicht so gut und schnell wie der *Homo sapiens* an die sich verändernde Welt anpassen konnten, herrscht die landläufige Meinung, daß sie minderwertig gewesen seien und von etwas »Besserem«, dem modernen Menschen, verdrängt werden mußten. Bei dieser Interpretation wird die Evolution als direkter Weg zum Erfolg angesehen. »Das ist ein Bild, das jeder sofort versteht und intuitiv begreift«, meint Stephen Jay Gould. In seinem Buch *Wonderful Life* betont Gould, wie irreführend diese Vorstellung ist. »Das Leben ist ein Busch, der sich reichlich verzweigt und ständig von einer Schere gnadenlos gestutzt wird, es ist keine Treppe zum vorhersehbaren Erfolg.«[29]

Fasziniert verfolgen wir die Geschichte der Neandertaler, weil sie uns viel über die kleinen, aber wesentlichen Unterschiede zwischen ihnen und uns erzählt. Bei der Suche nach den Ursachen für ihr Aussterben müssen wir aber zwangsläufig den Schwerpunkt auf ihre Unzulänglichkeiten legen. Wir sollten dabei aber nicht vergessen, daß ihre Art fast eine viertel Million Jahre erfolgreich war. Die Neandertaler hatten einen außergewöhnlich hohen Entwicklungsstand: Sie bestatteten ihre Toten; die Familie kümmerte sich um schwächere Mitglieder (das ersehen wir aus den Knochen der Alten und Behinderten, die zum Beispiel in Shanidar gefunden wurden); bei den letzten Wohnstätten der Neandertaler fand man sogar Spuren von Schmuck – Anhänger mit Löchern für eine Schnur –, den sie entweder selbst gefertigt oder durch den Handel mit modernen Menschen erworben hatten. Ihr Gehirn war ebenso groß und manchmal sogar größer als das des *Homo sapiens*, und es gibt keine Hinweise darauf, daß der Einzelne weniger fähig war als sein Gegenüber, der moderne Mensch. Sie hatten genug Verstand, Können und Organisation, um 200000 bitterkalte europäische Winter zu überstehen und hielten sich in Europa, lange nachdem der Rest der Weltbevölkerung schon dem *Homo sapiens* gewichen war. Der moderne Mensch gelangte nach Australien, bevor er ins Herzland der Neandertaler, das heutige Frankreich und Deutschland, kam. Diese Entwicklung dauerte etwa 10000 Jahre. Im Gegensatz dazu brauchte der *Homo sapiens* nur wenige tausend Jahre, um Amerika vom arktischen Alaska, das damals noch mit Rußland verbunden war, bis nach Feuerland an der Südspitze Südamerikas zu erobern. Zugegebenermaßen waren diese beiden Kontinente unbewohnt. Das Europa der Neandertaler war auf jeden Fall eine härtere Nuß.

Letztendlich sind die Neandertaler vermutlich deshalb ausgestorben, weil ihre sozialen Gruppen klein waren, wie Kingdon hervorhebt. Wenn in schweren Zeiten mit drastischen Klimaänderungen nur wenig Nahrung vorhanden war, konnte sich der *Homo sapiens* auf eine bessere Organisation verlassen und Ideen in einer größeren Gruppe austauschen. Wir verfügten über die großen Bataillone.

Das ist aber kein Grund für Überlegenheitsgefühle. Man sollte das Überleben nie mit einer Form von Höherwertigkeit gleichsetzen. Das Aussterben ist das unvermeidliche Schicksal aller Evolutionslinien. Von fast allen Fossilien, die wir heute kennen, gibt es keine modernen Nachkommen. Sie blühten kurz am Busch des Lebens auf und welkten ohne Nachfahren. Man denke nur an die frühen Primaten, von denen wir abstammen. Die fossilen Quellen legen die Vermutung nahe, daß es 6000 verschiedene Spezies gegeben haben muß. Heute leben nur noch 185 davon. Die meisten starben aus; denn das ist die Regel und nicht die Ausnahme in der Biologie. Und wir sollten nicht glauben, als Menschen davon ausgeschlossen zu sein. »Für jede heute lebende Art liegen 100 Arten in den steinigen Sedimenten der Erde begraben«, sagt Erich Harth von der Syracuse University, New York, mit einigem Understatement.[30] Die Zeit der Neandertaler war abgelaufen, so wie sie eines Tages für den *Homo sapiens* abgelaufen sein wird. Daher sollten wir uns an die Worte des Predigers Salomo erinnern: »Zum Laufen hilft nicht, schnell zu sein, zum Kampf hilft nicht, stark zu sein, zur Nahrung hilft nicht, geschickt zu sein, zum Reichtum hilft nicht, klug zu sein; daß einer angenehm sei, dazu hilft nicht, daß er etwas gut kann, sondern alles liegt an Zeit und Glück.«

Das Glück ist dem *Homo sapiens* erst seit einigen tausend Jahren treu, und davon profitieren wir im Moment. Im nächsten Kapitel gehen wir auf die endgültigen Beweise ein, die wir nicht den Knochen der Toten, sondern dem Blut der Lebenden entnommen haben. Sie zeigen, wie einzigartig dieser Akt evolutionärer Vorsehung war.

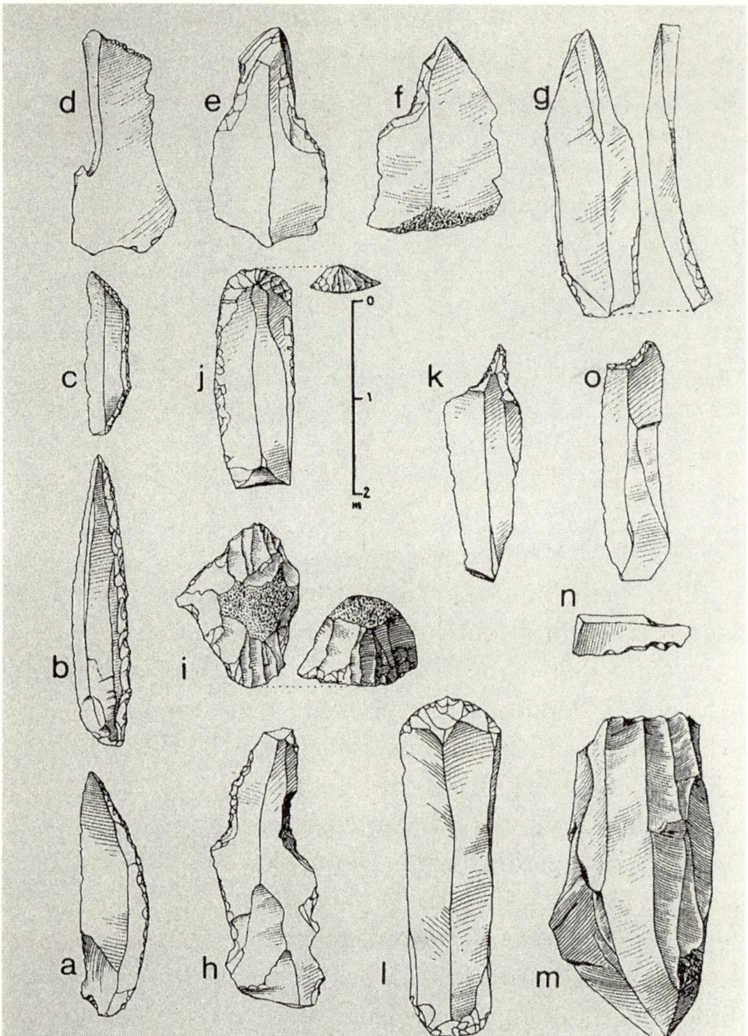

Oberpaläolithische Werkzeuge aus Europa. Außer (a), das von einem Neandertaler hergestellt wurde, stammen sie alle von Jetztmenschen.

6 Gab es eine Urmutter?

> Fossile Knochen, Fußspuren und zerstörte Lagerplätze stellen das Tatsachenmaterial der Geschichte; die sichersten und dauerhaftesten Spuren liegen jedoch in unseren winzigen Genen aufbewahrt. Für kurze Zeit beherbergen wir sie in unserem Körper, um sie – wie ein Staffelläufer den Stab – an die nächste Generation weiterzugeben. Gene können Geschichten erzählen, die sich nur schwer aus zerbrochenen Knochen entschlüsseln lassen, und Gene sind der einzige intakte »Faden«, der sich durch diese Knochenansammlung zieht.
>
> JONATHAN KINGDON[1]

Stellen Sie sich folgendes vor. Eine Gruppe von Flachlandgorillas – ein Männchen, sechs Weibchen und ihre Nachkommen – trottet durch einen Wald in Zentralafrika. Sie gehen auf allen vieren, wobei die Knöchel das Gewicht ihres schweren Oberkörpers tragen. Hier und da rupfen sie frische Triebe und Beeren und nagen an kleinen Pflanzen. Plötzlich kommen sie auf eine Lichtung, wo sie auf eine andere Gruppe von Gorillas treffen, die auch von einem alten Männchen angeführt wird. Die beiden Männchen starren sich an. Dann machen sie Drohgebärden. Sie brüllen, werfen Blätter in die Luft, trommeln sich auf die Brust und laufen schließlich seitwärts, wobei sie kleine Büsche aus der Erde reißen und mit den Fäusten auf den Boden hauen. Die Machtdemonstration wird dem Anführer der ersten Gruppe zuviel. Er wendet sich ab und zieht sich mit seinen Weibchen und den Jungen in den Wald zurück.

So verläuft ein typisches Treffen unter Gorillas, auch wenn sie nicht sehr häufig sind. Trotz ihres furchterregenden Rufs sind Gorillas friedliebende, gemächliche Pflanzenfresser. Sie sind die größten Primaten und gehören mit den Schimpansen, Orang-Utans, Gibbons und Menschen zur Klasse der hominoiden (nicht hominiden) Menschenaffen. Zu heftiger Gewalt lassen sie sich nur selten hinreißen, meistens kommt es nur zu kleineren Reibereien.

Eine Auffälligkeit gibt es jedoch bei dieser Gruppe und bei allen anderen Gorillas im Wald. Und diese Auffälligkeit sagt mehr über uns Menschen aus als über unsere Primaten-Vettern. Entnähme man den beiden rivalisierenden Männchen Proben eines bestimmten Typs von genetischem Material, genannt mitochondriale DNS, und vergliche sie mit den Proben eines Eskimos und eines australischen Aborigines, so würde man die erstaunliche Feststellung machen, daß sich die Menschen untereinander genetisch ähnlicher sind als die Gorillas. Und das obwohl Eskimos und Aborigines kaum weiter voneinander entfernt leben könnten und an vollkommen andere Lebensräume angepaßt sind. Die beiden gegnerischen Gorillas hingegen leben im selben Wald. Trotzdem unterscheiden sich ihre Gene mehr voneinander als die der am entferntesten miteinander verwandten Menschen. Was die Gene angeht, »unterscheiden sich die Menschen weniger voneinander als Flachlandgorillas, die in einem eingeschränkten Gebiet Westafrikas leben«, so ließ 1994 ein Anthropologen-Team von der Harvard University unter der Leitung von Professor Maryellen Ruvolo in einem Aufsatz in *Proceedings of the National Academy of Sciences* verlauten.[2] Dieses Phänomen ist auch nicht auf den *Homo sapiens* und *Gorilla gorilla gorilla* (wir man den Flachlandgorilla phantasievoller Weise genannt hat) beschränkt. Die Forschungen des Harvard-Teams über die mitochondriale DNS von Schimpansen und Orang-Utans haben ebenfalls ergeben, daß diese Spezies weit größere genetische Unterschiede aufweisen als der *Homo sapiens*.

Nicht Gorilla, Schimpanse oder Orang-Utan fallen dabei aus der Reihe. Sie verfügen über ein normales Spektrum an biologischer Variabilität. Es ist die menschliche Rasse, die ungewöhnlich ist. Wir weisen eine erstaunliche geographische Diversität auf und eine ebenso erstaunliche genetische Einheitlichkeit. Diese Dichotomie ist vielleicht eine der größten Ironien unserer Evolution. Unsere nächsten Verwandten sind genetisch sehr viel unterschiedlicher als wir und müssen heute in einem begrenzten Gebiet in Zentralafrika und auf den Inseln Borneo und Sumatra leben, während wir, die wir uns kaum voneinander unterschieden, die Welt erobert haben.

Mit dieser Entdeckung begann eines der kontroversesten Kapitel der Erforschung unserer afrikanischen Herkunft. Warum das so ist, kann man sich leicht denken. Wenn die Menschheit biologisch äußerst homogen ist, dann gibt es dafür eine eindeutige Erklärung: Die Menschen haben sich erst vor kurzem aus einer kleinen Gruppe von Vorfahren entwickelt. Wir hatten noch nicht die Zeit, bedeutende Unterschiede im Genmuster zu entwickeln. Die Menschen sehen zwar unterschiedlich aus, aber unter den verschiedenen Hautfarben, Haartypen und Gestalten ist unsere biologische Grundkonstitution ziemlich gleich. Wir gehören alle zu einer sehr jungen Art. Und unsere Gene belegen das.

Nicht die relative genetische Übereinstimmung an sich hat die Kontroversen ausgelöst, sondern Berechnungen, aus denen hervorgeht, daß unser gemeinsamer Vorfahre, von dem unsere mitochondriale DNS-Linie stammt, vor etwa 200000 Jahren gelebt haben muß. Diese Datierung paßt genau zu der Vorstellung von einer eigenständigen jungen Evolution des *Homo sapiens,* kurz bevor er vor etwa 100000 Jahren mit seinem Auszug aus Afrika begann. Eine kleine *Homo-sapiens*-Gruppe, die vor 200000 Jahren lebte, muß also der Ausgangspunkt für alle unsere heutigen, nur geringfügig mutierten Proben der mitochondrialen DNS gewesen sein und damit der Ursprung der gesamten Menschheit. Außerdem widerlegen Studien die Vorstellung, daß der moderne Mensch sich während der letzten Million Jahre in verschiedenen Regionen der Welt entwikkelte, bis er seinen jetzigen Status erreichte. Aufgrund der Einheitlichkeit unserer DNS ist das keine realistische Annahme. Die Forschungen von Professor Ruvolos Team ergaben, daß der gemeinsame menschliche Vorfahre »vor 222000 Jahren gelebt hat. Ein großer Unterschied zu einer Million Jahre (dem angenommenen Zeitpunkt, zu dem der *Homo erectus* von Afrika aus die Welt besiedelte). Die Daten ... unterstützen daher nicht das Modell von der multiregionalen Evolution des modernen Menschen«. Professor Ruvolo drückt sich noch deutlicher aus, wenn sie sich nicht an die trockene Ausdrucksweise wissenschaftlicher Publikationen halten muß. »Es ist aufgrund dieser Informationen einfach unmöglich, noch anzunehmen, daß vor einer Million Jahre ein gemeinsamer menschlicher Vorfahre gelebt hat«, sagt sie. »Als ich Ende 1993 diesen Aufsatz schrieb, datierte ich das Erscheinen des *Homo erectus* aus Afrika auf eine Million Jahre vor der Gegenwart. Inzwischen wurde dieser Zeitpunkt auf mindestens 1,8 Millionen Jahre zurückdatiert, nachdem die neuen Datierungen der *Homo-erectus*-Skelette aus Java vorliegen. Unsere Forschungsergebnisse sprechen daher mehr denn je gegen das Modell einer multiregionalen Evolution.« Andererseits stehen die Ergebnisse des Harvard-Teams im Einklang mit dem »Out-of-Africa«-Modell. »Auf diesem vergleichenden Weg konnte gezeigt werden, daß sich die Menschen alle sehr stark ähneln. Und diese Ähnlichkeit kann nur eines bedeuten – unser gemeinsamer Vorfahre hat vor nicht allzulanger Zeit gelebt«, fügt Professor Ruvolo hinzu.

Kein Wunder, daß diese Aussagen von Fachleuten auf dem Gebiet der Molekularbiologie und Genmanipulation in gewissen Kreisen hartgesottener Fossiljäger nicht gut ankamen. Die alte Garde reagierte mit beträchtlichem Ärger auf die Einmischung der »wissenschaftlichen Eindringlinge«. Die Vorstellung, daß die Lebenden uns etwas über die Vergangenheit sagen können, steht in krassem Gegensatz zu ihrer Überzeugung, daß wir durch das Studium der Vorgeschichte am meisten über uns erfahren können. Viele hatten jahrelang mit Fossilien gearbeitet, um zu einer Interpretation des menschlichen Ursprungs zu gelangen, und akzeptierten nun nicht, »von diesen Neulingen mit ihren Blutproben und Computern aus dem Rennen geworfen zu werden«, wie es in der *Times* formuliert wurde. »Die Fossilüberlieferung birgt die wahren Beweise für die menschliche Evolution«, lautete die scharfe Antwort von Alan Thorne und Milford Wolpoff in *Scientific American*[3] auf den Einsatz von mitochondrialer DNS zur Erforschung unserer Herkunft. »Im Gegensatz zu den genetischen Daten entsprechen die Fossilien unseren Theorien, ohne daß man sich auf eine lange Liste von Vermutungen verlassen müßte.« Dieser Wettstreit hat, wie man sich denken kann, zu zahlreichen Schlagzeilen geführt und einige sehr irreführende Aussagen über unseren Ursprung hervorgebracht. Einige Wissenschaftler bestritten, daß die genetischen Analysen den rezenten Ursprung der Menschheit bestätigen, andere bestritten gar die Möglichkeit, die Vergangenheit auf diese Weise zu rekonstruieren. Beide Ansichten sind nicht richtig, wie wir noch sehen werden. Schlimmer noch, die Multiregionalisten versuchten das »Out-of-Africa«-Modell in der Öffentlichkeit zu diskreditieren, indem sie absichtlich die Inhalte des Modells mit den extremsten und kontroversesten Argumenten der Genetiker verwechselten. Sie zogen die Genetiker in den Schmutz, um damit das »Out-of-Africa«-Modell zu treffen. Dieses Kapitel will solcher Propaganda entgegenwirken und hervorheben, wie weitreichend die Unterstützung dieses Modells nicht nur bei Molekularbiologen ist. Auch Sprachwissenschaftler entdecken Anzeichen dafür, daß Afrika vor nicht allzulanger Zeit die Wiege der Menschheit war. Die überwiegende Mehrheit der führenden Evolutionswissenschaftler und Biologen ist inzwischen dieser Ansicht. Ihre Forschungen werfen Fragen auf, die den Fortbestand des Modells der multiregionalen Evolution sehr stark in Frage stellen.

Natürlich ist es nicht einfach, von unserer heutigen genetischen Struktur auf die Geschichte der menschlichen Migration zu schließen. Es ist in etwa so, als wollte man einen Familienstammbaum nur mit Hilfe unbeschrifteter Fotografien rekonstruieren. »Unser genetisches Bild der Menschheit basiert notwendigerweise auf heutigen Proben, [und] es ist notwendigerweise statisch«, sagt Christopher Wills von der San Diego University. »Historische Dokumente über die Migration des Menschen gibt es nur für einen winzigen Teil der Menschheitsgeschichte. Wir wissen erstaunlich wenig darüber, wie lange die meisten Eingeborenen sich schon in ihren derzeitigen Lebensräumen aufhalten. Wir sind dabei in einer ähnlichen Situation wie ein Zuschauer, der versucht, die ganze Handlung von *Königin Christine* zu erfahren und dem dabei nur die letzten Bilder mit dem verzückten Gesicht der Garbo zur Verfügung stehen.«[4]

Doch die Biologen machen Fortschritte bei der Entschlüsselung des biologischen Ablaufs und dem Verständnis unseres Auszugs aus Afrika. Diese Fortschritte sind aufgrund einiger außergewöhnlich wirkungsvoller Methoden möglich, mit denen man unsere aus DNS-Strängen (Desoxyribonukleinsäure) bestehenden Gene, welche die biologische Vererbung steuern, zerlegen kann. Man zerlegt die aus den chemischen Basen Adenin (A), Cytosin (C), Guanin (G) und Thymin (T) bestehenden DNS-Fäden in kleine Abschnitte und kopiert diese millionenfach. Auf diese Weise ist es möglich, die DNS-Unterschiede zwischen verschiedenen Menschen zu untersuchen. Das hat die medizinische Forschung zum Beispiel bei der Lokalisierung von Ursachen erblicher Krankheiten sehr viel weiter gebracht. Die Methode kann allerdings auch außerhalb der medizinischen Forschung angewandt werden, um die DNS als sehr informativen Informationsträger, als Boten aus der Vergangenheit zu analysieren.

»Das goldenste aller Moleküle«,[5] die DNS, befindet sich an zwei Stellen in unserem Körper. Es gibt die mitochondriale DNS und die Kern-DNS. Letztere bildet die Gene, welche die Entwicklung des wachsenden Embryos steuern. Diese Gene bestimmen, ob man groß oder klein wird, blaue oder braune Augen hat und vieles mehr. Die Kern-DNS ist im Kern jeder Körperzelle enthalten. Sie ist zu Chromosomen zusammengepackt, auf denen sich die Gene für braune Augen, Größe und andere Eigenschaften befinden. Wir haben insgesamt 23 Chromosomenpaare, die von 1 bis 22 durchnumeriert sind, plus einem Paar aus zwei X-Chromosomen oder einem X- und einem Y-Chromosom. Treffen zwei X-Chromosomen zusammen, entsteht ein Mädchen, ist ein Y-Chromosom dabei, wird es ein Junge.

Bei der Zellteilung teilt sich auch die DNS. Die Doppelhelixstränge komplementärer Ketten aus A-, C-, G- und T-Basen trennen sich und bilden jeweils wieder eine zweite

Kette, so daß eine genaue Kopie des ursprünglichen genetischen Codes entsteht. Diese replizierte DNS, die aus einem neuen Satz mit 23 Chromosomenpaaren besteht, wandert in die neugebildete Zelle, wo sie die Proteinsynthese steuert. Proteine sind die biologischen Bausteine, aus denen unser Körper aufgebaut ist. Nur 6 Millionen Millionstel eines Gramms DNS enthält mehr Informationen als ein zehnbändiges Wörterbuch. Dank dieses wunderbaren biologischen Lexikons kann aus einer befruchteten Eizelle, in der sich das Erbgut von Mutter und Vater zu gleichen Teilen befindet, ein einzigartiges Individuum werden. Der menschliche Körper besteht aus unzähligen Zellen: Blutzellen, Hautzellen, Knochenzellen, Nierenzellen, Lungenzellen, Gehirnzellen und vielen anderen, und alle enthalten die Erbinformationen, die sich auf der DNS der ersten Ursprungszelle befand.[6] Wir gehen später in diesem Kapitel noch auf die Bedeutung der Kern-DNS-Forschung für die Enträtselung unserer Herkunft ein. Doch zuvor betrachten wir die weit umstrittenere Rolle des zweiten DNS-Typs, der mitochondrialen DNS.

Die mitochondriale DNS befindet sich außerhalb des Zellkerns in den sogenannten Mitochondrien, den Kraftwerken der Zelle, die ihre eigene genetische Matrize haben. Die mitochondriale DNS unterscheidet sich von der Kern-DNS in einem wichtigen Punkt. Im Gegensatz zur Kern-DNS, die je zur Hälfte aus dem Erbgut beider Eltern besteht, wird die mitochondriale DNS nur über die mütterliche Linie weitergegeben, da eine unbefruchtete Eizelle voller energieproduzierender Mitochondrien sein muß, um den Embryo zu erhalten. Die Spermien enthalten die mitochondriale DNS nur in ihrem Schwanz, den sie bei der Verschmelzung mit der Eizelle zurücklassen. So wird die mitochondriale DNS des Mannes nicht an die Nachkommen weitergegeben.

Und so kann man von Mutter, zu Großmutter, zu Urgroßmutter immer weiter zurück bis in die Vorgeschichte der Menschheit gehen.

Diese ungebrochene biologische Verbindung mit unserer Vergangenheit ist eine Quelle wichtiger Informationen. Wir dürfen allerdings nicht annehmen, daß unsere mitochondriale DNS und die unserer vor 20 Generationen lebenden Urahnin identisch sind. Der Faden ist zwar nicht gerissen, aber über die Jahrtausende durch gelegentliche Mutationen verändert worden. Eine DNS-Sequenz besteht aus langen Reihen der vier obengenannten Basen A, C, G und T. Manchmal kommt es zu einem Fehler bei der Replikation und C tritt an die Stelle von G, oder A an die Stelle von T. Im Zellkern wird ein solcher Fehler meist entdeckt und von speziellen biologischen Reparaturmolekülen behoben. In den Organellen ist der Mechanismus zur Reparatur alter DNS viel weniger effektiv. Daher kommt es schneller zu Mutationen.

Diese scheinbare Nachlässigkeit hat sich für die Biologen als nützlich erwiesen. Aufgrund der obenerwähnten hochspezifischen Methoden zur Untersuchung der DNS kann man die Basen eines bestimmten Abschnittes der mitochondrialen DNS bei verschiedenen Probanden unterschiedlicher Rassen untersuchen und zählen, welche Basen übereinstimmen und welche nicht. Je größer die Anzahl nicht übereinstimmender Basen, desto größer war die Anzahl aller stattgefundenen Mutationen und um so weiter liegt der Zeitpunkt zurück, als die beiden Probanden (und vermutlich die Population, der sie angehören) einen gemeinsamen Vorfahren hatten. Je weniger Unterschiede die mitochondriale DNS aufweist, um so größer die Ähnlichkeit und um so kürzer muß die Zeit zurückliegen, zu der es einen gemeinsamen Ahnen gab. Mit dieser Methode ist es möglich, den Verwandtschaftsgrad zwischen allen Völkern dieser Erde zu bestimmen.

Allan Wilson, Rebecca Cann und Mark Stoneking von der University of Berkeley in Kalifornien führten im Jahre 1987 solche Untersuchungen durch.[7] Sie entnahmen Plazentaproben von 147 Frauen unterschiedlicher ethnischer Gruppen und analysierten die mitochondriale DNS. Dann konstruierten sie anhand der Verwandtschaftsbeziehungen einen riesigen Familienstammbaum, eine Art chronologische Karte der Menschheit, in der alle Rassen der Welt zu einer großen globalen Genealogie verknüpft waren.

Aus der Studie konnte man drei Schlußfolgerungen ziehen. Erstens: Es gab nur sehr wenige auf Mutationen beruhende Unterschiede zwischen der mitochondrialen DNS der Menschen, unabhängig davon, ob sie nun aus Vietnam, Neuguinea, Skandinavien oder Tonga stammen. Zweitens: Aus den in den Computer eingegebenen Daten, die dieser nach der Ähnlichkeit der mitochondrialen DNS verknüpfte, ergab sich ein Baum mit zwei Hauptästen. Einer davon bestand ausschließlich aus Afrikanern. Der andere bestand aus den übrigen Völkern afrikanischen Ursprungs und allen anderen Völkern der Welt. Die Wissenschaftler schlossen daraus, daß das Glied, welches die beiden Hauptäste verband, in Afrika beheimatet sein mußte. Und drittens ergab die Studie, daß bei Afrikanern im Vergleich zu Nichtafrikanern Mutationen der mitochondrialen DNS etwas häufiger vorgekommen waren, was darauf hinweist, daß ihre Wurzeln älter sind. Alles in allem schienen die Ergebnisse überwältigend für die Theorie zu sprechen, daß die Menschheit aus Afrika stammt. Die Daten ergaben auch, daß diese Wurzeln noch nicht sehr alt sind. Der gemeinsame Vorfahre wurde auf einen Zeitraum von vor 142500 bis 285000 Jahren datiert. Man nimmt also an, daß er vor etwa 200000

Jahren lebte. Diesen Zahlen läßt sich entnehmen, »daß moderne Formen des *Homo sapiens* zuerst in Afrika erschienen und alle heutigen Menschen Nachkommen dieser afrikanischen Population sind«, so Wilson und sein Team.

Der Aufsatz des Berkeley-Teams, der diese Erkenntnisse enthielt, erschien 1987 in der Zeitschrift *Nature* und sorgte auf der ganzen Welt für Schlagzeilen. Das ist nicht weiter verwunderlich, da Wilson die möglichen Folgerungen aus der Studie bis ins Extrem trieb. Er behauptete, der mitochondriale Baum könne nicht nur bis zu einer kleinen Gruppe von *Homo sapiens* zurückverfolgt werden, sondern bis zu einer Frau, einer Mutter, von der die gesamte Menschheit abstamme. Die Vorstellung von einer verführerischen, fruchtbaren Frau, die durch die ostafrikanischen Graslandschaften schlenderte und unsere Ahnen beglückte, war zuviel für die Medien. Man nannte sie die »afrikanische Eva«, obwohl sie nicht der Bibel, sondern der DNS-Forschung entstammte. (Der Name Eva für die sogenannte Urmutter geht wohl auf Charles Petit, den bekannten Wissenschaftsjournalisten des *San Francisco Chronicle* zurück. Wilson meinte, er lehne diesen Namen ab und bevorzuge statt dessen »Mutter von uns allen« oder »Eine erfolgreiche Mutter«.[8])

Das Bild der mitochondrialen Matriarchin mag exzentrisch erscheinen, führt aber immerhin zu der Frage, wie gering die Anzahl von *Homo sapiens* vor 200000 Jahren gewesen sein mag. Natürlich müssen damals Tausende von Frauen gelebt haben. Die 6 Milliarden Menschen, die heute die Erde bevölkern, stammen von vielen dieser Frauen und ihren männlichen Partnern ab, nicht nur von einer einzigen Urmutter. Die wesentlichen körperlichen und geistigen Merkmale werden durch unsere Kerngene bestimmt, die ein ganzes Mosaik von Beiträgen unzähliger Ahnen dar-

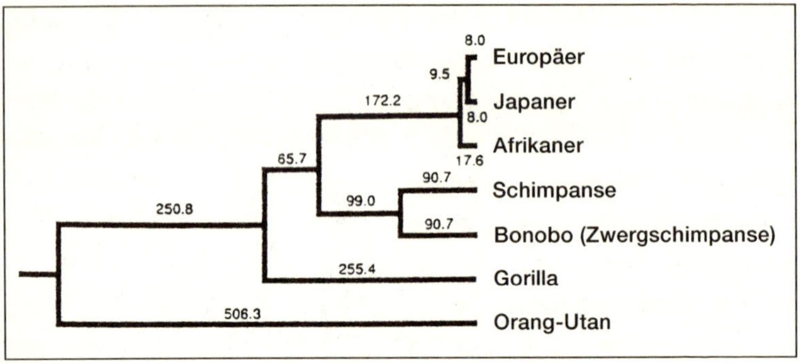

Horais mtDNS-Baum.

stellen. Unsere mitochondrialen Gene erhalten wir nur von einer Frau, aber das heißt nicht, daß sie die Urmutter aller Menschen war.

»Man kann es mit der Weitergabe von Nachnamen vergleichen; nur daß in diesem Fall meist der Name des Mannes bestehen bleibt«, sagt der britische Genetiker Sir Walter Bodmer.[9] »Wenn eine Frau heiratet, gibt sie meist ihren Nachnamen auf und nimmt den ihres Mannes an. Hat ein Mann nun zwei Kinder, so beträgt die Wahrscheinlichkeit, daß beide Töchter sind, 25 Prozent. Wenn die Töchter heiraten, nehmen sie einen anderen Namen an, und der Nachname des Vaters verschwindet. Nach zwanzig Generationen sind 90 Prozent aller Nachnamen verschwunden. Nach 10000 Generationen – der Zeitspanne seit der afrikanischen Eva – bleibt nur einer übrig.« Man könnte nun annehmen, daß dieser riesige Clan mit nur einem Nachnamen einen überproportional hohen Anteil an Genen seines Begründers aufweisen würde. Tatsächlich wäre es aber eine ziemlich vollständige Mischung aller menschlichen Gene. Und das gleiche gilt für die mitochondriale DNS, nur daß es hier natürlich der Mann ist, der »ausgespart« wird. So kommt es, daß alle Menschen im Grunde nur einen mitochondrialen »Namen« haben. Dennoch verfügen sie über eine Mischung aus allen menschlichen Genen, die aus der ursprünglichen Gründergruppe des *Homo sapiens* hervorgegangen sind. Darauf wies dann auch Wilson mit Verspätung hin: »Sie war nicht wirklich die Mutter von uns allen, sondern nur die Frau, von der unsere mitochondriale DNS stammt.«

Doch es gab noch weitere Kritik am Berkeley-Team. Zunächst einmal stammten 98 Prozent der 147 Probanden, von denen die Rohdaten stammten, aus amerikanischen Krankenhäusern. Und von den 20 »Afrikanern«, waren nur zwei tatsächlich in Afrika geboren. Die anderen 18 waren Afroamerikaner, die man für die Studie als Afrikaner klassifiziert hatte. Da man nun das Ergebnis über die Afrikaner so hochgejubelt hatte, erscheint es recht nachlässig, die Proben nicht von Menschen zu nehmen, die auch tatsächlich dort leben. Die Wissenschaftler rechtfertigten dies mit technischen Gründen, die sie zu der örtlichen Beschränkung gezwungen hätten. »Für die damals verwendete Methode benötigten wir eine große Menge mitochondrialer DNS, und die konnten wir nur aus Plazenten bekommen«, erinnert sich Mark Stoneking.[10] »In einer normalen Blutprobe war einfach nicht genug enthalten.« Also mußte das Team sich mit Plazenten aus der Gegend von San Francisco zufriedengeben. Die Wissenschaftler waren auch der Ansicht, daß die geographische Abweichung keinen großen Unterschied mache. Bis vor kurzem kam es noch kaum vor, daß afroamerikanische Männer mit weißen Frauen Kinder zeugten. Wenn es zur Fortpflanzung zwischen den Rassen kam, dann fast nur zwischen schwarzen Frauen und weißen Männern. Dadurch war die mitochondriale DNS, die von den Müttern an die Kinder weitergegeben wurde, weiterhin afrikanischen Ursprungs.

Und schließlich ging es noch um die Frage der Regelmäßigkeit der Mutationszunahme. Das Berkeley-Team hatte festgestellt, daß bei ihrer Untersuchung eine Abweichung von durchschnittlich 0,57 Prozent zwischen den verschiedenen DNS-Proben bestand. Das heißt, ausgehend von einem Abschnitt mit 1000 Basen mitochondrialer DNS wiesen die Probanden aus der Stichprobe im Durchschnitt 5,7 A-, C-, G- und T-Veränderungen auf. Man schloß daraus, daß sich über einen angenommenen Zeitraum von einer Million Jahre 20 bis 40 Mutationen ergeben müßten. (Wir werden gleich darauf eingehen, wie man darauf kommt.) Also divergiert die Mutationsrate pro einer Million Jahre um 2 bis 4 Prozent. Aber was ist nun die richtige Rate? Und ist die Verteilung der Mutationen mehr oder weniger regelmäßig? Oder gibt es temporäre Schwankungen? Ist letzteres der Fall, sollte man beim Ablesen der molekularen Uhr sehr vorsichtig sein, warnten einige Wissenschaftler. Doch das ließ Allan Wilson kalt. Er konnte mit einigem Recht von sich behaupten, der führende Experte auf dem Gebiet der DNS-Mutation zu sein. In den sechziger Jahren hatte er mit Vincent Sarich zusammengearbeitet. Seine Pionierarbeit hatte die althergebrachte Vorstellung der Paläoanthropologie in Frage gestellt, daß Menschenaffen und Menschen vor 15 bis 30 Millionen Jahren begonnen hätten, sich in getrennten Linien weiterzuentwicklen.

Fossilien, die einzig »wahren Beweise für die menschliche Evolution«, hätten belegt, daß die Abzweigung so früh stattgefunden haben müsse, behaupteten die Paläontologen. Sarich und Wilson verglichen die Proteinstruktur bei Menschenaffen und Menschen, und zeigten, daß dem nicht so sei.[11] Die Proteinsynthese wird von der DNS gesteuert. Mutationen in der DNS mußten daher zu leichten Veränderungen bei den Proteinen führen, so dachten die beiden. Also untersuchten sie bestimmte Proteine, sogenannte Serumalbumine, sowohl bei Menschenaffen als auch bei Menschen und stellten fest, daß ihre Strukturen bemerkenswert ähnlich waren, viel zu ähnlich, um glaubhaft erscheinen zu lassen, daß die Abzweigung vor 20 Millionen Jahren stattgefunden hatte. 5 Millionen Jahre seien wahrscheinlicher, so Sarich und Wilson. Nachfolgende Tests, bei denen verschiedene Methoden angewandt wurden, darunter Protein-Elektrophorese, Aminosäure-Sequenzierung, Restriktionsanalyse der mitochondrialen DNS sowie Sequenzierung von mitochondrialer und Kern-DNS, führten praktisch zum gleichen Ergebnis. »Wir wurden abwechselnd ignoriert, beschimpft und verspottet«, erinnert sich Sarich.[12] »Aber wenn man sich ansieht, welche Datierung heute vorherrscht, wird klar, daß wir in etwa richtig lagen. Einen besseren Beweis für eine molekulare Uhr gibt es nicht.« Die erste Runde geht damit an die Genetiker.

Die Paläontologen hatten tatsächlich bei der Klassifikation von fragmentarischen Kieferknochen und Zähnen einen Fehler begangen. Sie hatten geglaubt, daß die 14 Millionen Jahre alten Knochen von *Ramapithecus*-Affen, die in Indien und Pakistan gefunden wurden, und von *Kenyapithecus*-Affen aus Ostafrika von Vorfahren der hominiden Linie stammten, aus welcher der *Homo sapiens* hervorging. Aber wie wir in Kapitel 2 gesehen haben, waren sie in Wirklichkeit mit der Linie der Menschenaffen verwandt. Die Fossilienjäger mußten ihre Aussagen widerrufen. Damit waren Thornes und Wolpoffs Verunglimpfungen der genetischen Daten im Vergleich zur Fossilüberlieferung als einzigem »wahren Beweis« für die menschliche Evolution lächerlich geworden. Bei der Bewertung von Knochen und Schädelfragmenten wird ebenfalls mit Vermutungen operiert, die sich nicht immer halten lassen.

Anhand der neuen Daten konnten die Wissenschaftler berechnen, wie groß die genetischen Unterschiede zwischen Schimpansen und Menschen sind. Sie konnten die Mutationsrate der mitochondrialen DNS bei den Primaten bestimmen. Anhand dieser Bezugsgrößen können wir berechnen, wann unser gemeinsamer Vorfahre gelebt haben muß. Das Ergebnis war eine Divergenzmutationsrate von 2 bis 4 Prozent und ein Zeitraum von vor 142500 bis 285000 Jahren für das Erscheinen dieser Eva.

Die anderen Einwände gegen Wilsons Tests konnten allerdings nicht so einfach aus der Welt geschafft werden. Das Berkeley-Team wiederholte also seine Untersuchungen, diesmal zum Teil mit veränderten Methoden. 1991 veröffentlichten sie zwei wichtige Aufsätze, die zunächst in den *Proceedings of the National Academy of Sciences* (PNAS) und später in *Science* erschienen,[13] kurz bevor Wilson an Leukämie starb. Aus den Aufsätzen ging hervor, daß diesmal detailliertere Analysen durchgeführt worden waren. Die Wissenschaftler hatten zwei ganze Abschnitte der Kontrollregion sequenziert, die man hypervariable Unterregionen nennt. Dabei handelt es sich um einen sehr häufig mutierenden Teil der mitochondrialen DNS. Bei ihrem ersten Versuch hatten sie die mitochondriale DNS in recht grobe Basenblöcke aufgeteilt. Die Probanden waren diesmal verläßlicher nach ihrer ethnischen Herkunft ausgewählt. Wieder ergaben sich zwei Äste, aus denen hervorging, daß die Menschheit aus Afrika stammt und daß dieser Ursprung noch nicht lange zurückliegt. »Unsere Studie stützt sehr stark die Hypothese, daß unser gemeinsamer Vorfahre, von dem unsere mitochondriale DNS stammt, vor etwa 200000 Jahren in Afrika lebte«, gab das Team bekannt.

Damit schien die Sache klar. Da es beim heutigen Menschen keine archaische mitochondriale DNS gibt, zeigt die Studie, daß unsere Vorfahren aus Afrika stammen müssen und die bereits vorhandenen Menschenlinien ohne Hybridisierung verdrängt hatten. Diese extreme Form der Ablösung war in der ursprünglichen, von Wissenschaftlern wie Chris Stringer und Günter Bräuer aufgestellten »Out-of-Africa«-Theorie nicht als Voraussetzung genannt. Sie hatten eine begrenzte Hybridisierung für möglich gehalten. Dafür gab es aber in den genetischen Daten keinen einzigen Hinweis.

Damit schien alles geklärt, bis sich einige Wissenschaftler die von Wilson, Cann und Stoneking verwendeten Statistiken genauer ansahen. Manche waren mit ihnen nicht ganz einverstanden. Maryellen Ruvolo fiel auf, daß es in der späteren Berkeley-Studie zwei Versionen des afrikanischen Baums gab. In dem Aufsatz, der 1991 in PNAS erschienen war, standen die !Kung aus Südafrika am Beginn der beiden Hauptäste, was bedeutete, daß ihre Vorfahren die Ahnen der gesamten Menschheit sein könnten. Im zweiten Aufsatz von 1991 hatten die Pygmäen diese Position inne. »Dieselben Daten konnten nicht zu beiden Ergebnissen geführt haben«, erinnert sich Ruvolo. Also bereitete sie einen Aufsatz für *Science* vor, in dem sie auf die Nachlässigkeiten des Berkeley-Teams hinweisen wollte. Ihr kamen allerdings zwei Wissenschaftler zuvor, Alan Templeton, ein Genetiker von der Washington University, St. Louis, und, ironischerweise, Mark Stoneking.[14] Letzterem waren die Unzulänglichkeiten in der Statistik seiner eigenen Gruppe selbst aufgefallen, und er gestand diese Fehler in einem Artikel ein. Er war allerdings nicht der Ansicht, daß sie die ganze Arbeit des Berkeley-Teams wertlos machten. »Die aus der mitochondrialen DNS gewonnen Daten stehen im Einklang mit dem Modell eines rezenten afrikanischen

Ursprungs, auch wenn sie ihn nicht beweisen«, meinte Stoneking.

Templetons Kritik fiel sehr viel vehementer aus. Sie erschien 1992 in gekürzter Form in *Science* und 1993 in voller Länge in *American Anthropologist*.[15] Er lehnte die Auffassung, daß ein Genbaum das gleiche sei wie ein Populationsbaum, rundweg ab. Laut Templeton gibt der Genbaum die Evolutionsgeschichte eines bestimmten DNS-Abschnittes wieder, während der Populationsbaum die Bewegungen ganzer Gruppen von Individuen und aller Gene dieser Gruppen aufzeigt. »Meine jüngsten Vorfahren kamen aus Schottland, Irland, Deutschland und den Niederlanden«, erklärt Templeton.

> Meine jüngsten genetischen Wurzeln verteilen sich auf verschiedene Länder und sind nicht auf eine geographische Region beschränkt. Aber jedes meiner Gene läßt sich nur auf eines der Länder zurückführen. So stammt meine mitochondriale DNS eindeutig aus Deutschland, dem Herkunftsland meiner Urgroßmutter mütterlicherseits. Mein Y-Chromosom, das vom Vater auf den Sohn weitergegeben wird, stammt aus Schottland, wo mein Großvater väterlicherseits lebte. Verschiedene Gene können also verschiedenen geographischen Ursprungs sein. Aus diesem Grund sind ein Genbaum und ein Populationsbaum nicht notwendigerweise ein und dasselbe. Die Gruppe um Wilson nahm automatisch an, ihr Baum sei ein Populationsbaum. In Wirklichkeit handelt es sich um einen Genbaum.

Woody Guthrie bringt das in einem Song recht schön auf den Punkt: »I'm from everywhere, man.«[16]

Aber viel vernichtender als diese qualitative Kritik Templetons an der Studie wirkte sein Angriff auf die quantitativen Methoden des Berkeley-Teams. Die Wissenschaftler hatten ein Programm namens *Phylogenetic Analysis Using Parsimony* (PAUP) verwendet. Sie gaben ihre Daten ein, und es entstand ein Baum. »Nach nur einem Durchgang glaubten sie, einen endgültigen Evolutionsbaum zu haben«, fügt Templeton hinzu. Tatsächlich können aber aus den Berkeley-Daten tausende verschiedener, ebenfalls brauchbarer Bäume entstehen.

Ruvolo stimmte ihm in diesem Punkt zu und befand ebenfalls, daß die Studie Mängel habe. Im Gegensatz zu Templeton glaubte sie aber nicht, daß Eva damit offiziell für tot erklärt war. Sie gibt zu, daß aus den Daten Tausende von verschiedenen Bäumen entstehen können, weist aber darauf hin, daß alle dieser mitochondrialen Büsche nur in Kleinigkeiten voneinander abweichen. »Wir haben drei Gruppen von Bäumen gefunden. Es könnten aber auch mehr sein, wenn man weiter suchen würde. Zwei haben ihre Wurzeln in Afrika, der Ursprung des dritten ist unklar. Es gibt also noch immer Hinweise auf einen afrikanischen Ursprung, wenn auch keinen Beweis.«[17]

Diese Präzisierung wurde aber kaum noch wahrgenommen. Der anfängliche Wirbel um Eva war so enorm gewesen und die darauffolgende Kritik so leidenschaftlich, daß die meisten Beobachter zu dem Schluß kamen, ihr Aufstieg sei nur von kurzer Dauer und ihr Untergang endgültig gewesen. Sie war für immer aus ihrem afrikanischen Paradies vertrieben worden. Und sie war nicht allein. Eva war für viele ein Synonym für die »Out-of-Africa«-Theorie. Und insbesondere die Multiregionalisten bemühten sich, diesen Trugschluß zu verbreiten. In einem Aufsatz in *Scientific American* nannten Thorne und Wolpoff die Ideen von Stringer, Bräuer und anderen wiederholt die »Eva-Hypothese«. Und das, obwohl die Gruppe ihr »Out-of-Africa«-

Modell auf Fossildaten aufgebaut hatte und die genetischen Studien der Berkeley-Gruppe lediglich als willkommene Unterstützung ansah. Der Untergang der einen Theorie bedeute auch den Untergang des anderen Modells, so hieß es. Tatsache ist aber, daß das »Out-of-Africa«-Modell nicht untergegangen ist, da es nicht auf der Arbeit von Wilson, Cann und Stoneking beruht. Und Eva als mitochondriale Urmutter ist auch nicht aus dem Paradies vertrieben worden. »In den Worten Mark Twains«, schreibt Robert Lewin in *Die Herkunft des Menschen,* »die Berichte über Evas Tod waren stark übertrieben.« Viele Ergebnisse der beiden Berkeley-Studien weisen immer noch darauf hin, daß wir erst vor kurzem unsere afrikanische Heimat verlassen und uns die Welt untertan gemacht haben. Vor allem die Tatsache, daß sich die meisten Afrikaner bezüglich ihrer mitochondrialen DNS mehr voneinander unterscheiden als der Rest der Weltbevölkerung, ist äußerst bedeutsam, auch wenn Milford Wolpoff und andere noch so sehr spotten. Und nicht nur das Berkeley-Team hat diese Unterschiede nachgewiesen. Eine großangelegte Analyse der mitochondrialen DNS bei über 3000 Probanden, die von Andrew Merriwether von der Pittsburgh University, Douglas Wallace von der Emory University in Atlanta und einer Gruppe weiterer Genetiker durchgeführt wurde, ergab 1991, daß bei »den einheimischen afrikanischen Populationen die größten Unterschiede bestehen, und dies, zusammen mit Hinweisen aus weiteren Quellen, für einen afrikanischen Ursprung unserer Spezies spricht«.[18]

Dabei ist die genaue Lokalisierung unserer Wurzeln gar nicht das Wichtigste. Wir wissen, daß wir aus Afrika stammen. Die Frage ist, ob wir Afrika erst vor kurzem, das heißt in den letzten 100000 Jahren, verlassen haben und dabei alle anderen Hominiden verdrängten oder ob die verschiedenen heute lebenden Rassen auf weit ältere Vorfahren zurückgehen. »Es geht gar nicht darum, woher unsere Vorfahren kommen«, räumt Stoneking ein. »Selbst wenn es uns gelänge, anhand der Statistik zweifelsfrei zu beweisen, daß wir aus Afrika stammen, würde das für die beiden rivalisierenden Hypothesen noch keinen Unterschied machen. Die Frage lautet: Wann sind wir entstanden?«[19]

Hier liegt das Problem. Die molekulare Uhr wird geeicht, indem man die Anzahl der Mutationen auf der mitochondrialen DNS zählt und Vergleiche zwischen den verschiedenen Rassen anstellt. Dann werden die Zahlen mit der Anzahl der Mutationen beim Schimpansen verglichen, von dem wir uns vor etwa 5 Millionen Jahren abgespalten haben. Jonathan Kingdon bemerkte sehr passend: »Die großen afrikanischen Menschenaffen sind genetische Schlüssel, von denen wir ein Maß für unsere Menschlichkeit erhalten.«[20] Leider herrscht trotz Wilsons und Sarichs Studien noch immer keine Einigkeit darüber, seit wann sich Mensch und Schimpanse getrennt entwickeln. Die Meinungen variieren zwischen 4 und 8 Millionen Jahren. Die Vorstellung von einem Gabelungspunkt vor 20 Millionen Jahren wurde inzwischen verworfen. Das Datum, von dem man ausgeht, beeinflußt das Ergebnis der Kalkulation beträchtlich. Die meisten Wissenschaftler halten jedoch 4 bis 6 Millionen Jahre für korrekt.

Aber damit sind noch nicht alle Schwierigkeiten aus dem Weg geräumt. Es kann nämlich auch zu Mehrfachsubstitutionen kommen. Bei der Replikation der DNS kann die Base A die Base G ersetzen, das gilt als einfache Mutation. Aber einige Generationen später kann A durch C ersetzt werden. Das würde im nachhinein wie eine einzige Mutation erscheinen, obwohl zwei stattfanden. Auch kann A zu C mutieren und dann wieder zu A. In diesem Fall sähe es so aus, als habe keine Mutation stattgefunden. »Es gibt mathematische Formeln, die dem Rechnung tragen, aber sie sind nicht perfekt«, räumt Stoneking ein. »Sie gehen von statistischen Annahmen aus, die man in Frage stellen kann. Ich persönlich denke aber, man kann damit arbeiten.« Dennoch führen alle statistischen Annahmen dazu, daß man den Genetikern vorwirft, sie würden an ihren Gleichungen herumdoktern, um das gewünschte Ergebnis zu erzielen.

Maryellen Ruvolo fand eine Lösung für das Problem. Bei ihren Studien der DNS von Gorillas, Schimpansen und Menschen verwendet sie ein Stück der mitochondrialen DNS, bei dem es seltener zu Mutationen kommt, das sogenannte COII-Gen, so daß Mehrfachsubstitutionen kein ernsthaftes Problem darstellen. Und wie wir gesehen haben, ergaben Ruvolos Forschungen ebenfalls ein Alter von etwa 200000 Jahren für unseren gemeinsamen Vorfahren. Indem sie nachweist, daß Gorillas und Schimpansen sich genetisch sehr stark voneinander unterscheiden, zeigt sie, daß »weit zurückreichende archaische Linien mitochondrialer DNS bei den Primaten die Regel sind. Gorillas, Schimpansen und Orang-Utans sind Beispiele dafür. Beim *Homo sapiens* ist es anders. Also muß beim Menschen etwas Seltsames geschehen sein. Wir sind die große Ausnahme, weil wir eine so junge Spezies sind«.[21]

Ein weiterer kritischer Faktor wird oft übersehen. Es ist möglich, daß man eines Tages auf eine entfernte, bis jetzt unbekannte Gruppe von Menschen stößt, deren mitochondriale DNS-Sequenzen hochgradig von denen der übrigen Menschheit abweichen. Eine solche Rasse würde die willkommenen genetischen Statistiken, die gegenwärtig die »Out-of-Africa«-Theorie stützen, stark beeinträchtigen. Die Existenz einer solchen Rasse würde zeigen, daß es den *Homo sapiens* schon sehr viel länger gibt und daß mehr

Mutationen stattgefunden haben als die Wissenschaft bisher annahm. Damit müßte unsere Linie als sehr viel älter datiert werden; möglicherweise würde das die Hypothese der multiregionalen Evolution wieder auferstehen lassen. Das ist möglich, aber unwahrscheinlich, wie Masami Hasegawa und Satoshi Horai vom japanischen National Institute of Genetics betonen. Ihre eigenen Forschungen an der mitochondrialen DNS ergaben, daß unser gemeinsamer Vorfahre etwa vor 280000 Jahren lebte. Das erscheint etwas früh, stimmt aber mit dem »Out-of-Africa«-Modell überein. »Es ist möglich, daß man irgendwann eine menschliche mitochondriale DNS findet, die stärker von anderen abweicht als es uns heute bekannt ist«, schreiben sie in einem Aufsatz, der 1991 im *Journal of Molecular Evolution* erschien. »Wir sind aber der Ansicht, daß aufgrund der beträchtlichen Datenmenge von Individuen unterschiedlicher Herkunft und Rasse den meisten Abweichungen bei der mitochondrialen DNS in der heutigen Population Rechnung getragen ist.«[22] Weiterhin ist es möglich, daß alte Linien mitochondrialer DNS zugunsten jüngerer verlorengehen oder daß ein mitochondrialer DNS-Typ einen kleinen evolutionären Vorteil mit sich brachte und sich so durch die gesamte menschliche Population zog und sein wahres Alter verbarg. Das sind Möglichkeiten, die aber bisher bei Untersuchungen von Menschen- oder Tierpopulationen noch nie beobachtet wurden.

Vier Jahre nach der Veröffentlichung ihres Aufsatzes im *Journal of Molecular Evolution* veröffentlichte Horai eine Studie, welche das »Out-of-Africa«-Modell noch weiter stützte.[23] Er und seine Kollegen hatten bei drei Probanden aus Afrika, Europa und Japan und bei vier Menschenaffen, einem Orang-Utan, einem Gorilla, einem Bonobo und einem Schimpansen, die Sequenz aller 16500 Basen des mitochondrialen Genoms (Gesamtheit unserer Gene) bestimmt. Das ergab einen sehr aussagekräftigen Datensatz und ein entsprechend durchschlagendes Ergebnis. Anhand der mitochondrialen DNS-Sequenz bei den Menschenaffen bestimmte Horai mit großer Genauigkeit die Mutationsraten bei den Primatenpopulationen. Dann setzte er diese Raten in Beziehung zu den drei Menschenlinien und erhielt eine Zahl, die besagt, daß vor 143000 Jahren ein gemeinsamer Vorfahren lebte. Da die afrikanische Linie die größten Unterschiede aufwies, schloß Horai daraus, daß der letzte gemeinsame Vorfahre dort lebte.

So scheinen die Folgerungen, die man aus der Analyse unserer Organellen ziehen kann, schlüssig. Unsere Zellkraftwerke, die Mitochondrien, entstanden vor nicht allzulanger Zeit in Afrika, also muß dies auch für den *Homo sapiens* selbst gelten. Dabei darf man aber die Kritik Templetons nicht außer acht lassen. Er hatte darauf hingewiesen, daß wir in unserer Begeisterung für die mitochondriale DNS den großen Zusammenhang aus den Augen verlieren würden. Ein kleines Stückchen DNS mag einen einzigen Ursprung haben, aber das gilt nicht notwendigerweise für den Rest unseres Genoms. Ein Genbaum verfolgt nur die Geschichte eines DNS-Bruchstücks zurück (z.B. der mitochondrialen DNS), ein Populationsbaum tut das nicht. Er ist das durchschnittliche Ergebnis vieler Genbäume. Ein Genbaum hat also seine Wurzeln in Afrika. Aber wie steht es mit dem Rest? Das ist eine wesentliche Frage. Können die Genetiker sie beantworten?

Sie können – indem sie die Kern-DNS analysieren. Sie besteht aus zehntausenden verschiedenen Genen, nicht nur einem kleinen Stückchen DNS. Wenn es also gelingt, alle ihre Wurzeln aufzuspüren, ist die Herkunft jedes Gens geklärt. Und damit müßte zweifelsfrei belegt sein, daß wir direkt aus Afrika stammen. Die Schwierigkeit liegt darin, daß wir die Kerngene von beiden Eltern erben. Dabei kommt es zu einer willkürlichen Vermischung, die es unmöglich macht, Entwicklungslinien mit verknüpften Zweigen zu konstruieren. Trotz dieses genealogischen Miasmas hat man äußerst aussagekräftige Studien durchführen können. Einige sind rein rechnerischer Natur, aber dennoch aufschlußreich. Die übrigen sind hochspezifisch und konzentrieren sich auf bestimmte Abschnitte der Kern-DNS. Beide Wege führen zu dem Ergebnis, daß wir einen rezenten afrikanischen Ursprung haben. Wir werden auf den nächsten Seiten genauer auf diese Studien eingehen. Professor Ken Kidd und Sarah Tishkoff von der Genetik-Abteilung der Yale University haben den letztgenannten Weg beschritten und äußerst aufschlußreiche Ergebnisse erzielt.[24]

Die beiden Wissenschaftler suchten nach Unterschieden in der Kern-DNS, die Aussagen über die verwandtschaftlichen Beziehungen zwischen den Populationen treffen. Die Kombination, die sie auf Chromosom 12 fanden, war ein voller Erfolg. Sie hatten ihr Augenmerk vor allem auf die sogenannten Polymorphismen gerichtet, Sequenzen, die, wie es häufig bei der DNS vorkommt, keinen besonderen Zweck erfüllen. Tatsächlich sind die Gene, welche die Proteinsynthese steuern, einige der wenigen bedeutungsreichen Oasen in einer Wüste von Belanglosigkeit. In den letzten Jahrzehnten hat man festgestellt, daß der Großteil der DNS ohne Bedeutung ist. Es handelt sich dabei um lange Listen von Wiederholungen und bedeutungslose Basenketten, die nichts mit der Proteinsynthese zu tun haben. Von diesen genetischen Bruchstücken gibt es nun aber verschiedene Typen. Manche erben den einen Typ, andere einen anderen, und diese Unterschiede kann man sich zunutze machen. Bei der Yale-Studie befaßten sich die Wissenschaftler mit zwei Abschnitten, die dicht beieinander auf Chromosom 12 liegen. Dabei stellten sie fest, daß bei manchen Menschen ein langes DNS-Stück mit 250 der Basen A, C, G, und T fehlt. Fehlt im genetischen Material ein Abschnitt, so spricht man von Deletion. Bei anderen ist dieser Abschnitt vorhanden. Außerdem stellten die Wissenschaftler fest, daß manche Menschen eine variable Anzahl von Wiederholungen eines kleinen Abschnitts mit fünf Basen aufweisen: CTTTT. (Die hauchdünnen 1,8 Meter langen DNS-Stränge, die sich spiralförmig in einer einzigen Zelle befinden, bestehen aus drei Milliarden Basen.) Manche Menschen haben zwischen vier und fünfzehn Kopien dieses kleinen genetischen Stotterers, ohne daß es ihr genetisches Wohlbefinden beeinträchtigen würde.

Bei den südlich der Sahara lebenden Menschen stellt man nun ein einfaches Muster fest. Es gibt jede Variante aus Deletionen und Nichtdeletionen, zusammen mit jeder Variante der CTTTT-Wiederholungen. Das heißt, ein Individuum kann ein Chromosom haben, das achtmal die CTTTT-Sequenz enthält sowie eine Deletion, und ein anderes Individuum kann ein Chromosom haben, das zwölfmal die CTTTT-Sequenz enthält und keine Deletion. Im Afrika südlich der Sahara gibt es zahlreiche Kombinationen aus Anzahl der Wiederholungen und Deletionen oder Nichtdeletionen. Außerhalb dieser Region, das heißt auf der übrigen Welt, sieht es ganz anders aus. Chromosomen mit Deletionen haben dort nur ein Muster an CTTTT-Wiederholungen, nämlich eine sechsfache Wiederholung. Bei Chromosomen ohne Deletionen wird die CTTTT-Sequenz nur fünf- oder zehnmal wiederholt. Nur in Afrika gibt es alle Varianten, nicht aber auf dem Rest der Welt. Und dafür gibt es nur eine plausible Erklärung: Die kleine Welle von

»Aussiedlern«, die von Afrika aus die Welt eroberte, bestand aus einem Stamm oder einer Gruppe afrikanischer *Homo sapiens*, von denen nur diejenigen, die ein Chromosom 12 hatten, über eine sechsfache CTTTT-Wiederholung verfügten. Diese Kombination trugen sie vor 100000 Jahren hinaus in die Welt. Jetzt hat man dieses Signal aufgenommen wie eine weggeworfene genetische Visitenkarte. (Man kann sich die Varianten auf Chromosom 12 wie ein genetisches Dominospiel vorstellen. Die Leerstellen entsprechen einer Deletion. Die Zahlen stehen für verschiedene Wiederholungsmöglichkeiten, z.B. eins für fünffach, zwei für sechsfach usw. Bei den Menschen in Afrika kommt eine Mischung aus allen Dominovarianten vor, die eine Leerstelle enthalten: Leerstelle-null, Leerstelle-eins usw. Bei den Menschen auf der übrigen Welt kommt nur eine vor, nämlich Leerstelle-zwei.) Professor Kidd meint dazu:

> Das bedeutet, daß der Rest der Welt von einer Untergruppe von Afrikanern bevölkert wurde, die entweder eine Deletion in Verbindung mit einer sechsfachen Wiederholung auf Chromosom 12 hatte oder eine Nichtdeletion mit fünf- und zehnfacher Wiederholung. Außerdem erhalten wir ein recht genaues Datum für diesen Aufbruch. Er fand vor etwa 90000 Jahren statt.

Diese Zeitbestimmung erfolgte anhand der Interpretation eines grundlegenden Phänomens in der Humangenetik, der Rekombination. Während der Entstehung der DNS, welche die Eizelle und das Spermium (und zukünftige Menschen) bildet, kommt es zu einer willkürlichen Mischung von Abschnitten, wobei neue Genkombinationen und DNS-Sequenzen entstehen. Wäre die Verbindung von Chromosom-12-Deletion und sechsfacher Wiederholung eine alte, hätte auch hier eine Neumischung stattgefunden und die Verbindung würde nicht mehr bestehen, so wie es in Afrika der Fall ist. Aber es wurde nicht neu gemischt. Anhand der wenigen Fälle, in denen es auf der Welt zu Rekombinationen kam, läßt sich aufgrund einer ziemlich einfachen genetischen Berechnung ein Zeitraum vor 90000 bis vor 140000 Jahren für das Erscheinen dieser speziellen Chromosomen 12 bestimmen. Sie waren die genetische Fracht des ersten und einzigen Auszugs moderner Menschen aus Afrika, der mit der Beherrschung der Welt endete. Wesentlich ist dabei, daß bei der Berechnung keine Vermutungen über DNS-Mutationsraten angestellt werden.

Wie wirkt sich diese Entdeckung nun auf die Hypothese der multiregionalen Evolution aus? »Ich könnte höflich sein und sagen, sie bringt sie in arge Bedrängnis«, sagt Professor Kidd. »Freiheraus gesagt macht sie die Theorie einfach zunichte. Sie ist vollkommen unvereinbar mit den von uns ermittelten Fakten.«

Kidd steht mit dieser offenen Verurteilung nicht alleine da. Zahlreiche Genetiker haben die Kern-DNS analysiert und erkennen in ihrem genetischen Skript eine klare Botschaft: Wir sind eine junge Art afrikanischer Herkunft. Diese Arbeit geht weit zurück bis in die Nachkriegsjahre, als neue Blutgruppen entdeckt wurden. Man stellte fest, daß sich der Verwandtschaftsgrad verschiedener Populationen anhand der Häufigkeit der bei ihnen vorkommenden Blutgruppen ermitteln läßt. Außerdem ließ sich bestimmen, wann zwei Populationen sich von einer Rasse gemeinsamer Vorfahren abgespalten hatten. Je größer die Ähnlichkeit, desto näher konnte ihre historische Verbindung sein. Das häufige Vorkommen von Blutgruppe B bei den europäischen Zigeunern war der erste wirkliche Hinweis auf ihre indische Abstammung. Bei beiden Völkern tritt Blutgruppe

B gehäuft auf – zu etwa 50 Prozent –, im Vergleich zu Nordeuropa, wo Blutgruppe B nur zu etwa 10 Prozent vertreten ist.[25]

Die Verteilung der Menschen mit Rhesusfaktor negativ verläuft stufenförmig quer durch Europa. Am östlichen Rand des Kontinents sind weniger als 5 Prozent der Bevölkerung Rhesus negativ. Die Häufigkeit nimmt zu, je weiter man nach Westen kommt und beträgt über 25 Prozent an der Atlantikküste. Für diesen Anstieg gibt es einen einfachen Grund. Westeuropäisches Blut, das heißt gehäuftes Vorkommen Rhesus negativer Gruppen, war vermutlich vor 10000 Jahren in ganz Europa die Norm. Dann kamen die ersten Bauern aus dem Osten und revolutionierten den Ackerbau. Bei ihnen gab es wenige Rhesus negative Gruppen. Die Menschen Osteuropas kamen als erste mit den neuen Bauern in Kontakt. Obwohl sie zweifellos zunächst Vorbehalte gegen die Neuankömmlinge hatten, kam es zur Fortpflanzung, so daß sie die Gene der ersten Bauern schon länger in sich tragen. Daher müßte bei ihnen der Rhesusfaktor negativ seltener sein. Und so ist es auch. Im Westen verhielt es sich anders. Der Kontakt kam erst später zustande, und es fand daher eine geringere genetische Kreuzung zwischen Einheimischen und Bauern statt. Hier kommt also der Rhesusfaktor negativ häufiger vor. Es ist natürlich schon lange bekannt, daß der Ackerbau sich in Europa von Ost nach West ausbreitete. Neu ist das Wissen, daß man den genetischen Einfluß dieser Zivilisationsbegründer noch heute feststellen kann.

Interessanterweise sind die Basken die unverwechselbarste aller europäischen »Rassen«. Bei ihnen kommt Rhesus negatives Blut mit Abstand am häufigsten vor. Sie sprechen eine Sprache geheimnisvollen Ursprungs, und sie leben zwischen Frankreich und Spanien in der Nähe der

Höhlen von Lascaux und Altamira, die vor 20000 Jahren dem *Homo sapiens* Schutz boten und wo er seine Wandmalereien hinterließ. Dieses Zusammentreffen ließ Professor Luca Cavalli-Sforza von der Stanford University zu dem Schluß kommen, daß »die Basken höchstwahrscheinlich die direktesten Nachkommen der Cromagnon-Menschen sind, die zu den ersten modernen Menschen in Europa gehörten«.

Professor Cavalli-Sforza untersucht sei zwei Jahrzehnten die genetischen Unterschiede verschiedener Rassen. Er begann mit der Analyse und Differenzierung zwischen Blutgruppen (und später anderen Proteinen) und den zugrundeliegenden Genen. Dann konstruierte er Bäume und Zeittabellen, die den Werdegang der rassischen Diversifizierung unserer Art zurückverfolgten. Die Ergebnisse seines Forschungsprojekts, an dem er über Jahrzehnte gearbeitet hat, erschienen 1994 in dem umfangreichen Werk *The History and Geography of Human Genes*, das er zusammen mit Paolo Menozzi und Alberto Piazza verfaßt hatte.[26] Das Buch enthält über 70000 Einträge über das Vorkommen verschiedener Gentypen bei etwa 7000 Populationstypen, zusammen mit anatomischen, linguistischen und anthropologischen Studien. Es ist ein ehrfurchtgebietendes Werk, das sich voll und ganz auf die Seite des »Out-of-Africa«-Modells schlägt. »Wir sind zu einer eindeutigen Bevorzugung des Modells der schnellen Verdrängung gelangt«, sagt Cavalli-Sforza.[27]

Cavalli-Sforzas Studie befaßt sich intensiv mit dem genetischen Abstand zwischen Populationen. Dabei wird der Verwandtschaftsgrad zwischen Gruppen oder Stämmen bestimmt. »Man kann dic Nähe der Verwandtschaft schätzen, indem man den Prozentsatz der Rhesus negativen Individuen unter den Engländern (16 Prozent) von dem der Basken (25 Prozent) abzieht. Die Differenz beträgt 9 Prozent-

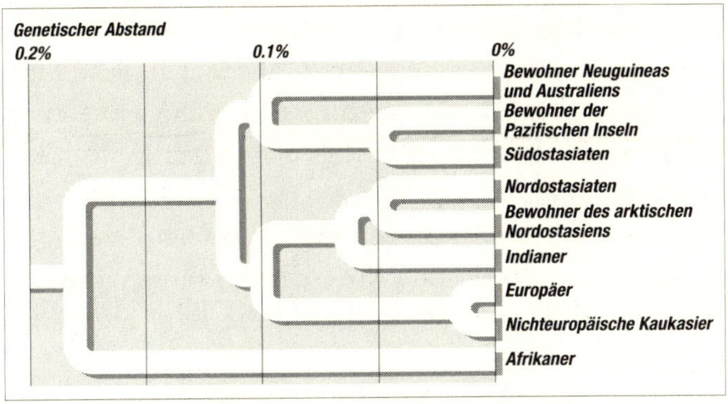

Darstellung des Verwandtschaftsgrads moderner Populationen basierend auf der Kern-DNS.

punkte«, erklärt Cavalli-Sforza. »Zwischen Engländern und Ostasiaten beträgt die Differenz 16 Punkte. Dieser größere Unterschied deutet vielleicht auf eine weiter zurückliegende Gabelung hin. Das Konzept des genetischen Abstands ist also nicht besonders aufregend.«

Es erlaubt, den Zeitpunkt zu berechnen, an dem zwei Populationen, zum Beispiel Engländer und Deutsche, von ihrer ursprünglichen Gründerpopulation abgezweigt sind und sich getrennt weiterentwickelt haben. »Wenn andere Faktoren gleich sind, vergrößert sich der genetische Abstand mit der Zeit gleichmäßig. Je länger sich zwei Populationen getrennt entwickeln, desto größer müßte ihr genetischer Abstand sein.« Cavalli-Sforza und seine Mitarbeiter analysierten also die genetischen Abstände aller Völker dieser Erde. Das sich dabei ergebende Bild entsprach genau »der Vorstellung, daß die afrikanische Abspaltung die erste und älteste im Stammbaum des Menschen war«. Die Studien ergaben, daß der genetische Abstand zwischen Afrikanern und Nichtafrikanern etwa doppelt so groß ist wie der

Abstand zwischen Australiern und Asiaten. Letzterer ist wiederum doppelt so groß wie der Abstand zwischen Europäern und Asiaten. Diese Verhältnisse stehen im Einklang mit dem »Out-of-Africa«-Modell: 100000 Jahre für die Abspaltung von Afrikanern und Asiaten, 50000 Jahre für die von Asiaten und Australiern und 30000 Jahre für die von Asiaten und Europäern. »Zumindest in diesen Fällen dienen unsere Abstände als verläßliche Uhr«, fügt Cavalli-Sforza hinzu.

Cavalli-Sforza ging es vor allem darum, bestimmte Sequenzen auf den menschlichen Chromosomen 13 und 15 zu untersuchen. Dabei stellte er fest, daß sich die afrikanischen Versionen dieser »Mikrosatelliten« mehr voneinander unterschieden als die auf der übrigen Welt. Als er anhand dieser Unterschiede berechnete, wie lange es her ist, daß sich die Afrikaner von den anderen Populationen abspalteten, kam er auf 112000 Jahre. Das kommt einem bekannt vor, nicht?

Einen ähnlichen Zeitraum errechneten Wissenschaftler unter der Leitung von Robert Dorit aus Yale. Sie analysierten einen Abschnitt auf dem Y-Chromosom, das nur über die väterliche Linie weitergegeben wird und damit der männlichen Version der mitochondrialen DNS entspricht. Dorit und seine Kollegen verglichen diese Sequenz bei 38 Männern aus der ganzen Welt. Sie kamen zu dem Schluß, daß es einen gemeinsamen Vorfahren gegeben haben muß, einen Kern-Adam, der vor etwa 270000 Jahren lebte.

Doch nicht nur die Biologen ziehen aus Daten über heute lebende Menschen Schlüsse über unsere Abstammung. So wie sich die Gene und Genmuster, die wir bei unserem Auszug aus Afrika mitnahmen, im Laufe der Zeit veränderten, so haben sich auch andere Merkmale – von unserer Gestalt bis zur Sprache – verändert. Die sprachlichen Veränderungen stellen eine besonders interessante und unerwartete Unterstützung für den Genetiker und für das »Out-of-Africa«-Modell dar. Es hat sich herausgestellt, daß die Evolution der Sprache in enger Beziehung zu der unserer Gene steht. Wenn sich ein Stamm trennt, wobei die eine Gruppe vielleicht neues Land erobert und die andere am angestammten Platz bleibt, entwickeln sich bei den so entstandenen Populationen Unterschiede in den Genen und der Sprache. »Die Gene des Menschen befinden sich in seinen Keimdrüsen und werden über die Genitalien an die Kinder weitergegeben; die Grammatik befindet sich im Gehirn und wird mündlich weitergegeben«, so der Linguist Steven Pinker von der Harvard Universität. »Keimdrüsen und Gehirn sind körperlich verbunden; wenn sich also der Körper fortbewegt, bewegen sich auch Gene und Grammatiken fort.«[28]

»Wortmutationen« geschehen langsam[29], so daß zwei Sprachen, grob gesagt, ab dem Zeitpunkt der Populationstrennung alle 1000 Jahre 20 Prozent ihres gemeinsamen Wortschatzes verlieren. Einen Eindruck, wie sehr sich die Sprache über einen solchen Zeitraum verändert, erhält man von den verschiedenen Versionen des Vaterunsers der letzten 1000 Jahre. Eine wahre Metamorphose, die Pinker in seinem Buch *Der Sprachinstinkt* hervorhebt. Er beginnt mit der modernen englischen Fassung:

> Our Father, who is in heaven, may your name be kept holy. May your kingdom come into being. May your will be followed on earth, just as it is in heaven. Give us this day our food for the day. And forgive us our offences, just as we forgive those who have offended us. And do not bring us to the test. But free us from evil. For the kingdom, the power, and the glory are yours forever. Amen.

Dann kommt der Vergleich mit der King James Bible, der englischen Bibelversion von 1611:

> Our father which are in heaven, hallowed be thy Name. Thy kingdom come. Thy will be done, on earth as it is in heaven. Give us this day our daily bread, and forgive us our trespass, as we forgive those who trespass against us. And lead us not into temptation, but deliver us from evil. For thine is the kingdom, and the power and the glory, for ever, amen.

Es folgt eine mittelenglische Fassung von etwa 1400:

> Oure fadir that art in heuenes halowid be thi name, thi kyngdom come to, be thi wille don in erthe es in heuene, yeue to us this day oure bread ouir other substance, & foryeue to us oure dettis, as we forgeuen to oure dettouris, & lede us not in temptacion: but delyuer us from yuel, amen.

Und als letztes die altenglische Fassung, die etwa um das Jahr 1000 entstand:

> Faeder ure thu the eart on heofonum, si thin nama gehalgod. Tobecume thin rice. Gewurthe in willa on eorthan swa swa on heofonum. Urne gedaeghwamlican hlaf syle us to deag. And forgyf us ure gyltas, swa swa we forwyfath urum gyltedum. And ne gelaed thu us on contnungen ac alys us of yfele. Sothlice.[30]

An diesen Beispielen sieht man, daß Sprachen mit der Zeit unverständlicher werden, bis sie irgendwann nicht mehr als ein und dieselbe Sprache erkennbar sind. Englisch ist trotz der Lehnwörter aus dem Französischen, Altgriechischen und Lateinischen eine Sprache germanischen Ursprungs. Durch die schleichenden Veränderungen ist Deutsch aber inzwischen für die Engländer unverständlich geworden.

Wörter verändern sich demnach ebensosehr wie die DNS, und anhand dieser Veränderungen kann man genauso wie mit Hilfe des genetischen Skripts den Verwandtschaftsgrad der Sprachen ermitteln. Genau das tat Cavalli-Sforza im Jahre 1988. Er veröffentlichte einen Genbaum von 42 Populationen und ihren sprachlichen Beziehungen. Die Sprache der europäischen Populationen verknüpft sich mit der Sprache der Inder und Iraner zur indogermanischen Sprachfamilie. Diese Familie ist wiederum Teil der eurasischen Großfamilie, zu der unter anderem die Sprachen der Japaner, Lappen, Eskimos und Sibirier gehören. Die Übereinstimmung zwischen diesen linguistischen Ästen und Cavalli-Sforzas Genbaum ist erstaunlich. »Der Baum zeigt, daß die genetische Cluster-Bildung der Weltpopulationen dem der Sprachen in sehr starkem Maße entspricht«, sagt er. »Von sehr wenigen Ausnahmen abgesehen scheinen die Sprachfamilien in unserem Genbaum einen relativ jungen Ursprung zu haben. In bestimmten Fällen kann eine Sprache oder Sprachfamilie dazu dienen, eine genetische Population zu definieren.«[31] Pinker drückt das so aus: »Moderne Sprachen weisen Spuren von Massenmigrationen in der fernen Vergangenheit auf. Sie zeigen, wie sich die Menschheit auf der Erde ausbreitete und schließlich ihre heutigen Lebensräume einnahm.«

Diese Zusammenhänge zwischen Sprache und Genen können natürlich Zufall sein, aber das ist extrem unwahrscheinlich, wie ein Team von neuseeländischen Biologen und Mathematikern unter Leitung von Dr. David Penny von der Massey University zeigen konnte.[32] Sie verwendeten gebräuchliche Berechnungsmethoden und kamen zu einem, wie sie meinten, eindeutigen Ergebnis. »Die beiden Bäume ähneln sich weit mehr, als daß es sich um Zufall handeln könnte.« Die Wahrscheinlichkeit, daß Bäume mit dieser Ähnlichkeit zufällig entstehen, ist etwa 1 zu 100000.

Dieser Erfolg bei der Rekonstruktion eines »Busches von Babel« hat dazu geführt, daß einige Wissenschaftler nun annehmen, man könne eines Tages eine Sprache mit der anderen verknüpfen und Sprachfamilie für Sprachfamilie zurückverfolgen, bis man zur ersten Muttersprache kommt, der Sprache der wenigen Welteroberer, die vor 100000 Jahren zu ihrer transkontinentalen Reise aufbrachen. Die meisten Experten halten dies allerdings für unerreichbar. »Ich bezweifle ja gar nicht, daß sich Sprache nur einmal entwickelt hat, und das ist ja der Gedanke hinter der Suche nach der Ur-Muttersprache«, meint Steven Pinker:

> Das Zurückverfolgen von Wörtern stößt einfach irgendwann an eine Grenze ... Die meisten Linguisten sind der Überzeugung, daß nach zehntausend Jahren alle Spuren einer Sprache in ihren Nachfahren getilgt sind. Damit ist es höchst fragwürdig, daß irgend jemand noch vorhandene Spuren des ältesten Urahnen aller zeitgenössischen Sprachen entdecken kann oder daß dieser Urahn seinerseits noch Sprachspuren der ersten Menschen der Neuzeit aufweist, die vor etwa zweihunderttausend Jahren gelebt haben.

So kommt eines zum anderen. Das Blut in unseren Adern, die Gene in unseren Zellen, die DNS-Stränge, die sich in unseren Mitochrondrien befinden, selbst die Sprachen, die wir sprechen, bezeugen, daß vor 100000 Jahren ein Teil unserer Spezies aus ihrer afrikanischen Heimat aufbrach und sich daran machte, die Welt zu erobern. (Die anderen, die zurückblieben, waren natürlich ebenso erfolgreich und verbreiteten sich über den riesigen afrikanischen Kontinent.) Das mag uns alles sehr exotisch und beunruhigend vorkommen. Und doch ist daran nichts Ungewöhnliches. Alle Arten breiten sich auf diese schnelle Weise aus. Der Unterschied liegt nur darin, daß wir uns über die ganze Erde verbreitet haben. Jede Spezies enwickelt sich in einer regionalen Ökologie, die in manchen Fällen zufällig einen fruchtbaren Boden zum Überleben stellt. Aufgrund einer angepaßten Anatomie und mit Hilfe von Verhaltensmustern kann die Art in die Nischen anderer Lebewesen eindringen. Das ist der normale Verlauf der Evolution. Nicht normal wäre eine Evolution, wie die Multiregionalisten sie beschreiben. Sie glauben an eine weltweite genetische Verbindung und vergleichen, wie wir gesehen haben, unsere Evolution mit Individuen, die in verschiedenen Ecken eines Teichs schwimmen. Nach dieser Vorstellung behält jeder Mensch seine Individualität. Trotzdem beeinflussen sich die Menschen über die Wellen, die sie verursachen, und die dem Genfluß zwischen den Populationen entsprechen.

Erinnern wir uns an die bereits in Kapitel 3 zitierten Aussagen Alan Thornes und Milford Wolpoffs. Sie behaupten:

> Die dramatische genetische Ähnlichkeit, die sich quer durch die gesamte menschliche Rasse zieht, ist kein Zeichen dafür, daß alle lebenden Menschen auf rezente gemeinsame Vorfahren zurückgehen. Vielmehr zeugen sie für die Verbindungen zwischen den Menschen, die bis zu der Zeit vor über einer Million Jahren zurückreichen, als unsere Vorfahren sich über die Alte Welt ausbreiteten. Sie sind das Ergebnis einer langen Geschichte von Verbindungen zwischen den Populationen und einer Paarung

> zwischen den Populationen, die von Anfang an typisch für die menschliche Rasse war. Die Evolution des Menschen fand überall statt, denn jede Region war schon immer Teil des Ganzen.[33]

Der Genfluß ist daher ein zentraler Punkt bei der Vorstellung, daß der Mensch sich über einen längeren Zeitraum auf der ganzen Welt getrennt entwickelt und dabei auf irgendeine Weise ein äußerst homogenes Ergebnis erzielt habe. Tatsächlich kann die Theorie aus einem einfachen Grund ohne das Bild des Genflusses nicht bestehen. Die Evolution findet willkürlich statt, das heißt, ein ähnlicher Druck aus der Umwelt – das können Klimaveränderungen, Krankheiten und vieles mehr sein – führt oft in verschiedenen Regionen zu unterschiedlichen genetischen Antworten. Malaria ist zum Beispiel eine relativ neue Krankheit, die entstand, als die Menschen nach dem Aufkommen des Akkerbaus immer dichter zusammenlebten. Unser Körper hat zahlreiche Abwehrmechanismen in Form vererbbarer Blutmerkmale entwickelt. Jedes dieser Merkmale ist für die betreffende Region einzigartig. In verschiedenen Regionen entstehen also unterschiedliche DNS-Reaktionen. Es gibt keine weltweit einheitliche Reaktion auf Malaria.

Dennoch behaupten die Multiregionalisten, daß der Genfluß zu einer solchen weltweit einheitlichen Antwort führt. Im Laufe der Zeit würde der Gen-Austausch mit Nachbarvölkern diese Wirkung erzielen. Dieses Phänomen soll dazu geführt haben, daß die Weltbevölkerung sich in eine Richtung entwickelte und der *Homo sapiens* entstand. Allerdings wird behauptet, daß regionaler Selektionsdruck zu unterschiedlichen körperlichen Ausprägungen geführt habe, wie zum Beispiel zur großen Nase der Europäer. Wenn nun die neue Datierung eines frühen *Homo erectus* in Java korrekt ist – und viele Wissenschaftler sind dieser Ansicht –, dann hieße das für die Theorie der Multiregionalisten, daß die alten Linien seit fast 2 Millionen Jahren in wechselseitiger Beziehung stünden.

Das ist ein interessanter Gedanke, der auf einigen weiteren wichtigen Annahmen beruht. Einmal müssen zu jedem Zeitpunkt genügend Menschen in der Alten Welt gelebt haben, um den Genfluß aufrecht zu halten. Es dürfen keine unüberwindlichen geographischen Hindernisse bestanden haben, welche die Vermehrung untereinander verhindert hätten, und die verschiedenen Menschengruppen müßten den Wunsch gehabt haben, sich untereinander fortzupflanzen. Außerdem müßte diese rührende Vorstellung von verschiedenen weltweit auf ein gemeinsames Ziel hin evolvierenden Hominiden einen biologischen Präzedenzfall haben.

Gehen wir also kurz auf jede dieser Voraussetzungen ein. Da wäre zunächst die Frage der Bevölkerungsdichte. Den Multiregionalisten zufolge mußten die Gene zwischen den Hominiden von Südafrika bis Indonesien hin und her fließen. Und das sollte nicht durch räuberisch einfallende Männer geschehen sein, sondern durch regionalen Austausch. Die Theorie besagt, daß der Großteil der Menschen benachbarter Gruppen an Ort und Stelle blieb, einige Individuen sich aber zwischen den Gruppen hin und her bewegten oder von einer Gruppe in die andere überwechselten. Die Populationen blieben also die alten, während die Gene frei flossen. Damit dieser Austausch stattfinden konnte, mußte es eine ausreichende Zahl benachbarter Männer und Frauen geben, die sich untereinander fortpflanzen konnten. Bis vor nicht allzulanger Zeit waren Hominiden aber dünn gesät. Alan Rogers, ein Genetiker von der Utah University in Salt Lake City stellte zusammen mit

Kollegen eine Kalkulation auf. Anhand der Mutationsrate der mitochondrialen DNS schätzte er, wieviele Frauen es am Anfang der menschlichen Evolution gab. Das Ergebnis ist verblüffend. »Nach dem Modell der Multiregionalisten evolvierte der moderne Mensch in einer mehrere Kontinente überspannenden Population. Unseren Ergebnissen zufolge lebten in dieser Population weniger als 7000 Frauen«, schreibt Rogers in *Current Anthropology*.[34] Daher sei es unglaubwürdig, fährt er fort, daß eine aus so wenigen Individuen bestehende Spezies drei Kontinente überspannt haben und noch immer durch Genfluß miteinander in Verbindung gestanden haben soll.

Kommen wir zur Geographie. Um in der ganzen Alten Welt eine Verbindung zwischen den Menschen herzustellen, hätten die Gene den gesamten afrikanischen Kontinent auf und ab fließen (eher fliegen) müssen, hinüber nach Arabien, quer durch Indien, bis hinunter nach Malaysia. Der Kontakt hätte auch in spärlich besiedelten Regionen, wie Gebirgen und Wüsten, aufrechterhalten werden müssen, und er hätte auch durch einige der schlimmsten klimatischen Einbrüche der jüngeren Vergangenheit unseres Planeten hindurch bestehen müssen. In den vergangenen 500000 Jahren gab es häufig Eiszeiten. Riesige Gletscher bedeckten den Himalaya, die Alpen und den Kaukasus. Schmelzwasser strömte von den Eiskappen herab, und Seen und Binnenmeere, wie das Kaspische Meer, traten weit über ihre heutigen Ufer hinaus. Die Wüsten, gepeitscht von Sandstürmen, dehnten sich immer weiter aus. Riesige Gebiete waren für den Menschen praktisch unüberwindbar geworden. Unser Planet war extrem unwirtlich. Und doch sollen die herumstreifenden Horden ihre genetische Interaktion aufrecht erhalten haben. »Selbst unter ökologisch identischen Bedingungen, die in der Natur selten vorkommen, neigen geographisch isolierte Populationen dazu, sich voneinander wegzubewegen und sich nicht untereinander fortzupflanzen ... Es ist äußerst unwahrscheinlich, daß die Evolution in einer multidimensionalen Landschaft identische Wege gehen würde«, sagt der iranische Wissenschaftler Shahin Rouhani.[35]

Cavalli-Sforza ist derselben Meinung: »Eine parallele Evolution über ein so großes Gebiet hinweg ist bei dem eingeschränkten Genfluß der damaligen Zeit schwer vorstellbar.«[36] Er räumt ein, daß die Gene der Westeuropäer trotz der frühen Trennung theoretisch mit denen der Ostasiaten kompatibel gewesen sein können. Fortpflanzungsbarrieren entwickeln sich nur langsam. Das dauert bei Säugetieren etwa eine Million Jahre oder länger. Allerdings fügt er hinzu: »Kulturelle und soziale Barrieren könnten eine wichtigere Rolle gespielt haben als biologische.« Auch wenn die Fortpflanzung zwischen zwei unterschiedlich aussehenden Menschengruppen theoretisch möglich gewesen wäre, so hätten sie doch damit ein Tabu gebrochen.

Die Multiregionalisten wollen uns also glauben machen, daß eine spärliche Population von Hominiden, die mit den Auswirkungen der Eiszeit zu kämpfen hatte, sich bereitwillig mit Individuen gepaart hätte, die für sie ein extrem seltsames Aussehen und Verhalten gehabt haben müssen. Cavalli-Sforza hält nichts von dieser Theorie: »Die Anhänger des Modells der multiregionalen Evolution haben keine Ahnung von Populationsgenetik«, sagt er. »Sie verwenden ein Modell, das von einem ständigen Genfluß ausgeht. Dabei muß eine enorm lange Zeit vergehen, bis ein Gleichgewicht entsteht. Die menschliche Geschichte reicht nicht weit genug zurück, als daß dieses Gleichgewicht hätte entstehen können.« Und er fügt hinzu, die Verbreitung des modernen Menschen über einen Großteil der Erde sei mit einer spezifischen Expansion von einem Kerngebiet aus besser vereinbar.

Dieser letzte Punkt ist von besonderer Bedeutung, denn in der Tagespresse wird das »Out-of-Africa«-Modell häufig als eine Theorie dargestellt, die eine Abweichung vom natürlichen biologischen Fluß beschreibt. Es heißt dann, daß die Protagonisten sich irgendwie am Rande der orthodoxen Lehrmeinung bewegten und seltsame, radikale Ideen in die Welt setzten. Das Gegenteil ist der Fall. Die zahlreichen Wissenschaftler, die in diesem Kapitel zitiert werden, geben einen Eindruck davon, wie groß die intellektuelle Unterstützung für das Modell inzwischen ist. Zugegeben, es ist eine sehr neue Theorie. Vor wenig mehr als zehn Jahren wurde sie von Wissenschaftlern wie Bräuer und Stringer auf fossiler Grundlage aufgestellt. Aber inzwischen reicht ihr Einfluß in viele Gebiete der Wissenschaft, und ihre Implikationen sind von den berühmtesten Forschern akzeptiert worden. Wir sind Zeugen eines seltenen Augenblicks in der Wissenschaft. Eine überlebte orthodoxe Lehre wird von einer ehemals häretischen Vision abgelöst. Dies zeigen die Worte Yoel Raks, als er 1992 aus einem Symposium der Multiregionalisten kam: »Ich komme mir vor, als hätte ich gerade ein Treffen der ›Flat-earth-society‹ über mich ergehen lassen müssen«, stöhnte er.[37]

Rak war schon vor vielen Jahren zum »Out-of-Africa«-Modell konvertiert. Ein noch härterer Schlag für die Multiregionalisten war die Bekehrung der so sachlichen wie konservativen Zeitschrift *Science*. »Die Theorie, daß alle modernen Menschen aus Afrika stammen, wird immer überzeugender«, schrieb sie im März 1995. »Das Datum des ersten menschlichen Exodus kriecht immer näher an die Gegenwart heran ... die genetischen Beweise scheinen das Rennen zu machen.«[38]

Die Vorstellung, daß die Multiregionalisten die herrschende biologische Lehre vertreten, hieße, den menschlichen Ursprung auf den Kopf zu stellen, wie Stephen Jay Gould es formulierte.[39]

> Der Multiregionalismus ... ist kaum nachvollziehbar. Warum sollten Populationen auf der ganzen Welt, die in unterschiedlichen Lebensräumen unter verschiedenen Systemen natürlicher Selektion leben, alle demselben Evolutionsweg folgen? Außerdem sind die meisten großen, erfolgreichen und weitverbreiteten Arten während eines Großteils ihrer Geschichte unverändert und bewegen sich in keine erkennbare Richtung. Bei den nichtmenschlichen Arten interpretieren wir die weltweite Verbreitung nie im Sinne einer multiregionalen Evolution. Wir haben keine Theorie zur multiregionalen Evolution der Ratten oder Tauben, zwei Spezies, die uns in Erfolg und geographischer Verbreitung entsprechen. Niemand stellt sich vor, daß auf allen Kontinenten Protoratten gelebt haben, die sich gemeinsam auf eine verbesserte Rattenheit hin entwickelten. Nein, wir gehen davon aus, daß *Rattus rattus* und *Columbia livia* an einem einzigen Ort entstanden sind, als Einheit oder isolierte Population, und sich dann allmählich über die Erde verteilten. Warum entwickeln wir einzig für den Menschen eine Theorie der multiregionalen Evolution und erklären sie dann auch noch zur orthodoxen Lehrmeinung, wenn sie doch im Widerspruch zu allen gängigen Meinungen über den Fortgang der Evolution steht?

Die Antwort auf diese Frage hat viel mit einer Haltung zu tun, welche die Wissenschaft schon immer beschäftigt und verwirrt hat. Wir sind gezwungen worden, die Vorstellung aufzugeben, daß wir im Zentrum des Kosmos stehen und von einem höheren Wesen als etwas Besonderes geschaffen wurden. Ein letzter Überrest dieses Bedürfnisses nach Selbstüberhöhung kann man im Multiregionalismus sehen, der davon ausgeht, daß die Entwicklung unseres Gehirns ein Vorgang von überragender und weltweiter Bedeutung war und daß die Menschheit seit 2 Millionen Jahren diesem Ziel entgegenstrebte. Die Multiregionalisten behaupten, das Erscheinen des *Homo sapiens* sei zwangsläufig im Zuge einer globalen Tendenz zur Entwicklung großer Hirnschädel erfolgt sowie der Tendenz, Gene und »Fortschritt« zu teilen. Die Menschheit soll also das Produkt einer vorhersehbaren Neigung zur Klugheit sein, und wir können unmöglich aus einem regionalen biologischen Kampf hervorgegangen sein. Das würde uns herabsetzen. Die Ansicht, daß die Menschheit das Produkt einer kleinen, sich schnell entwickelnden afrikanischen Population sein könnte, die einfach Glück im Spiel der Evolution hatte, gilt noch immer als Ketzerei. Die Multiregionalisten haben das Pech, daß nur wenig für den weltweit gleichzeitig stattfindenden Aufstieg der Menschheit spricht. Wir müssen uns an die einfachsten wissenschaftlichen Erklärungen halten, die am besten mit den Fakten in Einklang zu bringen sind. Es gibt keine plausiblen genetischen Hinweise darauf, daß die Menschheit eine weltweite Sonderstellung einnimmt. Das ginge ins Mystische. Der *Homo sapiens* ist nicht das Kind eines ganzen Planeten, sondern eine Kreatur, die wie jede andere auch ihre Wurzeln an einem bestimmten Ort und in einer bestimmten Zeit hat. In unserem Fall sind die Wurzeln eine kleine Gruppe Afrikaner, mit denen »Zeit und Glück« es gut meinten. Eine solche Interpretation setzt unsere Spezies in keiner Weise herab. Im Gegenteil, Erklärungen unserer bescheidenen Anfänge nützen uns, indem sie uns zeigen, wo wir stehen. Sie ermöglichen es uns zum ersten Mal, uns selbst richtig einzuschätzen. Sie zeigen uns

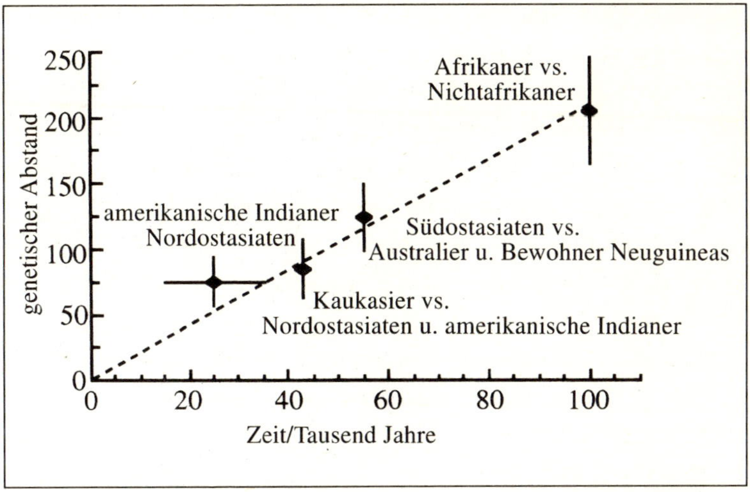

Der genetische Abstand zwischen modernen Völkern und der archäologischen sowie fossilen Überlieferung ihrer Abzweigung.

auch, wie groß der Schritt vom klugen Menschenaffen zum Hominiden war, der den Planeten nach seinen Bedürfnissen gestaltet – wenn er sie nur kennen würde.

Jetzt ist es an der Zeit, einen Blick auf unsere Ankunft auf globaler Ebene zu werfen, auf den Zeitplan, auf die Menschen, die es geschafft haben, und auf die außergewöhnlichen wissenschaftlichen Methoden, mit denen diese spannende Geschichte aufgedeckt wurde.

7 Spuren im Sand der Zeit

Großer Männer Leben mahnt uns:
Wandelt zur Unsterblichkeit,
Laßt zurück bei eurem Tode
Spuren in dem Sand der Zeit.
HENRY WADSWORTH LONGFELLOW[1]

Unser Auszug aus Afrika war die größte aller menschlichen Reisen, ein Unternehmen, das unsere Vorfahren um die Welt führte und sie jedes nur erdenkliche von der Natur geschaffene Hindernis überwinden ließ: Flußmündungen, Wüsten, Bergketten, Steppen und Tundra, dichte Wälder, Eisfelder, Schnee und unermeßliche Distanzen, wie die 15000 Kilometer von der Nord- bis zur Südspitze Amerikas. Es ist ein Beweis für die Widerstandsfähigkeit des Menschen und seinen Einfallsreichtum, daß es ihm gelang, diese Hürden in einigen Jahrtausenden zu überwinden. Bis in die jüngste Vergangenheit sind nur eine Handvoll abgelegener Meeresinseln und die Polkappen unberührt geblieben.

Das größte Hindernis, das sich unseren afrikanischen Vorfahren entgegenstellte, waren die Meere. In einigen Fällen hatten die Eiskappen Brücken gebildet, die es heute nicht mehr gibt. In der Eiszeit verband zum Beispiel Doggerland (heute die Doggerbank unter der Nordsee) England mit dem Kontinent. Noch heute erbeuten Schleppnetzfischer gelegentlich Mammut- und Wollnashornknochen aus dieser versunkenen Welt. Sibirien und Alaska waren durch Beringia (heute die Beringstraße) verbunden. Von hier aus kamen die Menschen nach Amerika. Andere Meere waren schwieriger zu überwinden. So war es nicht ganz einfach, von Nordafrika nach Gibraltar und von Java nach Australien zu gelangen. Obwohl ein Großteil der Wassermassen des Meeres zu Eis gefroren waren, war hier nie eine Landbrücke vorhanden. Zur Überwindung dieser Strecken bedurfte es großen seemännischen Geschicks und einer Portion Glück.

Neben den geographischen gab es auch Hindernisse in Form anderer menschlicher Spezies. In Europa hatten sich die Neandertaler festgesetzt, und am anderen Ende der Welt, in Java, lebten vermutlich noch die Ngandong-Menschen und die Nachkommen der chinesischen Dali-Menschen. Beide ließen sich sicher genauso ungern wie die Neandertaler aus dem Feld schlagen.[2] Aber auch sie wurden verdrängt, selbst wenn wir, anders als in Europa, zur Zeit nichts über diesen Vorgang wissen und nur die Folgen sehen können.

Letztendlich triumphierten wir aus verschiedenen Gründen: Soziale und kognitive spielten ebenso eine Rolle wie unser Verhalten und unsere Technik. Der kreative Einsatz von Werkzeugen half unseren Vorfahren, Nischen zu erobern, die ihnen sonst verschlossen geblieben wären. Die meisten Überreste dieser aus Häuten und Holz gefertigten Geräte sind schon lange verfault. Steinwerkzeuge und das Verhalten der heutigen Sammler und Jäger lassen darauf schließen, daß sie vermutlich mit Hilfe von geschnitzten Knochen und Geweihnadeln warme Kleidung nähten, Wasserbehälter aus Häuten herstellten und aus umgestürzten Baumstämmen oder Bambus Boote und Flöße bauten. Sie verfügten vermutlich über eine hochentwickelte Technik der Nahrungssuche und setzten Feuer und Rauch ein, um Lichtungen abzubrennen und Beute zu fangen. Auf diese Weise konnten unsere Vorfahren zuvor unbewohntes Land, das von anderen besiedelt war, erobern und erschließen.

Wenn die moderne Wissenschaft heute versucht, den

Spuren dieser ersten Odyssee zu folgen, so stößt sie auf ein anderes Hindernis – die Zeitbarriere. Wir können bestimmte Orte lokalisieren, wo unsere Vorfahren auf ihrer Reise gelagert oder gejagt haben, aber wie bringen wir die dortigen Funde in einen Kontext? Wie können wir eine Chronologie für die Besiedelung der Erde aufstellen? Kleine Knochen und Steine sind in dieser Hinsicht wenig mitteilsam, es sei denn, man geht mit moderner Technik an die Sache heran. Zum Glück liefert uns die moderne Wissenschaft zahlreiche Methoden zur Erforschung der menschlichen Vorgeschichte. In diesem Kapitel werden wir einige der relevantesten kennenlernen und sehen, wie jede dieser Methoden zu einem neuen Verständnis unserer jungen afrikanischen Vergangenheit beigetragen hat.

Eine der ersten und wichtigsten Methoden ist die Radiokarbondatierung. Sie macht sich die Tatsache zunutze, daß Pflanzen ständig Kohlendioxid aufnehmen und den Kohlenstoff speichern. Dieser geht dann auf die Tiere über, welche die Pflanzen fressen. Ein Teil des Kohlenstoffs enthält ein natürlich vorkommendes radioaktives Isotop, das langsam zerfällt. Mißt man nun, wieviel von diesem radioaktiven Kohlenstoff in einer Pflanze, einem Stück Kohle oder einem Knochen enthalten ist, so kann man in etwa deren Alter abschätzen. Diese Methode ist für die Archäologie besonders wichtig geworden, aber wir werden sehen, daß sie auch ihre Grenzen hat. Amerikanische Wissenschaftler wandten sie 1949 zum ersten Mal an, um an alten ägyptischen Fundstätten Datierungen vornehmen zu können. Diese entsprachen den bisherigen Schätzungen über das Alter der Pharaonen-Dynastien, und so wurde aus dieser Technik schnell eine anerkannte Methode. Seither konnte sie verschiedene Triumphe verbuchen. Man stellte fest, daß Stonehenge tausend Jahre früher als angenommen entstanden war und erkannte, daß die Revolution der Landwirtschaft – mit der Einführung des Ackerbaus und der Viehwirtschaft – vor mindestens 10000 Jahren aus dem östlichen Mittelmeerraum kam; das ist doppelt so lange her als man bis dahin vermutete.[3]

Doch erst eine äußerst heikle und strittige Angelegenheit rückte die Radiokarbondatierung ins Rampenlicht. Sie half, dem Geheimnis eines Schädels auf die Spur zu kommen, den man in einer Kiesgrube in der englischen Ortschaft Piltdown in Sussex gefunden hatte. Dieser Schädel hatte einen affenartigen Unterkiefer und eine modern aussehende Schädelkalotte.[4] 1912 erklärte man ihn zum offiziellen »missing link«. Dies geschah hauptsächlich auf Veranlassung britischer Wissenschaftler, die endlich ein britisches Äquivalent zu all den bedeutenden Fossilienfunden aus Frankreich, Deutschland und der holländischen Kolonie Java vorweisen wollten. Schwierig wurde es, als bei weiteren Funden fossiler Hominiden in Europa, Asien und Afrika nie etwas dabei war, das auch nur im geringsten dem Piltdown-Schädel geähnelt hätte. Die Wissenschaftler wurden immer argwöhnischer, und 1953 gelang es in überzeugenden Tests nachzuweisen, daß es sich um eine Fälschung handelte, eine Zusammensetzung aus menschlicher Schädelkalotte und Orang-Utan-Kiefer, die man chemisch verfärbt hatte, um ihr ein altes Aussehen zu geben. Anhand der Radiokarbondatierung konnte nun festgestellt werden, daß die Menschen- und Affenknochen nur wenige hundert Jahre alt waren und es sich bei dem Piltdown-Schädel um eine Fälschung handelte. Der Missetäter blieb unbekannt, auch wenn die Verdächtigen von Charles Dawson, dem Anwalt, der die ersten Fragmente des Schädels gefunden hatte, über den berühmten Anthropologen Sir Arthur Keith und selbst Sir Arthur Conan Doyle, den Schöpfer von Sherlock

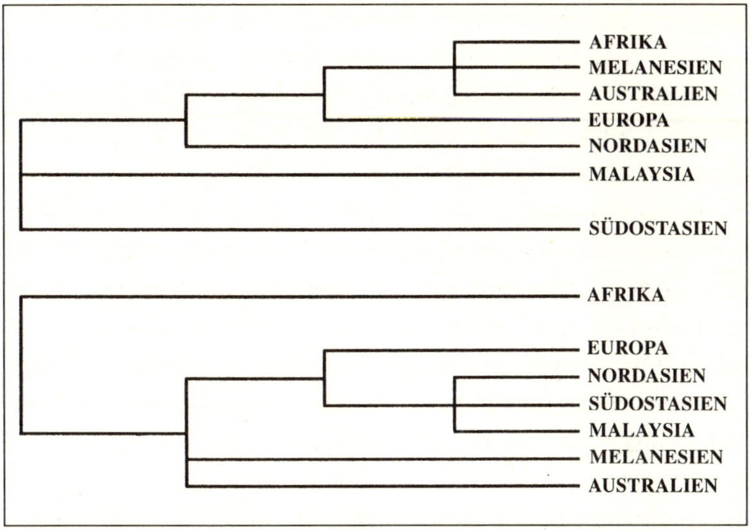

Christy Turners Analyse von Zahnvarianten (oben) legt nahe, daß die modernen Südostasiaten uns stammesgeschichtlich am nächsten stehen. Fossilanalysen (unten) deuten jedoch eher auf einen entstehungsgeschichtlichen Zusammenhang zwischen den gemeinsamen Merkmalen afrikanischer und australischer Zähne.

Holmes, reichten. In jüngerer Vergangenheit konnte mittels der Radiokarbondatierung nachgewiesen werden, daß Fasern aus dem angeblichen Leichentuch Christi (Turiner Grabtuch) nur etwa 700 Jahre alt sind und es sich damit um eine mittelalterliche Fälschung handelt.

Trotz der weitreichenden Erkenntnisse, die uns die Radiokarbondatierung über die jüngere Geschichte unseres Planeten liefert, sind die Wurzeln dieser Methode eindeutig nicht von dieser Welt. Die instabilen Kohlenstoffisotope, die man für die Datierung mißt, stammen aus dem Weltraum. Viele Kilometer über uns trifft kosmische Strahlung aus energiereichen Teilchen, deren Ursprung außerhalb unseres Sonnensystems liegt, auf Stickstoffatome, dem

Hauptbestandteil unserer Atmosphäre, und verwandelt sie in Kohlenstoffisotope. Dieses sogenannte Radiokarbon (^{14}C) ist chemisch identisch mit dem normalen Kohlenstoff. Beide werden ständig von lebenden Körpern absorbiert. Dieser Vorgang hört mit dem Tod des Organismus auf. Dann zerfällt der Vorrat an Radiokarbon wieder in Stickstoffatome. Nach etwa 5700 Jahren ist noch die Hälfte davon übrig, nach etwa 11400 Jahren ein Viertel und nach etwa 17000 Jahren nur noch ein Achtel. Die Datierung eines Objekts erfolgt nun, indem man mißt, wieviel Radiokarbon bereits zerfallen ist. Dies vergleicht man mit der normalen Kohlenstoffmenge, die sich im Laufe der Zeit nicht verändert.

Natürlich sind der Datierung anhand immer kleiner werdender Radiokarbonmengen Grenzen gesetzt. Nach etwa 35000 Jahren sind nicht einmal mehr 2 Prozent des ursprünglichen Radiokarbongehalts übrig. Hat das Objekt noch dazu in saurer Erde gelegen, ist auch dieser Bruchteil inzwischen verlorengegangen. Selbst eine geringfügige Vermischung mit Kohlenstoff aus einer anderen Quelle führt zu schwerwiegenden Verzerrungen bei der Datierung von sehr altem Material. So würde zum Beispiel eine Verunreinigung mit nur einem Prozent neuen Kohlenstoffs ein 35000 Jahre altes Objekt 4000 Jahre jünger erscheinen lassen. Daher ist man heute bei Objekten, die älter als 30000 Jahre sind, sehr skeptisch, was die Radiokarbondatierung angeht.

Leider stand der Wissenschaft in den Jahren nach 1950 keine andere Datierungsmethode zur Verfügung. Dadurch wurde die Erforschung unseres jungen afrikanischen Ursprungs und die Verbreitung des modernen Menschen im Zeitraum vor 50000 bis 100000 Jahren zu einer heiklen Angelegenheit. Afrikanische Fundstätten mit einem Alter von über einer Million Jahren waren oft von Vulkangestein umgeben. In diesen Fällen war eine genaue Datierung anhand der Kalium-Argon-Methode möglich. Am Anfang konnte diese Methode jedoch nur bei Fundstätten, die älter als 500000 Jahre waren, angewandt werden. Und in Europa und dem Nahen Osten gab es keine dieser nützlichen Vulkane, so daß die Wissenschaftler ihre eigenen Strahlungsmesser basteln mußten. Es war eine unbefriedigende Situation. In den achtziger Jahren kam dann eine neue Generation von Datierungsmethoden auf, die Elektronen-Spin-Resonanz, die Uranzerfallsreihe und zwei Arten von Lumineszenzdatierungen. (Keiner dieser Begriffe kommt einem leicht über die Lippen, wie James Shreeve in *Discover* bemerkte: »Das Gebiet der Geochronologie ist gespickt mit Wörtern, die so lang sind, daß man sie zwischen zwei Bäume spannen und darüber stolpern könnte.«[5]) Jede dieser Methoden sollte eine bedeutende Rolle bei der Revolutionierung des Wissens über unsere Vorgeschichte spielen.

Beginnen wir mit der Lumineszenzdatierung. Das Grundprinzip ist schon recht alt und wurde von Robert Boyle im Jahre 1663 entdeckt. Es handelt sich hierbei um einen der seltsamsten Fälle einer zufälligen Entdeckung in der Geschichte der Wissenschaft. Boyle hatte einen Diamanten geliehen und ihn mit ins Bett genommen. Leider ist nicht überliefert, warum der berühmte britische Arzt das Bedürfnis verspürte, mit einem geliehenen Diamanten zu schlafen. Aber die Wissenschaft kann ihm dafür dankbar sein. Boyle stellte nämlich fest, daß der Diamant zu leuchten anfing, wenn er eine warme Stelle seines nackten Körpers berührte. (Kaum auszumalen, was er da tat.) Boyle war von diesem Phänomen so beeindruckt, daß er bereits am nächsten Tag der Royal Society einen Bericht über seine Entdeckung vorlegte.

Das von Boyle entdeckte Lumineszenzsignal entsteht,

wenn natürliche Strahlungsschäden, die sich im Laufe der Zeit in Diamanten, Sand oder Feuerstein aufbauen, freigegeben werden. Diese subatomaren Schäden entstehen, weil Elektronen aufgrund der Strahlung aus ihrer Bahn springen. Und bei Kristallen geraten manche der Elektronen in Unreinheiten, aus denen sie nicht mehr freikommen. Erst wenn dem Objekt weitere Energie, zum Beispiel in Form von Wärme, zugeführt wird, werden die Elektronen freigesetzt und geben dabei Licht ab. Je größer die Lumineszenz, desto früher muß die Ansammlung von Elektronen begonnen haben. Man darf allerdings nicht vergessen, daß diese Elektronen-Uhren ständig wieder auf Null gestellt werden, wenn zum Beispiel Sandkörner in der Sonne bleichen, Keramik gebrannt oder ein Werkzeug in einem Lagerfeuer erhitzt wird. Die Kristalle in den Steinen und dem Kochgeschirr geben dann die gefangenen Elektronen ab und beginnen mit der Ansammlung neuer. Mittels einer kontrollierten Befreiung der Elektronen, die sich seit dem Erhitzen angesammelt haben, kann man das Alter eines Feuersteins oder eines Lehmofens bestimmen. Dies erfolgt entweder durch Erhitzen (Thermolumineszenz) oder mit Laser (optisch stimulierte Lumineszenz). Das freiwerdende Licht wird mit Hilfe eines Photo-Multiplier (Photovervielfacher) gemessen. Je intensiver das Licht, um so mehr Elektronen müssen im Kristallgitter des Objekts gefangen gewesen sein und um so weiter liegt es zurück, daß der Gegenstand zuletzt der Hitze ausgesetzt war. (Bei der verwandten Elektronen-Spin-Resonanz werden die im Zahnschmelz gefangenen Elektronen mit Mikrowellenstrahlung gezählt; das Ergebnis ist das gleiche.) Auf diese Weise können die Nachfahren der Sammler und Jäger im modernen Labor berechnen, wann ein Feuerstein oder Kochgeschirr zum letzten Mal erhitzt wurde. »Die Lumineszenzmethode hat unsere

Epoche revolutioniert«, sagt der Archäologe Rhys Jones von der Australian National University. »Wir arbeiten jetzt mit einer ganz neuen Maschine, einer Zeitmaschine.«[6]

Damit kommen wir zur letzten unserer Datierungsmethoden, der Altersbestimmung anhand der Uranzerfallsreihe. Sie wird hauptsächlich bei Ablagerungen in Höhlen angewandt. Die Methode nutzt die Tatsache, daß Uran mehrere natürlich vorkommende radioaktive Isotope hat. Diese lagern sich zum Beispiel in einem langsam wachsenden Stalagmiten ab. Beim Zerfall dieser radioaktiven Elemente entstehen Tochterprodukte. Mißt man das Verhältnis von Ausgangs- zu Tochterelement, kann man das Alter der Ablagerung berechnen.

Die Präzision der Lumineszenzmethoden, Elektronen-Spin-Resonanz und Uranzerfallsreihe ermöglicht es der Wissenschaft, weit über die Möglichkeiten der Radiokarbondatierung hinaus in die Vergangenheit zu blicken. In einigen Fällen konnten auf diese Weise alte Vorstellungen bestätigt werden, zum Beispiel, daß Neandertaler und Cromagnon-Menschen vor 30000 bis 40000 Jahren gleichzeitig in Europa lebten. In anderen Fällen, wie im Nahen Osten, wurden etablierte Vorstellungen auf den Kopf gestellt. Man hatte angenommen, daß die Neandertaler als erste in der Levante (in Tabun, Amud und Kebara) angekommen waren, gefolgt von den frühen modernen Menschen (in Skhul und Qafzeh). Nun wurden verbrannte Feuersteine, die wahrscheinlich in eines der Lagerfeuer gefallen waren, mit Lumineszenz-Detektoren untersucht. Die Zähne gleichzeitig lebender Tiere analysierte man mit der Elektronen-Spin-Resonanz. Und da stellte sich heraus, daß die Neandertaler vor 110000 Jahren in Tabun und vor 50000 bis 60000 Jahren in Kebara und Amud gelebt hatten. Frühe moderne Menschen hatten aber vor 100000 Jahren in

Skhul und Qafzeh gelebt. Das war eine der wesentlichsten Entdeckungen in unserer »Out-of-Africa«-Saga.

Diese modernen Datierungsmethoden trugen dazu bei, daß Afrika seinen Ruf als zurückgebliebenes Steinzeit-Getto verlor. Steinanalysen ergaben, daß Afrika vor 50000 bis 100000 Jahren Europa und dem Nahen Osten möglicherweise kulturell voraus war. Aber auch die Knochenanalysen lieferten Überraschungen. Die Elektronen-Spin-Resonanz ergab, daß die Jebel-Irhoud-Fossilien aus Marokko (siehe Kapitel 4) dreimal älter sind als die 50000 Jahre, auf die sie bisher geschätzt worden waren. Weitere Analysen ergaben, daß ein beinahe moderner menschlicher Schädel aus Ngaloba in Tansania mindestens 130000 Jahre alt ist und einer aus Singa im Sudan 150000 Jahre. Diese afrikanischen Hominiden lebten zur richtigen Zeit am richtigen Ort, um die wirklichen Vorfahren der ersten modernen Menschen gewesen zu sein.

Wenn es aber schon vor 100000 Jahren in Afrika primitive moderne Menschen gab, warum brauchten sie dann so lange, um nach Europa, Asien, Australien und Amerika zu gelangen? In Asien gibt es – von der Levante abgesehen – bis vor 40000 Jahren keine Hinweise auf eine starke Verbreitung des *Homo sapiens.* Sie hinterließen Spuren an Fundstätten wie K'sar Akil im Libanon und Darra-i-Kur in Afghanistan; dann wieder in Sri Lanka vor 30000 Jahren, in China vor etwa 25000 Jahren und in Japan vor etwa 17000 Jahren.

Was aber war in der Zwischenzeit geschehen? Wo hielten sich unsere Vorfahren versteckt und was trieben sie? Erstaunlicherweise gibt es nur wenige plausible Antworten auf diese Fragen. Wir wissen mehr über weiter zurückliegende Epochen unserer Vorgeschichte als über diese wichtige jüngere Zeit. Paläontologen, die sich mit dieser Periode beschäftigen, würden alles geben für ein genau datiertes Skelett, das so gut erhalten ist wie die 1,5 Millionen Jahre alten Überreste des Jungen von Nariokotome. Wir können nur anhand vorliegender archäologischer Daten sagen, daß in dem Zeitraum von vor 40000 bis 80000 Jahren mit Sicherheit Menschen in Afrika gelebt haben, auch wenn die fossilen Beweise umstritten und bruchstückhaft sind. Weitere Informationen über diesen wichtigen vorgeschichtlichen Zeitraum müssen wir daher nicht bei den Knochen, sondern bei den Genen suchen, die, wie wir wissen, ebenso informativ wie Fossilien sind. Wie wir gesehen haben, hat jeder menschliche Chromosomensatz eine andere Geschichte. Die AB0-Blutgruppen teilen wir mit den Schimpansen und Gorillas, was darauf hinweist, daß sie seit 5 Millionen Jahren ein Teil unseres biologischen Erbes sind. Die mitochondriale DNS wiederum hat sich in diesem Zeitraum stark verändert. Anhand dieser unterschiedlichen Merkmale versucht man Informationen über Populationsfluktuationen in der Vergangenheit zu erhalten, zum Beispiel um zu sehen, ob es in unserer Geschichte »Filter« gab, die bestimmte Variationsmöglichkeiten zunichte machten. Solche Ereignisse, die man Engpässe (»bottleneck«) nennt, kommen vor, wenn kleine Gruppen aufgrund von Dürreperioden, Vulkanausbrüchen oder anderen Naturkatastrophen aussterben und ihre Gene nicht an die Nachwelt weitergeben können.

Die erstaunliche Einheitlichkeit unserer DNS ist nach Ansicht der Wissenschaftler ein sicheres Zeichen eines Engpasses in der jüngeren Vergangenheit. Da wir uns heute alle sehr ähnlich sind, können es nur wenige gewesen sein, die vor nicht langer Zeit einen verminderten Pool mitochondrialer Gene geteilt haben. Man nimmt heute an, daß dieser Engpaß vor etwa 100000 Jahren herrschte und die Spezies *Homo sapiens* damals nur noch über etwa 10000 Erwachsene verfügte. Analysen der Kern-DNS unterstützen diese Berechnung. Dieses genetische Material enthält auch Daten über ältere genetische Abweichungen. Dadurch ist es möglich, durch den Engpaß hindurch in versteckte historische Winkel zu blicken. Dort müssen vor etwa 200000 Jahren mindestens 100000 archaische Vorfahren unserer afrikanischen Ahnen gelebt haben. Ihre Anzahl war zwar im Vergleich zu heutigen Zahlen gering, aber doch groß genug, um die Verbreitung über Afrika, Asien und Europa zu ermöglichen. Doch dann kam es zu einem Bevölkerungseinbruch, aus dem die neugeborene Population moderner Menschen mit nur 10000 Erwachsenen hervorging. Das waren zu wenige für eine Kolonisierung, und es blieb ihnen nichts anderes übrig, als sich in einer kleinen Region aufzuhalten und den Rest der Welt den Neandertalern und ihren Verwandten zu überlassen. Nicht alle Wissenschaftler sind der Ansicht, daß der Bevölkerungsrückgang eine derartige Bedrohung darstellte. Henry Harpending ist allerdings davon überzeugt: »Unsere Vorfahren durchliefen eine Zeit, in der sie ebenso gefährdet waren wie der Bonobo und der Berggorilla heute.«[7]

Auf jeden Fall ergeben unsere Gene ein flüchtiges Bild von Aufstieg und Fall (und erneutem Aufstieg) des *Homo sapiens*. Eine weitverbreitete Ahnenpopulation mit stabiler Zahl wurde plötzlich biologisch so gut wie bedeutungslos. Doch dann erholte sie sich. Das ergab der Vergleich bestimmter Gene von Individuen aus derselben und aus anderen Populationen. Die Mutationsunterschiede zwischen den Stichproben ergaben Kurven in Form eines Hügels oder einer Reihe von Hügeln, wobei die höchste Erhebung zeigt, wo und wann sich die meisten Unterschiede konzentrierten.[8] Mutationen finden ständig statt, wenn aber eine Population plötzlich wächst, werden die soeben stattgefundenen Mutationen übermäßig vervielfältigt und hinterlassen unverkennbare genetische Fußspuren. Sechsundzwanzig verschiedene Gruppen, darunter Buschmänner, Sarden, Bewohner Neuguineas und die Nuu Chah Nulth Nordamerikas, wurden daraufhin untersucht. Das Ergebnis waren 24 Ausdehnungsgipfel im Zeitraum vor 40000 bis 80000 Jahren. Zwei afrikanische Populationen bildeten die Ausnahme. Bei ihnen schien vor wesentlich kürzerer Zeit ein Engpaß vorgekommen zu sein. Das Entscheidende ist, daß sich alle 24 Gruppen relativ isoliert voneinander erholt haben. Das heißt, im Zeitraum vor 50000 bis 150000 Jahren wäre der *Homo sapiens* beinahe ausgestorben. Dann erholte er sich an verschiedenen Orten, zu verschiedenen Zeiten und mit unterschiedlicher Geschwindigkeit. Die ersten Anzeichen des Aufschwungs finden sich vor etwa 60000 Jahren in Afrika, gefolgt von Asien vor etwa 50000 Jahren und schließlich den Randgebieten wie Europa und Australien vor etwa 40000 Jahren. Alle 24 Populationen waren schon voneinander getrennt, als sie größer wurden. Damit stehen wir vor zwei schwierigen Fragen. Wie kam es überhaupt zu dem Engpaß? Und was verursachte das spätere Wachstum der voneinander getrennten Populationen?

Das sind wesentliche Fragen und die Antwort zeigt deutlich, daß Zeit und Glück – und nicht Vorherbestimmung – die größte Rolle bei unserem Aufstieg zum Weltbeherrscher spielten. Was die erste Frage angeht, so scheinen wieder einmal Klimaveränderungen die Rolle des großen Gleichmachers gespielt zu haben, wie es schon so oft in diesem Buch beschrieben wurde. Vor etwa 150000 Jahren erreichte ein 60000 Jahre anhaltender Kälteeinbruch seinen Höhepunkt. Die Pole waren von Eiskappen bedeckt, und auf dem übrigen Planeten herrschte dadurch kälteres und trockeneres Klima. Die Sahara hatte sich ausgedehnt und Nordafrika vom übrigen Kontinent so gut wie abgeschnitten. Im Süden bildete die Kalahari-Wüste eine schier unüberwindbare Barriere. Zur selben Zeit entstanden aus dem Rückgang des tropischen Urwaldes Zentralafrikas getrennte Ost- und Westafrikanische Regionen. In den umliegenden Graslandschaften konnten durchaus Menschen leben. Dann, vor etwa 130000 Jahren, wurde es plötzlich wieder wärmer und feuchter. Die Wüsten zogen sich zurück, und die Wälder dehnten sich erneut aus. Damals, vor 120000 Jahren, wagten unsere frühen Ahnen vermutlich die ersten vorsichtigen Schritte, um von Afrika aus in den Nahen Osten zu gelangen. Vor 80000 Jahren wurde dann Asien besiedelt.

Diese interkontinentalen Eindringlinge waren die ersten eindeutigen Vertreter der Spezies *Homo sapiens*. Sie müssen sich im Zeitraum vor 130000 bis 200000 Jahren im afrikanischen Hinterland entwickelt haben. Sie waren während einer langen weltweiten Kälteperiode aus den archaischen Vorläufern des Menschen entstanden. Diese hominiden Neuankömmlinge breiteten sich aus, und bereits vor 100000 Jahren hatten sie das Gebiet von Südafrika bis zum heutigen Äthiopien und der Levante besiedelt. Aber woher kamen sie ursprünglich? Es gibt nur äußerst wenige Überreste dieser Menschen und kaum Hinweise auf ihr Verhalten. Dennoch vermutet man, daß unsere Wiege in Ostafrika stand. Um dies wirklich bestätigen zu können, bedarf es aber noch weiterer Hinweise aus ganz Afrika. Sicher ist, daß bei diesem Übergang die breiten, langen und niedrigen Hirnschädel und die ausgeprägten Überaugenbögen, wie man sie bei den Überresten von Florisbad und Jebel Irhoud findet, auf der Strecke blieben und die Menschen nun höhere, kürzere und schmalere Schädel mit glatterer Stirn hatten, wie die Fossilien von Kibish und Border Cave zeigen.[9] Das Kinn war jetzt schon bei Kindern vorhanden. Das übrige Gesicht blieb kurz, breit und flach mit breiter Nase und tiefliegenden großen Augenhöhlen. Möglicherweise hatten sie braune Augen und eine Lidfalte, den sogenannten Epikanthus. Das Skelett blieb tropisch schlank, Knochendicke und Muskelkraft nahmen ab.

Die Gründe für diese körperlichen Veränderungen sind noch unklar, aber die abnehmende Knochenstärke gibt einen wichtigen Hinweis. Anscheinend entwickelten unsere Vorfahren eine energiesparendere Lebensweise, bei der das Gehirn zum ersten Mal in der Evolution des Menschen eine wichtigere Rolle als die Muskelkraft spielte. In Kapitel 9 gehen wir auf die möglichen Verhaltensänderungen ein. Es ist allerdings noch immer unklar, ob Veränderungen in unserem Gehirn, in der Gesellschaft oder in der Technik die treibende Kraft bei unserer Transformation waren. Wir wissen nur, daß vermutlich Isolation und Streß in dem trockenkalten Klima vor etwa 150000 Jahren den Übergang zum Menschen auslösten.

Aber mit dem Aufbruch aus Afrika waren die harten Zeiten für den jungen Hominiden noch nicht vorbei. Weltweit fielen die Temperaturen, und damit nicht genug, vor etwa 74000 Jahren ereignete sich mit der Explosion des Toba auf Sumatra der größte Vulkanausbruch der letzten 450 Millionen Jahre. Der Ausbruch war viertausendmal heftiger als der von Mount St. Helens. Über tausend Kubikkilometer Staub und Asche müssen in die Atmosphäre geschleudert worden sein und brachten der Erde jahrelange Vulkanwinter.[10] Die Sommertemperaturen fielen möglicherweise um zwölf Grad, Waldgebiete wurden kleiner, Wüsten breiteten sich aus, und der aus Ostasien kommende Wintermonsun trieb vermutlich Staubwolken aus den Wüsten im Landesinneren um die ganze Erde. Stanley Ambrose von der Illinois University ist der Ansicht, daß dies die Ursache für den Populationseinbruch beim *Homo sa-*

piens sein könnte.[11] An die warme Sonne der Savanne gewöhnt, hätten wir diesen Einbruch beinahe nicht überlebt. Die Verbindung zwischen den modernen Pionieren in Asien und ihrer Heimat war gelöst. Nun hatte der an die Kälte angepaßte Neandertaler den Nahen Osten für die nächsten 30000 Jahre für sich.

Vielleicht bildeten gerade die Zersplitterung und der Umweltdruck den Reiz, der notwendig war, um die Hominiden zum Herren über den Planeten zu machen. Dies war die Feuerprobe, und der Evolutionsdruck führte zu Veränderungen in Gehirn und Sozialverhalten. Einige Wissenschaftler glauben, schon bei den 100000 Jahre alten Funden von Klasies, Border Cave und Katanda Zeichen für Innovation zu sehen.[12] Dort fand man Überreste von rotem Ocker aus dem Oberen Paläolithikum zusammen mit Resten kompliziert zusammengesetzter Geräte aus Holz und Stein. Andere Wissenschaftler sind der Ansicht, daß diese Innovationen erst später kamen, etwa 50000 Jahre näher an der Zeit, in der wir uns von der Gefahr des Aussterbens erholten.[13]

Natürlich gab es nicht einen großen Auszug aus Afrika. Es gab keine triumphierende Armee früher Sammler und Jäger, die von einem steinzeitlichen Moses von Afrika in eine neue Welt geführt wurde. Unser Exodus fand langsam und in kleinen Gruppen statt, als unsere Vorfahren ihre Jagdgebiete ausdehnten und neues Land hinzugewannen. Marta Lahr und Robert Foley von der Cambridge University glauben, eine solche Expansion, wie sie sich vor etwa 80000 Jahren vom Horn von Afrika nach Osten erstreckte, rekonstruieren zu können.[14] Die Populationen zersplitterten bei ihrer Ausbreitung nach Ost- und Südostasien, und es entstanden die modernen »Rassen« dieser Region. Bei einer späteren Ausbreitung vor etwa 50000 Jahren gelangten moderne Menschen nach Nordafrika, Westasien und in Gestalt unserer alten Freunde, der Cromagnon-Menschen, nach Europa.

Man hat in der Vergangenheit angenommen, daß die ersten afrikanischen Auswanderer schwarz gewesen sein müssen, wie so viele der heutigen Bewohner Afrikas. Man glaubte, daß einige Afrikaner erst später die hellere und braune Haut entwickelten. Jonathan Kingdon hat in seinem Buch *Und der Mensch schuf sich selbst* versucht, die Verbreitung des frühen Menschen nachzuvollziehen und kam zu dem Schluß, daß unsere ursprüngliche Hautfarbe vermutlich ein mittleres Braun war. Laut Kingdon änderte sich die Erscheinung der modernen Menschen erst später, als sie sich an der Südküste Asiens niederließen. Hier waren sie von der Nahrung, die ihnen das Meer bot, abhängig. Begünstigt war, wer am längsten in der Sonne bleiben konnte, wenn die Gezeiten es verlangten. Das waren diejenigen mit der dunkelsten Haut, so daß sich zu diesem Zeitpunkt zum ersten Mal schwarze Haut entwickelte. Die dafür verantwortlichen Gene verbreiteten sich über Südasien, und einige gelangten zurück in die afrikanische Heimat des Menschen. »Nach den derzeitigen Erkenntnissen hatten die modernen Menschen zunächst alle Vorteile einer anpassungsfähigen hellbraunen Haut. Erst später entwickelten sich die extremen schwarzen und sehr hellen Hauttypen«, so Kingdon.[15]

Gab es äußerliche Ähnlichkeiten zwischen dem frühen *Homo sapiens* und den Menschen von heute? Eine der Annahmen des »Out-of-Africa«-Modells ist schließlich, daß Rassenmerkmale neu und für die Anatomie unserer Art relativ bedeutungslos sind. Stützen die Skelettfunde diese Hypothese? Interessanterweise ergab sich bei der Analyse einiger der ältesten *Homo sapiens*-Relikte, den 100000 Jahre alten Fossilien von Qafzeh und Skhul, daß es damals noch keine den heutigen Rassenmerkmalen entsprechenden Unterschiede gab. Die Skelette sind modern, ebenso wie die Form des Hirnschädels. Das Gesicht ist ungewöhnlich kurz und breit, die Nase ebenfalls. Auch bei den Cromagnon-Menschen, von denen man annimmt, daß sie die Vorfahren der modernen Europäer waren, wird das Bild nicht klarer. Manche ähnelten, objektiven anatomischen Klassifikationen nach, den heutigen Australiern oder Afrikanern, so zum Beispiel einige der frühen modernen Schädel aus Upper Cave im chinesischen Zhoukoudian.[16] Das ist alles sehr verwirrend und weist darauf hin, daß sich die Rassenunterschiede erst in der jüngeren Vergangenheit herausbildeten und als sehr neuer Teil der Menschheit betrachtet werden sollten. Das ist wichtig, denn daraus folgt, daß ein rezenter afrikanischer Ursprung keine Abstammung von den heutigen Afrikanern bedeutet, da sich diese Populationen im Laufe der Evolution in den letzten 100000 Jahren ebenfalls verändert haben müssen.

Wir haben also gesehen, daß Gene, Knochen, ja sogar Elektronen, die im Zahnschmelz und in Steinen gefangen sind, ungeahnte Geheimnisse über unsere Vergangenheit enthüllen können. Aber es gibt noch andere Informationsquellen, Zähne zum Beispiel. Ihre genaue Form ist genetisch festgelegt. Unterschiedliche Populationen weisen verschiedene Wachstumsmuster und Formen auf. Bei vielen orientalischen Populationen ist die innere Oberfläche der oberen Schneidezähne ausgehöhlt oder schaufelförmig. Bei den Afrikanern gibt es häufiger einen siebten Höcker an den ersten unteren Backenzähnen. Die Europäer haben typischerweise vier Höcker an den zweiten unteren Backenzähnen. Und bei den Australiern haben die zweiten oberen Backenzähne in der Regel drei Wurzeln. Anhand der Häufigkeit dieser Merkmale läßt sich der Verwandtschaftsgrad der Populationen feststellen.[17] Das häufige Vorkommen schaufelförmiger Schneidezähne bei den amerikanischen Ureinwohnern ist zum Beispiel ein Hinweis darauf, daß Asien ihre ursprüngliche Heimat war.

Das alles ergibt ein ziemlich bruchstückhaftes, aber dennoch überzeugendes Bild unseres Auszugs aus Afrika. Und es ergibt einen Zeitplan für die Besiedelung der Welt durch den modernen Menschen. Vor etwa 100000 Jahren zogen wir von Afrika nach Asien, und von dort weiter Richtung Osten nach Neuguinea und Australien, wo wir vor etwa 50000 Jahren ankamen. Etwas später, nach der Eroberung des Ostens, breiteten sich die Menschen von Asien nach Europa aus, wo sie nach und nach die Neandertaler verdrängten. Schließlich gelangten sie von Asien über Beringia nach Amerika, wo sie sich rasch von Norden nach Süden ausbreiteten, da es keine hominiden Konkurrenten gab.

Vor etwa 30000 Jahren bestand die Population der modernen Menschen aus mindestens 300000 Individuen. Zu diesem Zeitpunkt waren wir die einzige menschliche Spezies, die es noch auf der Erde gab. Der Busch der menschlichen Evolution war vermutlich zum ersten Mal in einer Million Jahre auf einen einzigen Zweig reduziert. Die anderen waren während der wiederholten Kälteeinbrüche im Zeitraum vor 75000 bis 30000 Jahren abgestorben. Jede dieser kleinen Eiszeiten dauerte ein- bis zweitausend Jahre.[18] Die nicht-*sapiens* Zweige der Menschheit müssen bei den instabilen klimatischen Verhältnissen immer mehr ausgedünnt worden sein. Außerdem konnte die anpassungsfähigere *Homo-sapiens*-Population schneller wachsen. Als erstes gingen vermutlich die Nachfahren der Ngandong-Menschen aus Java und der Dali-Menschen aus China unter. Die erstaunlich zähen Neandertaler hielten in immer kleineren Nischen, wie Zaffaraya, noch bis vor 30000 Jahren durch.

Diese Erkenntnisse verdanken wir der Arbeit von Wissenschaftlern, die Eiszeitsedimente untersuchten, unsere DNS analysierten, die Radiokarbon- und die Lumineszenzdatierung verbesserten und alle möglichen anderen Hexereien betrieben, bis wir anfingen, schemenhaft die Fußspuren unserer Vorfahren bei ihrem Auszug aus Afrika zu sehen. Ihre Detektivarbeit ist ein Triumph der modernen Wissenschaft, aber das sollte uns nicht zu der Annahme verleiten, wir hätten nun ein vollständig klares Bild von unserer Vergangenheit. Viele Rätsel sind noch ungelöst. Besonders deutlich wird dies anhand zweier Beispiele: der Besiedelung Amerikas und Australiens. Beenden wir also das Kapitel mit einem Blick auf diese beiden riesigen Kontinente, deren Rolle in der Geschichte unserer Herkunft unklar und umstritten ist.

Die Analyse von Zähnen und andere Untersuchungen stützen die These, daß asiatische Stämme über das untergegangene Land Beringia nach Alaska kamen und von dort Nord- und Südamerika besiedelten. Diese Kolonisierung war eine enorme Herausforderung. Die Menschen breiteten sich von der kalten Tundra des Polarkreises im Norden bis nach Feuerland in der Nähe der Antarktis im Süden aus. Dazwischen lag jedes erdenkliche klimatische Extrem – brasilianische Regenwälder, die Wüsten Neumexikos, die Anden und vieles mehr. Doch die Neuankömmlinge eroberten jede Region. Und wann war das? Genauer als auf einen Zeitraum vor 10000 bis 30000 Jahren können die Archäologen sich nicht festlegen.

Die ersten klaren Hinweise einer menschlichen Besiedelung waren die Clovis-Speerspitzen. Die ältesten konnten zuverlässig auf etwa 12000 Jahre datiert werden.[19] Diese

Steingeräte wurden in den ganzen Vereinigten Staaten mit Ausnahme Kanadas gefunden, das damals zum Großteil mit Gletschern bedeckt war. Sie wurden nach der Stadt Clovis in Neumexiko, nahe der texanischen Grenze, benannt, wo die ersten dieser Speerspitzen auftauchten. Die Clovis-Menschen waren vermutlich mit die besten menschlichen Jäger, welche die Evolution hervorbrachte. Sie scheinen ständig in Bewegung gewesen zu sein, lagerten an Flüssen, Bächen und Wasserlöchern und jagten riesige Mammuts und Mastodonten, Bisons, Pferde und große Bodenfaultiere. Ihre Konkurrenten waren Löwen, riesige Wölfe und Säbelzahnkatzen. Sie zerlegten ihre Beute an Ort und Stelle. Dabei verwendeten sie leichte Geräte aus feinen Steinspitzen, die man als kanneliert bezeichnet, weil eine Rinne über die gesamte Länge verläuft. Diese Rinne wurde entweder eingeritzt, um das Gerät damit an einem Speer zu befestigen, der dann von Hand geworfen wurde, oder um es an einem Pfeilschaft zu befestigen, der mit einem Stock oder einem Bogen geschleudert wurde. In jedem Fall mußte es trotz der Leichtigkeit eine extrem wirkungsvolle Waffe gewesen sein, denn man fand Mammut- und Bisonskelette mit Clovis-Speerspitzen, die tief im Brustkorb festsaßen. Im Süden Arizonas fand man sogar ein Skelett, in dem acht solcher Spitzen saßen. Diese Menschen waren erfolgreiche Jäger und Kolonisatoren. Schon vor 11000 Jahren hatten sie beide Küsten Amerikas besiedelt und das ganze Gebiet von der Region, die wir heute den Mittleren Westen nennen, bis nach Patagonien in Südamerika.

Das Auftreten der geschickten und zähen Clovis-Menschen mit ihren kunstvoll gefertigten Speeren aus durchscheinendem Kieselsäuregestein fällt zeitlich fast genau mit einer der größten Aussterbewellen in Amerika zusammen. Jahrelang hatte dieses dramatische Artensterben – es betraf vor allem große Säugetiere – der Wissenschaft Rätsel aufgegeben. Man wußte, daß ein Artensterben stattgefunden hatte, da man Überreste der großen Tiere fand, die einst in den Ebenen Amerikas gelebt hatten. »Es ist unmöglich, über den Zustand des amerikanischen Kontinents ohne Erstaunen nachzudenken«, bemerkte Darwin. »Früher müssen sich hier wahre Riesen getummelt haben, jetzt gibt es nur noch Zwerge.«[20] Aber niemand konnte sagen, wann das große Sterben stattgefunden hatte und wie lange es anhielt.

In den sechziger Jahren hatten die Archäologen dann eine neue Waffe – die Radiokarbondatierung. Damit analysierten sie die Knochen der ausgestorbenen Mammuts, Mastodonten und der anderen großen Säugetiere und stellten fest, daß sie alle außerordentlich schnell von der Bildfläche verschwunden waren. Manche waren in weniger als 300 Jahren ausgestorben. Das alles fand vor etwa 11000 Jahren statt, genau zu der Zeit, als die Clovis-Menschen durch Nordamerika zogen. »Die großen Tiere starben nicht aus, weil sie keine Nahrung mehr fanden, sondern weil sie selbst zur Nahrung wurden«, so Paul Martin von der Arizona University, einer der führenden Forscher auf diesem Gebiet.[21]

Martin ist davon überzeugt, daß die Clovis-Menschen für das schnelle Aussterben von mindestens 75 Arten verantwortlich sind, darunter Wollmammuts, Mastodonten, Antilopen mit vier Hörnern, Lama-ähnliche Säugetiere, Wasserschweine, so groß wie Neufundländer, und schwerfällige Faultiere von der Größe von Giraffen. Diesen Pflanzenfressern folgten die Raubtiere, die sich von ihnen ernährt hatten, eine nordamerikanische Löwenart und der Säbelzahntiger.

In Südamerika ging es dann weiter mit dem Glyptodon, einem Riesengürteltier, verschiedenen großen Nagern,

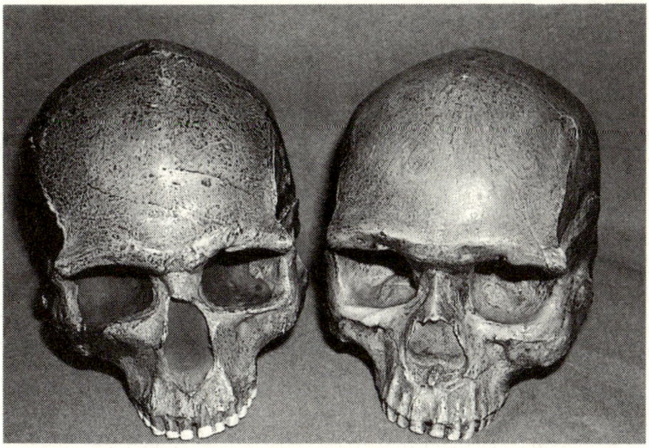

Upper-Cave-Schädel aus Zhoukoudian (rechts) und Schädel eines Cromagnon-Menschen aus der Tschechischen Republik.

Lamas und Schweinen. Dazu kamen noch viele der Großsäuger, die in Nordamerika bereits ausgestorben waren. Auch in Australien wurden zahlreiche Vertreter der einzigartigen Fauna ausgerottet. Dort allerdings wesentlich früher, nämlich vor etwa 30000 Jahren, nachdem die Menschen bereits den gesamten Kontinent besiedelt hatten. In der Alten Welt konnte man hingegen nichts Vergleichbares feststellen. Die großen Säugetiere waren entweder vor langer Zeit von den Vorgängern des *Homo sapiens* ausgerottet worden oder hatten aus Erfahrung gelernt, den Menschen aus dem Weg zu gehen. Laut Statistik starben in den letzten 100000 Jahren in Nordamerika 73 Prozent der großen Säugetiere aus, in Südamerika 79 Prozent, in Australien 86 Prozent, aber in Afrika nur 14 Prozent.[22]

Weitere Unterstützung erhält Martins Overkill-Hypothese, wie er sie nannte, von dem skandinavischen Paläontologen Bjorn Kurtén. Er bemerkte, daß die meisten der überlebenden großen nordamerikanischen Säugetiere erst spät und über dieselbe Landbrücke von Beringia, die auch die Menschen genommen hatten, ins Land gekommen waren. Diese aus Asien und zum Teil wohl auch aus Europa stammenden Tiere hatten bereits seit langem Erfahrungen mit Menschen und ihren tödlichen Waffen. »Es ist bemerkenswert, daß die meisten Tiere, die aus Eurasien nach Nordamerika kamen, überlebten. Das waren unter anderem Elche, Wapiti, Karibu, Moschusochsen und Grizzlybären. Vielleicht war es ihr Vorteil, daß sie den Menschen schon lange kannten«, meinte Kurtén.[23]

Nicht alle Wissenschaftler glauben an diesen »Blitzkrieg« der menschlichen Jäger, die mit Lanzen, Pfeilen und Speeren über bisher unbewohntes Land herfielen und alles Wild, das sie vorfanden, ausrotteten. Don Grayson von der Washington University ist zum Beispiel anderer Meinung. Nur weil wir keine großen Säugetierfossilien gefunden hätten, die jünger als die Clovis-Ära sind, müsse das nicht bedeuten, daß es keine gebe und daß Mammuts und Mastodonten nicht noch weitere Jahrtausende überlebt hätten.[24] Außerdem sei es lediglich eine Vermutung, daß diejenigen, die eine Art ausrotteten, auch die anderen auf dem Gewissen hätten. Die Klimaveränderungen zum Ende der Eiszeit mit wärmeren, aber auch extremeren Wetterverhältnissen seien an dem Aussterben schuld. Andere skeptische Wissenschaftler können sich einfach nicht vorstellen, daß diese primitiven, nur mit Steinspeeren bewaffneten Menschen die großen nordamerikanischen Mammuts getötet haben sollen.

Aber Jared Diamond weist darauf hin, daß die Menschen damals nicht einfach mit Felsblöcken oder Speeren auf die riesigen Tiere zielten und dann davonliefen, wenn ihr Plan fehlschlug. Moderne Afrikaner und Asiaten, die oft alleine und nur mit einem Speer oder einem giftigen Pfeil bewaffnet auf die Jagd gehen, pirschen sich an Elefanten heran und erlegen sie auch gelegentlich. »Verglichen mit den Mammutjägern zu Clovis-Zeiten, den Erben einer jahrtausendealten Tradition der Jagd mit Steinwerkzeugen, müssen sich diese Elefantenjäger unserer Tage als Amateure bezeichnen lassen«, fügt Diamond hinzu. »Ein realistischeres Bild würde warm gekleidete Profis zeigen, die einen in einem engen Flußbett gestellten, zu Tode erschrockenen Mammut aus sicherer Entfernung mit Speeren erledigen.«[25]

Kurzen Prozeß macht Peter Ward von der Washington University mit der Hypothese, das Klima sei die Ursache des Aussterbens. Er schreibt in seiner maßgeblichen Studie *The End of Evolution*:

> Zweifelsfrei wurde das Ende der Eiszeit von plötzlichen und drastischen Temperaturänderungen begleitet. Kurz darauf kam es zu dramatischen Veränderungen bei den Pflanzengemeinschaften und ihrer Verbreitung auf dem nordamerikanischen Kontinent. Aber es ist unwahrscheinlich, daß es keinem der großen Säugetiere gelungen sein soll, rechtzeitig fortzuziehen. Wir wissen, daß viele der großen afrikanischen Säugetiere problemlos lange Wanderungen auf sich nehmen, um in jeder Jahreszeit Futter und Wasser zu finden. Es ist unwahrscheinlich, daß allein Klimaveränderungen fünfunddreißig Arten nordamerikanischer Säugetiere so schnell aussterben ließen.[26]

Wenn man bedenkt, wie schnell wir uns in späteren Zeiten zahlreicher Tierarten entledigt haben (ein Thema, auf das wir in Kapitel 10 näher eingehen), scheint es nur fair, dem Menschen den Großteil der Schuld an der Zerstörung der Fauna Nord- und Südamerikas zu geben.

Die Clovis-Menschen waren vermutlich die Vorfahren einiger der heutigen amerikanischen Ureinwohner. Aber es erscheint unwahrscheinlich, daß die Besiedelung des Kontinents in einem Zug erfolgte. Die Archäologie, die unterschiedlichen heutigen Indianersprachen sowie die Zahnformen deuten darauf hin, daß die Besiedelung in mehreren Schüben stattfand. Auch müssen die Clovis-Menschen nicht unbedingt die ersten Amerikaner gewesen sein. Es ist gut möglich, daß sie in einigen Regionen frühere Siedler verdrängten, die sich dann aber an anderen Orten weiter fortpflanzten. Das könnten Völker wie die Ona gewesen sein, die Charles Darwin in Feuerland vorfand und als minderwertig ansah. »Ihre rote Haut war schmutzig, ihr Haar wirr, ihre Stimmen schrill, ihre Gestik wild und ohne Würde. Wenn man diese Kreaturen betrachtet, kann man sich kaum vorstellen, daß sie unsere Mitmenschen sind und dieselbe Welt bewohnen«, schrieb er.[27] Aber auch sie gehörten zu unserer Art, was Darwin auch bereitwillig zugab, wenn er besserer Laune war. Allerdings unterschieden sie sich so sehr von anderen Ureinwohnern Amerikas, daß einige Anthropologen vermuten, daß sie die letzten Nachfahren einer früheren Migration waren. Die reinrassigen Ona sind inzwischen leider ausgestorben. Die Hypothese kann daher nur anhand der DNS in ihren Skeletten überprüft werden.

Auch diesmal ist es die Genetik, die uns bei der Frage weiterhilft, wann wir diesen Kontinent besiedelten, der heute eine dominierende Rolle auf der Erde spielt. Die Geräte der Clovis und andere Fundstücke deuten darauf hin, daß die ersten Menschen vor 15000 Jahren nach Amerika kamen. Einige Archäologen glauben allerdings, daß wir sogar schon vor 35000 Jahren dort Fuß faßten. Die von Cavalli-Sforza und seinem Team gesammelten genetischen Daten stützen diese Hypothese.[28] Die Blut- und Proteinanalysen amerikanischer Ureinwohner weichen so weit voneinander ab, daß man von einer Besiedelung des Kontinents vor 30000 Jahren ausgeht und zwar in mindestens drei Einwanderungsschüben.

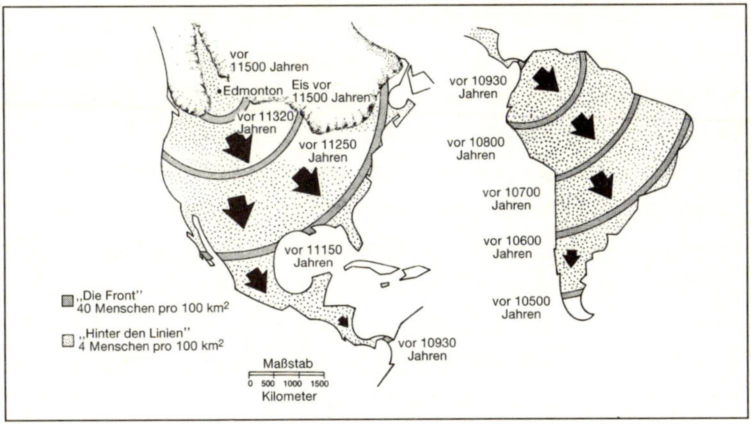

Ausbreitung der Menschen in Amerika und die damit verbundenen Aussterbewellen nach Martin.

Auch die Studien von Doug Wallace von der Emory University stützen dies.[29] Wallace und seine Kollegen stellten fest, daß eine von vier seltenen Varianten mitochondrialer DNS, die bei den amerikanischen Ureinwohnern vorkommt, auch bei Asiaten existiert, aber nicht bei Europäern und Afrikanern. Das ist ein eindeutiger Hinweis auf ihre Herkunft. Hinzu kommt, daß diese Varianten bei Amerikanern sehr viel häufiger vorkommen als bei Asiaten, das heißt, die Amerikaner stammen von einer kleinen Zahl Gründermütter aus Asien ab. Das könnten in der ersten Gruppe nur vier Frauen gewesen sein. Vielleicht waren es aber auch vier Gruppen eng verwandter Frauen aus der Jäger-und-Sammler-Vorhut. Auf jeden Fall gab es damals, vor etwa 21000 bis 42000 Jahren, einen eindeutigen Populationsengpaß.

In Pedra Furada im trockenen Dornenwald Nordbrasiliens gibt es archäologische Hinweise auf eine weiter zurückliegende Besiedelung Amerikas. Unter einem hohen Sandsteinfelsen fand man dort Steingeräte und Feuerstellen. Die Radiokarbondatierung ergab mit abnehmender Zuverlässigkeit ein Alter von weniger als 10000 bis zu fast 50000 Jahren. Sollte die letztgenannte Datierung korrekt sein, so hätte Amerika damit einen weit zurückreichenden Stammbaum. Experten bezweifeln allerdings, daß die Feuerstellen von Menschen geschaffen wurden und behaupten, die ältesten Geräte seien nur vom Felsen heruntergefallene Steine, die beim Aufprall zerbrochen seien und es nun so aussehen ließen, als hätten frühe amerikanische Siedler, die es in Wirklichkeit gar nicht gab, Werkzeuge aus ihnen gemacht.[30]

Die Frage ist nun, wurde Amerika vor 15000 Jahren von einigen Einwandererwellen aus Asien besiedelt oder kamen die ersten Siedler vor mindestens doppelt so langer Zeit? Darauf gibt es noch keine endgültige Antwort. Auch in Australien, der geheimnisvollsten aller menschlichen Siedlungsstätten, wird es für den Anthropologen nicht leichter.

Australien ist ein riesiger, noch immer nur spärlich besiedelter Kontinent. Im Norden gibt es tropische Wälder, im Inneren herrscht große Trockenheit, im kühleren Süden gibt es ebenfalls Wälder, und früher waren Teile des Landes sogar eisbedeckt. Damals war Australien auch ein unerschöpfliches Jagdgebiet mit zahlreichen großen Vögeln und seltsamen Beuteltieren: drei Meter großen Känguruhs, dem *Diprotodon*, einer Art grasfressenden Wombats von der Größe eines Nashorns, einem löwenähnlichen fleischfressenden Beuteltier, riesigen Koalabären, hirschähnlichen Beuteltieren und einem riesigen Waran von der Größe eines Pferdes. Diese einzigartige Fauna konnte sich ungestört entwickeln, nachdem Australien sich vor über 45 Millionen Jahren von Südamerika und der Antarktis abgetrennt hatte. Als der *Homo sapiens* erschien, starb diese exotische Tierwelt aus. Allerdings können wir nur vermuten, wann dieser dramatische Auftritt stattfand.[31] Einen einfachen Weg nach Australien gab es nicht. Die südostasiatischen Inseln waren mit undruchdringlichem Urwald bewachsen, und selbst während der Eiszeit, als der Ozean seinen Tiefstand erreicht hatte und Tasmanien, Australien und Neuguinea einen einzigen Kontinent bildeten, war Asien noch immer eine beträchtliche Strecke entfernt. Die Siedler mußten viele Reisen von Insel zu Insel auf sich nehmen und dabei oft über 60 Kilometer offenen Meeres überqueren. Das konnte doch nur einer hochentwickelten und daher rezenten Gesellschaft gelungen sein, glaubten die Archäologen. Daher mußte Australien, ebenso wie Amerika, vor nicht allzulanger Zeit besiedelt worden sein. Diese ein wenig arrogante Schlußfolgerung wurde jedoch bald widerlegt.

Die Region von Willandra in Südaustralien besteht heute nur noch aus Gestrüpp und Wüste. Früher waren hier Seen voller Fische und Schalentiere. An ihren Ufern lebten riesige Beuteltiere und die ersten Australier. Wir wissen von ihrer Existenz, seit im Jahre 1968 in der Nähe des ausgetrockneten Bettes des Mungosees mehrere menschliche Skelette gefunden wurden. Eines davon schien teilweise eingeäschert worden zu sein. Die Knochen waren versengt und gebrochen, und da das Individuum nicht einmal 1,5 Meter groß und von zierlicher Gestalt gewesen war, nahm man an, daß es sich um das Skelett einer Frau handelte. Ein weiteres, anscheinend männliches Skelett war ausgestreckt begraben worden und mit rotem Ocker bemalt, wie bei der Bestattung vieler Cromagnon-Menschen auch. Die Radiokarbondatierung ergab, daß die Einäscherung vor etwa 26000 Jahren stattgefunden hatte. Das ist das bisher älteste Beispiel von Feuerbestattung. Die begrabenen Skelette waren über 30000 Jahre alt.[32]

Die Funde erregten beträchtliches Aufsehen. Bedeutete dies doch, daß die Seefahrt – die einzige Möglichkeit für die Siedler nach Australien zu gelangen – noch viel weiter in die Vorgeschichte zurückreicht als bisher angenommen. Die Menschen, die nach Australien gelangt waren, hatten mindestens 20000 Jahre früher als es archäologische Daten bis dahin vermuten ließen, seetüchtige Boote gebaut. Der rote Ocker, der aus verschiedenen Minen stammte, wies darauf hin, daß hier ebenso wie bei den Cromagnon-Menschen derselben Zeit Pigmente zur Körperbemalung verwendet wurden. Die Überreste von Fischen, Schalentieren, Krebsen, Eierschalen, kleinen Vögeln und Säugetieren sowie Steingeräten, die man an den Fundorten verstreut fand, sind ebenfalls Zeichen einer komplexen steinzeitlichen Lebensweise. Sogar Herde wurden entdeckt. Das waren in den Sand gegrabene Löcher voller Asche und Kohle mit einem Deckel aus gebranntem Ton. Australien war also, was die Evolution angeht, in keinster Weise ein Hinterland.

Während die Wissenschaftler noch die Entdeckungen von Mungo verdauten, fanden Archäologen und Paläontologen in Kow Swamp, mehrere hundert Kilometer weiter südlich, noch ungewöhnlichere menschliche Überreste. Man barg teilweise erhaltene Skelette, von denen einige wieder klare Zeichen einer Feuerbestattung und die Verwendung von rotem Ocker aufwiesen. Doch diesmal hatte die Bestattung in jüngerer Zeit, vor etwa 10000 Jahren, stattgefunden. Erstaunlicherweise sahen einige der Fossilien ganz anders als die von Mungo aus. Sie hatten große Gesichter, Kiefer und Zähne, ausgeprägte Überaugenbögen und eine fliehende Stirn. Das machte die Sache sehr spannend, denn die grazileren Bewohner von Mungo schienen den robusteren, schwereren von Kow Swamp voranzugehen. Das stellte eine Umkehrung des üblichen Evolutionsprozesses dar.

Was war also vor 10000 bis 30000 Jahren in Australien geschehen? Dem Multiregionalisten Alan Thorne zufolge müssen zwei unterschiedliche Populationen von Menschen auf dem Kontinent gelebt haben. Die Mungo-Menschen waren, selbst im Vergleich zu den heutigen australischen Aborigines, grazil gebaut. Nach Thornes Ansicht kamen diese Menschen aus China und brachten die Gene des Peking-Menschen über Neuguinea und Ostaustralien ins Land. Die schwerer gebauten Bewohner von Kow Swamp kamen seiner Meinung nach über Java, Sumatra und Timor nach Nordaustralien, bevor sie an die Westküste gelangten. Sie brachten die Gene der Java- und Ngandong-Menschen mit. Diese frühen Siedler müssen mindestens 20000 Jahre getrennt voneinander gelebt haben, bevor sie sich vor etwa 10000 Jahren vermischten und die Vorfahren der heutigen Aborigines wurden. Das würde bedeuten, daß die modernen, nicht sehr großen Aborigines aus den kleineren, grazilen Mungo-Menschen und den größeren, kräftigeren Bewohnern von Kow Swamp hervorgingen.[33]

Aber nicht alle stimmten dieser Erklärung zu. Peter Brown, ein ehemaliger Student von Alan Thorne von der australischen University of New England, stellte die Behauptung in Frage, daß es sich bei den grazilen Mungo-Fossilien um einen Mann und eine Frau handelte. Er meinte, der eingeäscherte Körper sei der einer Frau, aber auch die bestattete Leiche sei kein Mann, sondern ebenfalls eine Frau gewesen. Das mag nun wie paläontologische Haarspalterei klingen, akademischer Streit um Fossilinterpretation. Aber wenn es sich tatsächlich um zwei weibliche Skelette handelt, so kamen uns die Mungo-Menschen nur deshalb grazil vor, weil wir lediglich über zierlich gebaute weibliche Skelette verfügen. Es ist gut möglich, daß die Männer schwerer gebaut waren, so wie die Menschen von Kow

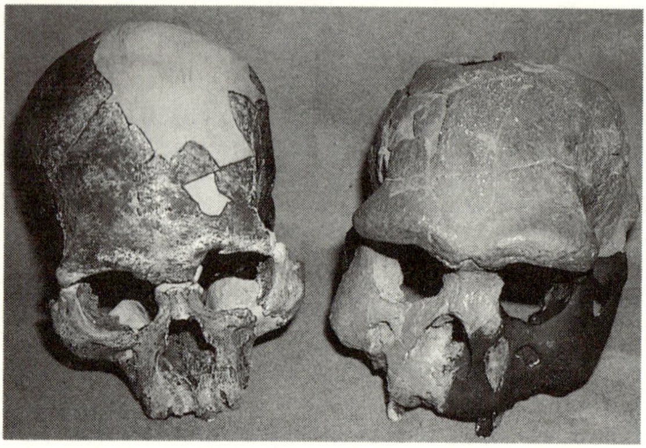

Homo-erectus-Schädel aus Java und australischer Schädel aus Kow Swamp.

Swamp. In diesem Fall hätte es in Australien nicht zwei Steinzeit-Populationen aus grazilen und kräftigen Menschen, sondern »nur eine homogene Pleistozän-Population« gegeben, wie Brown meint. Und was ist mit der fliehenden Stirn der in Kow Swamp gefundenen Schädel? Die wurde, laut Brown, künstlich durch über die Stirn laufende Riemen deformiert, an denen Lasten auf dem Rücken befestigt wurden. Eine Praxis, die bekanntermaßen die Schädelform verändern kann.[34]

Für die verdickten Schädelwände, die angeblich nur bei der robusten Gruppe vorkommen, hat Brown eine recht exotische Erklärung. Sie basiert auf den Bräuchen der heutigen Aborigines, bei denen Landstreitigkeiten im Kampf mit schweren Holzprügeln ausgetragen werden. Die Betreffenden stehen sich gegenüber, abwechselnd schlägt einer zu, und der andere versucht, den Schlag abzuwehren. Der Streit gilt als beendet, wenn einer der Gegner so schwer verwundet ist, daß er nicht mehr weiterkämpfen kann. Da diese Kämpfe hauptsächlich zwischen jungen Erwachsenen im besten fortpflanzungsfähigen Alter stattfinden, sind, laut Brown, diejenigen mit dickerem Schädel im Vorteil. Erstaunlicherweise weist zumindest die Hälfte aller Schädel von Aborigines aus Südaustralien Frakturen am vorderen oder seitlichen Teil auf (die seitlichen Frakturen befinden sich meistens links, was für eine Verwundung durch einen Rechtshänder sprechen würde). Ähnlich häufig findet man geheilte Unterarmbrüche, die beim Abwehren der Schläge entstanden sein müssen. Brown stellte fest, daß schon 11000 Jahre alte Skelette diese Verletzungen aufweisen. Er hält die dicken Schädelwände nicht für *Homo-erectus*-Merkmale. Sie seien vielmehr die Folge der rituellen Schlägereien, die bei den Aborigines gewissermaßen unser Amtsgericht ersetzen.[35]

Diese allgemeine Interpretation von nur einer Ahnenpopulation, aus der sich allmählich die heutigen Aborigines entwickelten, wird inzwischen von zahlreichen Anthropologen übernommen, darunter auch Colin Pardoe vom South Australian Museum in Adelaide. Er sagt:

> Ein Modell der Diversifizierung ist einem Modell mit mehreren Ursprüngen auf der Basis seiner Einfachheit, der weitgefaßtesten Erklärung von Daten und der Evolutionstheorie, besonders der Theorie des Genflusses, vorzuziehen. Die Verschmelzung von sexuellem Dimorphismus und Robustizität ist einleuchtend, der komplexe Migrationsansatz, der notwendig ist, um zwei Gründerpopulationen Tausende von Generationen voneinander fernzuhalten, ist nicht glaubwürdig.[36]

In bester paläontologischer Tradition erhitzte sich der Streit zwischen Browns und Thornes Lager in den letzten Jahren immer mehr und eskalierte schließlich anläßlich einer äußerst kontroversen Studie über ein 14000 Jahre altes Skelett, das man in einer Höhle auf King Island zwischen Tasmanien und Australien gefunden hatte. Es handelt sich dabei um eine wichtige Fundstätte, die Aufschluß über Verbindungen zwischen den Aborigines der Inseln und des Festlands vor Anstieg des Meeresspiegels vor 10000 Jahren geben könnte. Aber seit kurzem gibt es strenge Gesetze, was Untersuchungen eventueller Grabstätten der Vorfahren der Aborigines angeht. Und so durften Thorne und sein Kollege Robin Sim das Skelett nur drei Stunden lang analysieren, bevor es wieder begraben wurde. Sie konnten in dieser Zeit dreißig Messungen vornehmen und schlossen – in Übereinstimmung mit Thornes Modell der zwei Populationen –, daß es sich um einen der grazilen Mungo-Menschen handele. Diese Interpretation ging Brown nun absolut gegen den Strich, und er veröffentlichte eine geharnischte Kritik. Da das Skelett wieder begraben worden war, konnte nun niemand die Genauigkeit der Angaben von Thorne und Sim überprüfen. Brown schrieb, daß die meisten von Thornes Beobachtungen darauf hinwiesen, daß es sich bei dem Skelett von King Island um eine Frau handelte, was nun wieder Browns eigene Theorie stützen würde. Die Lösung wäre, das Skelett erneut zu analysieren. Die Genehmigung dafür wird wahrscheinlich nicht erteilt, da diese Angelegenheiten seit Einführung der strengen Wiederbestattungsgesetze in Australien sehr kompliziert geworden sind. Aufgrund dieser Gesetze mußte auch die gesamte Sammlung von Kow Swamp, welche die Grundlage von Alan Thornes Theorie über eine robuste prähistorische Population bildet, wieder begraben werden.[37] Ein höchst brisantes, und für Anthropologen und Paläontologen sehr ärgerliches Dilemma.

Es ist natürlich ärgerlich, von der Existenz von Beweismaterial zu wissen, das bei der Lösung eines wissenschaft-

Der Tasmanier William Lanne.

lichen Problems helfen könnte. Andererseits ist den Aborigines, besonders den tasmanischen, von seiten der Europäer so viel angetan worden, daß man ihre Haltung nur verstehen kann. Als Tasmanien 1642 entdeckt wurde, lebten dort etwa 5000 Jäger und Sammler. Sie fertigten einfache Stein- und Holzwerkzeuge, hatten aber anscheinend, im Unterschied zu ihren Verwandten vom Festland, keine Bumerangs und Netze. Dann kamen die weißen Siedler und entführten ihre Kinder als Arbeitskräfte und ihre Frauen als Partnerinnen. Die Männer wurden umgebracht. 1828 wurde das Kriegsrecht erklärt, und man befahl den Soldaten, jeden Aborigine, der im Siedlungsgebiet gesichtet wurde, zu erschießen. Zwei Jahre später wurden die letzten reinrassigen Tasmanier zusammengetrieben und auf das nahegelegene Flinders Island gebracht. Die Insel wurde wie ein Gefängnis betrieben. Die meisten der Häftlinge starben an Unterernährung, nur wenige Neugeborene überlebten die ersten Monate. Der letzte Mann, er hieß William Lanne, starb 1869. Doch damit waren die Demütigungen noch nicht zu Ende. Die Wissenschaftler stritten sich um seine Leiche und behaupteten, er sei das fehlende Glied zwischen Affe und Mensch. Seine Leiche wurde ständig ausgegraben und wieder verscharrt. Jedesmal wurden andere Körperteile entfernt: Kopf, Hände, Füße, Ohren, Nase und so weiter. Ein Arzt ging soweit, aus Lannes Haut einen Tabakbeutel anzufertigen. Truganini, die letzte Frau, starb 1876. Vor Angst, ebenfalls verstümmelt zu werden, bat sie um eine Seebestattung. Doch ihre Bitte war vergebens. Ihr Skelett wurde exhumiert und im tasmanischen Museum ausgestellt. 1976, hundert Jahre nach ihrem Tod, wurden ihre Knochen schließlich verbrannt und auf See bestattet, wie sie es gewünscht hatte. Angesichts solch grotesker Entwürdigungen überrascht es nicht, daß die Ureinwohner vieler Länder, wie zum Beispiel Tasmaniens, Australiens, Hawaiis und des amerikanischen Festlands, nun versuchen, sich ihre eigene Geschichte zurückzuerobern, ohne dabei Rücksicht auf die modernen Wissenschaftler zu nehmen, die ihre Ursprünge studieren wollen.[38]

Die Wissenschaftler warten unterdessen mit immer neuen Überraschungen auf. Thermolumineszenz-Datierungen von Sandkörnern der nordaustralischen Fundstätten Malakunanja II und Nauwalabila, wo man zahlreiche Steingeräte und Zeichenstifte aus rotem Ocker fand, ergaben ein Alter von 50000 bis 60000 Jahren. Damit handelt es sich um die ältesten bekannten Geräte des Kontinents. Die Untersuchungsergebnisse deuten auch darauf hin, daß die Siedler aus dem Westen kamen und schon vor sehr langer Zeit in die trockenen Regionen gezogen waren.[39]

Diese jüngsten Untersuchungen zeigen, daß die Menschheit schon immer neue Gebiete eroberte. Aber warum kam der *Homo sapiens* nach Amerika und Australien? Haben die Menschen über die verschneite Landschaft von Beringia geblickt oder über das offene Meer Ostasiens und sich gefragt, was wohl dahinter liegt? Höchstwahrscheinlich war es nicht so. Der Druck weiterzuziehen entstand eher durch Bevölkerungswachstum. Neue Generationen brauchten neue Gebiete, weil das Land keine größere Dichte von Sammlern und Jägern ernähren konnte. Kingdon meint dazu:

> Auswanderungsbewegungen der Urvölker über längere Strecken stellt man sich oft so vor, als ob die prähistorischen Gruppen vom Forscher- und Wanderdrang angetrieben waren. Diese Bewegungen waren jedoch nicht die Folge freier Entscheidungen, sondern durch äußere Bedingungen und Zwänge verursacht. Eine Reihe von schlechten Jahren, eindringende aggressive Nachbarn, Bevölkerungsdruck, Übernutzung der Jagdtiere, die Erfindung neuer und besserer Techniken, Flucht vor Krankheiten oder die Erfüllung einer Schamanen-Prophezeiung, all dies und noch viel mehr kann das Vorstoßen in unbekannte Regionen ausgelöst haben.[40]

Als die ersten Menschen in Amerika ankamen, war ihnen sicher nicht klar, was für eine bedeutsame Reise sie hinter sich hatten. Sie waren wahrscheinlich einfach wandernden Rentierherden über Beringia gefolgt. Die ersten Menschen hingegen, die nach Neuguinea oder Australien kamen, haben sicher sehr schnell gemerkt, daß sie sich in einem erschreckend neuen Land befanden und vermutlich nie mehr in ihre Heimat zurückkehren würden. Während die ersten Amerikaner in Alaska und Kanada bekannte Pflanzen und Tiere vorfanden, kamen die ersten Australier wirklich in eine Neue Welt voller seltsamer Wesen. Ihre Reise muß auch kein einfaches Inselhüpfen bei niedrigem Meeresspiegel gewesen sein. Sie kann auch bei hohem Seegang stattgefunden haben. Der steigende Meeresspiegel hatte vielleicht ihren Lebensraum verkleinert und den Populationsdruck vergrößert. Um dem zu entkommen, brachen die Gruppen vermutlich in Richtung eines Landes auf, das sie sehen konnten, wurden dann aber von gnadenlosen Gezeiten und Winden von ihrem Kurs abgebracht. Viele dieser frühen Seefahrer kamen ums Leben. Aber einige überlebten und wurden in einem unbekannten Land angespült, wo sich eine ganz neue Menschenart bildete.

Diese Geschichte wiederholte sich unzählige Male. Auf der ganzen Erde gab es ständig Wellen von Wanderungen und Invasionen, und so entstand allmählich eine Welt mit blaßhäutigen, blauäugigen Skandinaviern, rätselhaften Basken mit einer seltsamen Sprache und einem eigentümlichen Blutfaktor, den Baika-Pygmäen Zentralafrikas, den Stämmen Neuguineas, Samoanern, den Falascha-Juden Äthiopiens, den Yanonami vom Amazonas, den Tiwis aus Australien und Hunderten mehr. In der Vergangenheit wurden die Unterschiede zwischen diesen Gruppen häufig hochgespielt, und man etikettierte sie als niederträchtig, tüchtig, faul und so weiter. Aus dem »Out-of-Africa«-Modell folgt jedoch, daß diese Vorstellungen veraltet sind. Die Nachkommen der Menschen, die vor 50000 Jahren Australien entdeckten, die Abkömmlinge der Stämme, die vor 12000 Jahren durch Amerika zogen und die Nachfahren aller anderen Siedler Europas, Afrikas und Asiens sind biologisch miteinander verbunden. Sie sind alle die Kinder der Afrikaner, die aus ihrer Heimat aufbrachen. Und seit damals sind auf der Uhr der Evolution erst ein paar Sekunden verstrichen. Sie haben sich inzwischen auf der Erde verteilt und oberflächlich andere Merkmale entwickelt, aber unter dieser Oberfläche gibt es kaum Unterschiede innerhalb unserer Art. Unsere Nachbarn in einem anderen Land kom-

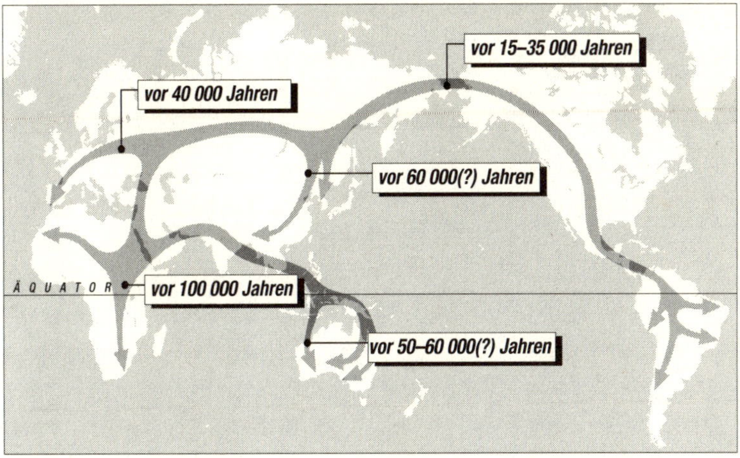

Karte der Ausbreitung des *Homo sapiens* in den letzten 100000 Jahren.

men uns vielleicht exotisch vor, aber wie wir in Kapitel 6 gesehen haben, sind wir uns genetisch alle sehr ähnlich. Und dennoch sind Rassenunterschiede ein Thema, das die Politik in der Welt beschäftigt. Serben kämpfen gegen Bosnier, die Tutsi schlachten ihre Nachbarn aus Burundi ab, Schwarze und Weiße in Amerika unterhalten nur einen gespannten Frieden. Diese prekäre Spaltung ist seit Tausenden von Jahren die Ursache für sehr viel Leid. Unsere neue evolutionäre Perspektive bietet uns nun jedoch die Möglichkeit, die Ursachen und Wirkungen neu zu überdenken.

8 Wir sind alle Afrikaner

> Wir ignorieren die enge Verwandtschaft aller Menschen, wenn wir nach den kleinsten Unterschieden suchen und sie übertreiben, bis wir uns schließlich von Feinden umgeben wähnen und nicht von Individuen unserer eigenen Art.
>
> ERICH HARTH[1]

> Wie weit liegt unsere Kindheit zurück? Ich glaube, unsere Kindheit reicht Tausende von Jahren zurück, weiter als die Erinnerung jeder Rasse.
>
> BEN OKRI[2]

Sir Philip Mitchell, der ehemalige Gouverneur von Kenia, hatte keine hohe Meinung von den afrikanischen Staaten, die das Rückgrat des Britischen Weltreichs bildeten. Diese Länder sind bewohnt von »Menschen, die nie ein Alphabet erfunden oder erlernt haben, nicht einmal eine Art von Hieroglyphenschrift«, schrieb er in den fünfziger Jahren.

> Sie kannten keine Zahlen und keinen Kalender, sie hatten kein Maß für Zeit und keine Längen-, Raum- oder Gewichtsmaße, keine Währung, und es gab keinen Außenhandel, außer mit Sklaven und Elfenbein ... kein Pflug, kein Rad und keine Transportmittel, außer dem eigenen Kopf an Land und Einbäumen auf Flüssen und Seen. Diese Menschen haben nichts erbaut, überhaupt nichts, das aus dauerhafterem Material als Lehm, Pfählen und Stroh wäre. Eine Großzahl hatte überhaupt keine Kleider an, andere trugen Lappen aus Häuten und Fellen.[3]

Was für ein gehässiger Angriff, und er hat Methode. Man setzt die Leistungen anderer herab, in diesem Fall die der

Bewohner von Europas Kolonien. Indem man ihre Unzulänglichkeiten übertreibt, zeigt man auf, daß sie viel zu zurückgeblieben sind, um ihre Angelegenheiten selbst in die Hand zu nehmen. Diese Einstellung findet sich schon in Thomas Hobbes *Leviathan* von 1651: »Keine Künste, keine Literatur, keine gesellschaftlichen Beziehungen, und es herrscht, was das Schlimmste von allem ist, beständige Furcht und die Gefahr eines gewaltsamen Todes – das Leben der Menschen ist einsam, armselig, ekelhaft, tierisch und kurz.«

Wer wie die Anthropologin Germaine Dieterlen das Leben dieser Menschen studiert hat, kann sich dieser Ansicht nicht anschließen. Ihre Beobachtungen im Vergleich zu denen Sir Philips:

> Die Afrikaner, mit denen wir in der Region des Oberen Niger gearbeitet haben, verfügen über ein System aus tausenden von Zeichen, ein eigenes astronomisches System und kalendrische Maße, Rechenmethoden und ein ausgeprägtes anatomisches und physiologisches Wissen sowie einen systematischen Bestand an Arzneimitteln. Die ihrer sozialen Organisation zugrundeliegenden Prinzipien zeigen sich in Klassifizierungen, die viele Naturerscheinungen umfassen ... Pflanzen, Insekten, Textilien, Spiele und Riten sind in Kategorien eingeteilt, die weiter unterteilt, numerisch ausgedrückt und miteinander in Beziehung gebracht werden können. Auf diesen Prinzipien bauen die politische und religiöse Macht der Häuptlinge, das Familiensystem und die Gesetze auf; Verwandtschaftsbeziehungen und Heiraten spiegeln sich darin wider. Im Grunde basieren alle Aktivitäten des täglichen Lebens auf ihnen.[4]

Diese beiden Eindrücke vom afrikanischen Leben stehen in lebhaftem Kontrast zueinander. Man kann nur hoffen, daß die zweite Schilderung heute größeres Gewicht hat, auch wenn vorsintflutliche Ansichten wie die Sir Philips noch Einfluß haben. Bei Berichten über Greueltaten in Ländern wie Uganda oder Ruanda hängt noch immer der unausgesprochene Kommentar in der Luft: »Was kann man schon erwarten? Afrika wird sich nie auf zivilisierte Weise selbst regieren können.« Dabei ermordete eine von Europas »zivilisiertesten« Nationen vor nur 50 Jahren systematisch 6 Millionen Menschen und zwang der Welt einen Krieg auf, der mindestens noch einmal 40 Millionen das Leben kostete. Auch haben die Konflikte in Bosnien und Serbien nicht dazu beigetragen, Europa als besonders zivilisierten Kontinent erscheinen zu lassen. Afrika ist nicht besser und nicht schlechter als jeder andere Schauplatz auf der ganzen Welt, aus dem einfachen Grund, daß die Grausamkeit des Menschen weltweit anzutreffen ist und keine geographischen Grenzen kennt.

Schubladendenken in bezug auf Rassen ist jedoch selbst unter Wissenschaftlern weit verbreitet. Und lange Zeit ging man davon aus, daß es tiefgreifende biologische Unterschiede zwischen den Völkern der Welt gebe. Jahrzehntelang hielt man die verschiedenen Facetten des *Homo sapiens* für Überbleibsel der Millionen von Jahren zurückliegenden Gabelungen unseres Stammbaums. Man dachte, die Rasse habe eine tiefe biologische Bedeutung. Die Anerkennung des »Out-of-Africa«-Modells in jüngster Zeit hat einen Wandel bewirkt; denn die Theorie zeigt, daß wir unter der Haut tatsächlich alle Afrikaner sind, und daß die Einteilung in Eskimos, Buschmänner, Australier, Skandinavier und andere Völker nur der Schlußteil eines langen Lieds der Evolution des Menschen ist.

Tragen wir noch einmal die Fakten zusammen. Da waren John Yellens und Alison Brooks Entdeckungen in

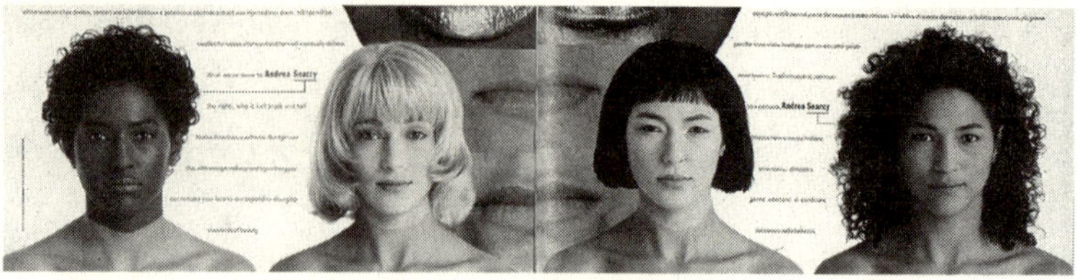

Andrea Searcy (ganz rechts), afrikanisch, europäisch und asiatisch.

Katanda, Zaire: Knochenharpunen, fein geschnitzte Messer, Zeichen systematischen Fischfangs und die Stein- und Trümmerhaufen, die darauf hinweisen, daß man damals schon Häuser baute (siehe Kapitel 1).[5] All das entstand Tausende von Jahren bevor der *Homo sapiens* in Europa ähnliches schuf. Afrika war keine kulturelle Sackgassse, was auch immer Leute wie Sir Philip denken mögen.

Dann die genetischen Analysen. Sie zeigen, wie starr, schlicht und einheitlich der moderne Mensch angelegt ist. Von den Schimpansen Zentralafrikas gibt es drei Unterarten, die für die meisten Menschen sehr ähnlich aussehen. Dennoch unterscheiden sich diese Schimpansen-»Rassen« genetisch zehnmal so sehr wie Angehörige der Gruppen, die Linné, Blumenbach und Coon als Afrikaner, Europäer und Asiaten kategorisiert haben (siehe Kapitel 3).[6]

Nicht zu vergessen ist auch die Arbeit des Biologen Richard Lewontin von der Harvard University, der anhand einer Reihe von siebzehn DNS-Abschnitten die Unterschiede von 168 Populationen, darunter Österreicher, Thais und Apachen, studierte. Auf diese Weise stellte Lewontin fest, daß die Abweichungen innerhalb einer Rasse größer sind als die zwischen verschiedenen Rassen.[7] Nur 6,3 Prozent der Differenzen zwischen Menschen mit unterschiedlichem ethnischen Hintergrund können durch ihre Zugehörigkeit zu einer anderen Rasse erklärt werden. Das heißt, würde

Ein computerverändertes Bild Arnold Schwarzeneggers, so daß er afroamerikanisch aussieht.

man wahllos zwei Probanden, zum Beispiel Norweger, von der Straße holen und ihre 23 Chromosomen analysieren, käme man vermutlich zu dem Ergebnis, daß ihre Gene weniger gemeinsam haben als die Gene eines dieser Probanden mit denen einer Person von einem anderen Kontinent. Sharon Begley formulierte das in einem Aufsatz über Rassen, der im Februar 1993 in der Zeitschrift *Time* erschien, folgendermaßen: »Genetische Abweichungen zwischen Individuen derselben Rasse sind im Durchschnitt sehr viel größer als Abweichungen zwischen verschiedenen Rassen.« Einen Menschen nach seiner Rassenzugehörigkeit zu kategorisieren, kann schwer in die Irre führen.

Natürlich sagen die Gene auch etwas über die Unterschiede zwischen den Populationen aus. Analysen der mitochondrialen DNS ergaben, daß die genetischen Unterschiede innerhalb Afrikas dreimal größer sind als in Europa und beinahe doppelt so groß wie in Asien.[8] Ebensogroße Unterschiede zeigen sich bei der Vermessung afrikanischer Schädel[9] und bei einer Reihe von Analysen der Kern-DNS, wie Kidd und Tishkoff sie durchgeführt haben (siehe Kapitel 6). Unsicher ist, ob diese Unterschiede auf eine ältere Population zurückzuführen sind oder auf eine schnellere Erholung nach dem Engpaß, welcher der weltweiten Ausbreitung der Menschheit voranging.

Die Botschaft der »Out-of-Africa«-Theorie ist ganz klar und einfach: Die seit unserem Exodus vergangene Zeitspanne ist so kurz, daß, wenn überhaupt, nur geringfügige Unterschiede bezüglich Intellekt und angeborenem Verhalten zwischen den modernen menschlichen Populationen entstanden sein können. Und doch wird diese Tatsache noch immer von einigen bestritten. Es gibt Forscher, die der intellektuellen Tradition von Galton, Eysenck und Jensen verpflichtet bleiben und Wissenschaftler, die behaupten, Rassenunterschiede hätten einen tiefgreifenden Einfluß auf psychologische und intellektuelle Fähigkeiten. Stark angeheizt wurde die Diskussion in den letzten Jahren durch die Behauptung, man habe Beweise dafür, daß sich die Weltbevölkerung auf einfache Weise in verschiedene Kategorien einteilen lasse, vor allem hinsichtlich ihrer Intelligenz.

Der in Großbritannien geborene Philippe Rushton von der University of Western Ohio hielt 1989 vor der American Association for the Advancement of Science einen Vortrag,[10] in dem er das »Out-of-Africa«-Modell als Ausgangspunkt für seine Behauptung benutzte, die Menschheit habe sich in einer reichen, aber unwägbaren Umgebung (Afrika) entwickelt, wo die natürliche Selektion hohe Geburtsraten und geringe elterliche Fürsorge belohnt habe. Einige Populationen seien jedoch in rauhere Gegenden (Europa und Asien) gezogen, wo geringere Geburtsraten und intensivere elterliche Fürsorge von Vorteil waren. Weiße und insbesondere Südostasiaten hätten sich diesen Erfordernissen angepaßt, behauptet Rushton, während die Schwarzen die alten afrikanischen Muster beibehielten. Er bewertet Rassen nach Gehirngröße, Bildung und Beruf, Entwicklungsstand, Fruchtbarkeit, Promiskuität, Penisgröße, Aggressivität, elterlicher Fürsorge, Gesetzestreue und vielem mehr. Schwarze erweisen sich dabei als die primitivsten, Südostasiaten als am weitesten entwickelt; die Weißen liegen irgendwo in der Mitte. Rushton gibt an, bei Intelligenztests hätten die Südostasiaten immer wieder am besten abgeschnitten (durchschnittlicher IQ 107), gefolgt von den Weißen (100), und das Schlußlicht bildeten die Schwarzen (85).

Die ganze These basiert auf einigen sehr seltsamen Annahmen. Zum einen geht Rushton davon aus, daß die »Out-of-Africa«-Theorie die Primitivität der Afrikaner beweise. Natürlich ist das nicht der Fall. Wie wir in diesem ganzen Buch und auch in diesem Kapitel gesehen haben, liefert die Theorie keinerlei Begründung für die Behauptung, Südostasiaten seien evolutionär höherstehend und Schwarze in irgendeiner Weise minderwertig. Man nimmt an, daß Europäer und Südostasiaten über gemeinsame Ahnen näher miteinander verwandt sind, aber es gibt keine rationale Grundlage dafür, daß letztere »weiter entwickelt« seien als Europäer oder Schwarze. Von den Cromagnon-Menschen, den vermutlichen Vorfahren der Europäer, wissen wir, daß sie den Höhepunkt der letzten Eiszeit überlebten. Aber wir haben wenige Daten, aus denen wir schließen könnten, wo die Südostasiaten evolvierten. Auch läßt sich über die Verdienste und Unzulänglichkeiten von Afrikanern und Nichtafrikanern trefflich streiten. Gehört weniger dazu, die Dürren der Äquatorregion zu überstehen als einem arktischen Winter zu trotzen?

Die Quellen, auf die sich Rushton bezieht, stellen jedenfalls ein kurioses Sammelsurium dar. Am häufigsten zitiert er das Buch eines anonymen französischen Armeearztes aus dem Jahre 1898, eine wahre Fundgrube für Anekdoten über Penis-, Brust- und Gesäßgröße verschiedener Eingeborenen-Populationen. An Glaubwürdigkeit sind diese Informationen nicht zu unterbieten. Rushtons eigene Forschungsmethoden sind dementsprechend. In einem Fall bezahlte er 50 Freiwillige verschiedener Rassen – die er ausgerechnet in einem Einkaufszentrum ausgesucht hatte – für Angaben über die Größe ihres Penis und darüber, wie weit sie ejakulierten.[11] Auf der Grundlage derart rigoroser Befragungen kommt Rushton zu dem Schluß, daß Schwarze einen gesteigerten Sexualtrieb hätten, wodurch sie für HIV-Infektionen prädisponiert seien.

Kein Wunder, daß Rushtons Arbeit eine Welle der Empörung auslöste. Man nannte ihn einen Rassisten und drohte mit dem Entzug der Lehrerlaubnis. Bis jetzt macht seine Universität allerdings sein Recht der freien Meinungsäußerung in Forschung und Lehre geltend. Bezeichnenderweise erhielt Rushton eine Summe von über 700000 Dollar vom Pioneer Fund, der 1937 zur Förderung »der Rassenverbesserung mit speziellem Hinblick auf die Menschen in den Vereinigten Staaten« gegründet wurde. Dabei liegen den Verwaltern des Fonds allerdings allem Anschein nach nur die Interessen weißer Amerikaner am Herzen. Sie bekundeten immer wieder Sympathie für Nazi-Deutschland, traten dafür ein, die Schwarzen in ihre Heimatländer zurückzusenden, waren für die Abschaffung der Rassenintegration in den Schulen und unterstützten Südafrikas »vernünftige Rassenpolitik«.[12]

Rushtons Ansichten wären sicher in Vergessenheit geraten, wenn sie nicht 1994 durch das Buch *The Bell Curve* von Charles Murray und dem verstorbenen Richard Herrnstein[13], das in den Vereinigten Staaten eine enorme Kontroverse auslöste, wiederbelebt worden wären. (Die im Titel genannte Glockenkurve bezieht sich auf die charakteristische Form einer im Diagramm dargestellten Eigenschaft einer Population – wie zum Beispiel dem IQ –, in der wenige Menschen sehr geringe oder sehr hohe Werte erzielen und die Mehrheit sich im Mittelfeld wiederfindet. Diese sogenannte Normalverteilung ergibt einen Graphen von der Form einer Glocke.) Herrnstein und Murray, die elfmal Rushtons Werk und andere Arbeiten von Begünstigten des Pioneer Funds zitieren, beziehen ihre Argumente vor allem auf die überproportional vielen Schwarzen in den untersten Schichten der amerikanischen Gesellschaft. Da die Schwarzen auch über den geringsten IQ verfügten, woran nichts zu ändern sei, wie die Autoren meinen, sollten nicht länger staatliche Fördermittel an sie verschwendet werden. Das Buch hätte zu jeder Zeit und in jedem Land Zündstoff abgegeben. Aber zu einer Zeit, als die Amerikaner, darunter auch viele Liberale, die Vorzüge des Wohlfahrtssystems und der Bürgerrechte in Frage zu stellen begannen, traf der Inhalt des Buches einen empfindlichen Nerv. Die Wogen schlugen so hoch, daß sich die Zeitschrift *New Republic*, die einen elfseitigen Auszug aus dem Buch bringen wollte, aufgrund der Proteste von Redakteuren und journalistischen Mitarbeitern gezwungen sah, insgesamt sechzehn Seiten mit Gegendarstellungen zu veröffentlichen.[14]

Arbeiten dieser Art basieren häufig auf dem Gedanken, daß es einen unbestreitbaren Zusammenhang zwischen Gehirngröße und IQ gibt. Rushton stellt beispielsweise immer wieder heraus, daß ein weibliches Gehirn im Durchschnitt kleiner ist als das eines Mannes. Dasselbe gilt für das Gehirn eines Schwarzen im Vergleich zu dem eines Weißen oder eines Südostasiaten. Für ihn ist die Sache ganz einfach. In Wirklichkeit ist sie viel komplexer, da Statistiken über die Gehirngröße auf den äußeren Schädelmaßen, den inneren Schädelmaßen sowie Volumen- und Gewichtsmessungen der Gehirne von Verstorbenen beruhen. Weiterhin muß man das Verhältnis von Gehirn- zu Körpergröße mit einbeziehen, da hier bei allen Primaten ein eindeutiger Zusammenhang besteht. Größere Körper brauchen ganz einfach größere Gehirne, die den Körper steuern. Das Gehirn einer Frau ist im Durchschnitt 13 Prozent kleiner als das eines Mannes. Da Frauen aber meist auch kleiner sind, verschwindet der Unterschied. (Der findige Rushton, der es nicht nur auf Schwarze, sondern auch auf Frauen abgesehen hat, findet durch die Einführung eines unsinnigen Faktors, nämlich Fett, eine Lösung für dieses Problem. Indem er entscheidet, daß Frauen etwa 20 Prozent Fett in ihrem Körper haben, Männer hingegen nur 10 Prozent, beweist er, daß Frauen tatsächlich ein kleineres Gehirn haben als Männer.[15]) Zumindest zeigt dieses Beispiel, wie schwierig es ist, das Verhältnis von Körper- und Gehirngröße zu untersuchen. Halten wir uns bei der Bestimmung der Körpergröße an das Gewicht ohne Fett, an das Gesamtgewicht, an die Größe oder an die Oberfläche? Sie haben die Wahl ...

Es ist allgemein bekannt, daß die Gehirngröße zwischen den Rassen variiert. Männer aus Feuerland haben ein durchschnittliches Hirnschädelvolumen von 1590 ml, peruanische Frauen von 1219 ml. Weitere Vergleichszahlen: Franzosen 1585, Tirolerinnen 1238, Männer der Xhosa (der Stamm Nelson Mandelas) 1570 und Kenianerinnen 1207.[16] Woher kommen diese Unterschiede? Wie wir schon gesehen haben, sind die Bewohner der Tropen durchschnittlich leichter gebaut als Menschen, die in der Nähe der Pole leben. Das ist ein spezieller Fall der Bergmannschen Regel, die besagt, daß Tiere in kälteren Klimazonen meist größer (runder) sind, damit sie die Körperwärme besser speichern können. Umgekehrt haben Menschen in wärmeren Regionen kleinere (meist dünnere) Körper. Da Körper- und Gehirngröße im Verhältnis zueinander stehen, haben sie natürlich auch ein kleineres Gehirn. Einfach ausgedrückt: Heißes Klima bringt kleinere, längere Gehirne hervor, kaltes Klima größere, rundere. Und so verhält es sich tatsächlich. Die größte Studie über Gehirnvolumen wurde 1984 von Beals, Smith und Dodd durchgeführt und ergab, daß das Klima des Herkunftslands die wichtigste Variable für die Größe des menschlichen Hirnschädels ist. »Jeder Versuch, der Gehirngröße rassische oder kognitive Bedeutung beizumessen, ist vermutlich vergeblich, solange die Klimaverhältnisse nicht die gleichen sind«, schreiben sie. »Das endokraniale Volumen (das Volumen innerhalb der Hirnschale) von Europäern und Afrikanern weicht nur wenig von dem ab, was man angesichts der unterschiedlichen Winter erwarten würde.«[17]

Rushton und Konsorten geben zu, daß Menschen, die in kälteren Regionen leben, ein größeres Gehirn haben, aber sie begründen das nicht mit der Körpergröße. Ihrer Meinung nach ist das Gehirn gewachsen, um mit den härteren Lebensbedingungen im hohen Norden fertigzuwerden. »Je weiter die Menschen von Afrika aus in den Norden zogen, desto schwieriger wurde die Suche und Lagerung von Nahrung, der Bau einer Unterkunft, die Herstellung von Kleidung und das Großziehen der Kinder in den langen Wintern«, meint Rushton.[18] »Als die ursprünglich afrikanischen Populationen zu Kaukasiern und Mongoliden evolvierten, wuchs ihr Gehirn, und die Produktion der Sexualhormone nahm ab. Damit einhergehend nahmen Aggressivität und Potenz ab, während Vorausplanung und familiäre Stabilität zunahmen.« Das soll heißen, unser Gehirn wurde größer, weil wir mehr Verstand brauchten, um mit dem Leben in Europa und Asien fertigzuwerden und später in Amerika und Australien zu bestehen.

Aber diese Argumentation hat eine wesentliche Schwachstelle. Sie geht davon aus, daß Intelligenz und Gehirngröße in enger Verbindung zueinander stehen, aber das ist keineswegs eindeutig. Nehmen wir die beiden kälteangepaßten Populationen, die wir im vorigen Kapitel kennengelernt haben: die Ona, die ursprünglichen Siedler Feuerlands, und die Tasmanier. Sie eignen sich gut für einen Vergleich zwischen Gehirngröße und -leistung, da Schädel und Gehirnvolumen der Feuerländer zu den größten überhaupt gehören, während die durchschnittliche tasmanische Gehirngröße, wie zu erwarten, größer als die ihrer australischen Verwandten war.

Beginnen wir mit Feuerland. Seine Bewohner, die Ona, lebten in einem Land, das nur wenig außerhalb des Polarkreises an der äußersten Spitze Südamerikas liegt. Umtost von Atlantik, Pazifik und dem Südlichen Eismeer wird der Archipel von Regen und Stürmen heimgesucht. Ideale Voraussetzungen für die von Rushton so bewunderten großen Schädel. Und tatsächlich hatten die Ona große Köpfe, was aber nach Meinung der meisten Wissenschaftler mit der ebenfalls zunehmenden Körpergröße in Zusammenhang stand. Für Rushton bedeutet die Vergrößerung jedoch höhere Intelligenz.

Wenn das zutrifft, wie bringen wir dann die fortgeschrittene Hirnfunktion der Ona mit ihrer armseligen Existenz in Einklang? Man erinnere sich an Darwins Beschreibung ihres elenden Lebens, ohne Feuer und richtige Kleidung. »Wenn man diese Kreaturen betrachtet, kann man sich kaum vorstellen, daß sie unsere Mitmenschen sind und dieselbe Welt bewohnen«, schrieb er.[19] Und doch müßte dieses Volk unseren zeitgenössischen Rassendemographen zufolge den Gipfel der menschlichen Leistungsfähigkeit repräsentieren, ausgestattet mit großem Gehirn und umgeben von einem Lebensraum, der unzweifelhaft einer der härtesten und kältesten ist.

Nun zu den Tasmaniern. Die Archäologen fanden heraus, daß sie vor 20000 Jahren Bohrer aus Wallaby-Knochen herstellten und Halsketten und Gravierungen anfertigten. Vor 10000 Jahren wurde ihre tasmanische Heimat durch den steigenden Meeresspiegel isoliert. Ihre Geräte wurden immer einfacher, während ihre Verwandten auf dem Festland, mit dem kleineren Gehirn, die laut Rushton in einem debil machenden wärmeren Klima lebten, vor 6000 Jahren einen plötzlichen Sprung in der Werkzeugtechnik vollzogen und eine der großen Blüten der Steinzeitkultur hervorbrachten.

Der große Schädel mit dem größeren Gehirn nützte den Feuerländern und den Tasmaniern also wenig. Sie waren weder dümmer noch intelligenter als die übrigen Menschen, wie Darwin feststellte, als er »zivilisierte« Feuerländer traf, die ein Jahr in England gelebt hatten. Diese konnten inzwischen Englisch, kleideten sich westlich und wurden als kultiviert genug angesehen, um der Königlichen Familie vorgestellt zu werden. Ihr armseliges Leben in der Heimat war auf kulturelle Isolation zurückzuführen gewesen, nicht auf geringere Intelligenz. Ebenso wie die Tasmanier lebten die Feuerländer an der einsamen Südspitze eines großen Kontinents. Und das ist der springende Punkt, den die neuen Rassenprediger übersehen. Sie gehen davon aus, daß ein großes Gehirn mit hoher Intelligenz gleichzusetzen sei.

Aber das ist eindeutig nicht der Fall. Wir würden auch nicht jemanden für besonders schlau halten, weil er einen großen Hut trägt. Die Vorstellung ist grotesk. Und doch ist es genau das, was Rushton und seine Anhänger statistisch verklausuliert behaupten. Sie haben vergessen, daß die Größe des menschlichen Gehirns sehr wenig über seine Leistung aussagt, wie zahlreiche Studien beweisen, darunter die von Majie Henneberg von der Adelaide University. Seine Untersuchungen ergeben, daß der IQ sehr wenig mit der Gehirngröße zu tun hat.[20] Henneberg weist auch darauf hin, daß andernfalls, das heißt, wenn eine Verbindung zwischen Gehirngröße und Intellekt bestünde, unsere Spezies von Jahrtausend zu Jahrtausend dümmer werden müßte. Das klingt ungewöhnlich, aber Henneberg und andere haben festgestellt, daß die Größe des menschlichen Gehirns in den letzten 10000 Jahren fast überall auf der Welt abgenommen hat. Das ist faszinierend, und wir werden im letzten Kapitel dieses Buches darauf eingehen. Der gespannte Leser muß sich gedulden (oder ein paar Seiten überspringen).

Nun ist Intelligenz schwer zu definieren und zu messen. Der Intelligenzquotient erfaßt nur einen Aspekt von Intelligenz, nämlich denjenigen, der für das Erlangen von materiellem Erfolg in westlichen Gesellschaften am einflußreichsten zu sein scheint. Dabei sind alle Hirnfunktionen – Gedächtnis, Assoziation, Extrapolation, Intuition und Kreativität – wichtig und arbeiten sowohl einzeln als auch zusammen. Intelligenztests messen nur Teilaspekte dieser unterschiedlichen Begabungen, und es besteht kein Zweifel, daß kulturelle Unterschiede und Vertrautheit mit dem Testinhalt das Ergebnis beeinflussen. So schneiden zum Beispiel die amerikanischen Ureinwohner in der Regel sehr schlecht bei Intelligenztests ab, obwohl sie ursprünglich aus Asien kommen und damit den Europäern und Afrikanern angeblich überlegen sind.

Leider wurde all das in dem Sturm, den die Veröffentlichung von *The Bell Curve* und ähnlicher Werke auslöste, vergessen. Ironischerweise brachte die *Times* gleichzeitig mit ersten Berichten über die Debatte einen Nachruf auf David Nicol, einen Schwarzafrikaner aus Sierra Leone, der sein naturwissenschaftliches Studium in Cambridge mit Bravour abgeschlossen hatte, danach ein Medizinstudium absolvierte, und das Ganze mit einer herausragenden akademischen und diplomatischen Karriere krönte.[21] Das hätte noch als Einzelfall durchgehen können, aber drei Monate später berichtete die *Sunday Times:*

> Schwarzafrikaner sind die am besten ausgebildeten Mitglieder der britischen Gesellschaft und haben doppelt so häufig akademische Berufe wie Weiße. Das ergibt die Auswertung der offiziellen Volkszählung, bei der zum ersten Mal soziale Schicht, Bildung und Ambitionen der drei Millionen starken ethnischen Minderheiten in Großbritannien berücksichtigt wurden. Ein Ergebnis, das traditionelle Klischees über die geringen Leistungen von Schwarzen in Frage stellt. Über ein Viertel der 130000 erwachsenen Schwarzafrikaner in Großbritannien haben einen über die allgemeine Hochschulreife hinausgehenden Abschluß. Damit liegen sie nun leicht vor den Chinesen, die aus früheren Volkszählungen als akademisch erfolgreichste ethnische Minderheit hervorgegangen waren.[22]

Und doch behaupten Verfasser und Verteidiger von *The Bell Curve*, es sei Verschwendung, Geld in die Ausbildung von Kindern aus unterprivilegierten Schichten zu investieren. Dem widersprach Tim Beardsley in *Scientific American* entschieden:

> Auch wenn es schwierig und teuer sein mag, IQ-Testergebnisse zu verbessern, so hilft doch eine gute Ausbildung in vieler Hinsicht. Darum, und nicht um den Intelligenzquotienten, sollte die Politik sich kümmern. Die Fixierung von *The Bell Curve* auf den IQ als besten statistischen Indikator für Erfolg im Leben ist kurzsichtig. Wissenschaftlich sind die Vorteile von Beistand und Unterstützung aus der Umwelt nicht zu leugnen.[23]

Die Geschichte unseres Auszugs aus Afrika läßt bedeutende strukturelle oder funktionelle Unterschiede zwischen den Gehirnen der verschiedenen Völker unwahrscheinlich erscheinen. Wir haben Afrika als hochentwickelte Art verlassen. Die Gruppen, die in Afrika blieben, haben diesen Stand aufrechterhalten, ebenso wie die anderen ihn benutzten, um die Welt zu erobern. Das soll natürlich nicht heißen, daß es absolut keine Unterschiede zwischen den Populationen gibt. Wie wir bereits gesehen haben, bestehen bei der »Rasse«, die Linné »Afer«, Blumenbach »Äthiopier«, Coon »Congoide« und Rushton »Negride« oder »Afrikaner« nannte, ebenso große genetische Unterschiede wie beim Rest der Weltbevölkerung zusammen. In den nächsten Jahren, wenn das *Human Genome Diversity Project* (Projekt zur Erforschung der Unterschiede des menschlichen Genoms) Daten aus der ganzen Welt gesammelt haben wird, wird man sehen, ob sich die bisherigen Erkenntnisse als haltbar erweisen.[24] Dieses Unternehmen ist ein Ableger des *Human Genome Project*, das Anfang des nächsten Jahrhunderts eine zusammengesetzte, aber vollständige Karte des gesamten genetischen Codes des Menschen erstellt haben will. Im zweiten Projekt werden bestimmte Abschnitte unserer DNS analysiert, um festzustellen, inwieweit sie bei verschiedenen Völkern voneinander abweichen. Daraus wird sich ein wesentlich realistischeres Bild über Rassenunterschiede ableiten lassen. Georgia Dunston von der Howard University sagt dazu: »Wenn das Projekt zur Erforschung der genetischen Unterschiede abgeschlossen ist, können wir uns nicht mehr den Luxus leisten, Trennlinien entlang der unterschiedlichen Hautpigmentierungen zu ziehen.«[25]

Jared Diamond schließt sich dem an:

> Von all den Merkmalen, die man für die Klassifizierung menschlicher Rassen verwenden kann, dienen einige der Verbesserung der Überlebenschancen, einige der Verbesserung der sexuellen Auslese, und andere haben überhaupt keine Funktion. Wir benutzten traditionell die der sexuellen Auslese dienenden Merkmale, was nicht weiter überraschend ist. Diese Merkmale sind schon von weitem erkennbar und außerdem äußerst unterschiedlich. Daher wurden sie schon immer für die schnelle Beurteilung von Menschen herangezogen. Die Rassenklassifizierung beruht nicht auf wissenschaftlichen Erkenntnissen, sondern auf körperlichen Signalen, die zur Unterscheidung zwischen attraktiven und unattraktiven Sexualpartnern sowie Freund und Feind dienen.[26]

Wir haben also diese winzigen Unterschiede zwischen uns übertrieben, oft mit schwerwiegenden Folgen.

Loring Brace weist darauf hin, daß es den Rassengedanken noch gar nicht lange gibt. Den größten Teil unserer Existenz verbrachten wir ohne eine Rassenvorstellung und ohne ein Wort dafür, glaubt Brace. Erst Anfang des 15. Jahrhunderts, als das große Zeitalter der Entdeckungen begann, trafen Menschen aufeinander, die sehr unterschiedlich aussahen. »Die Vorstellung von einer Rasse entstand erst in der Renaissance mit der Erfindung seetauglicher Transportmittel«, schreibt er in einem Artikel in *Discover.* Zuvor bewegten sich Reisende nur zu Pferd fort und legten nicht mehr als 40 Kilometer am Tag zurück:

> Es kam ihnen nie in den Sinn, Menschen zu kategorisieren, weil sie sämtliche Übergänge wahrnahmen. Das änderte sich mit den Schiffsreisen. Man ging an Bord, segelte monatelang und kam auf einem völlig anderen Kontinent an. Wenn man dann das Schiff verließ, sahen plötzlich alle ganz anders aus. Unsere traditionellen Rassengruppierungen entsprechen keinen festgelegten Menschentypen. Sie sind vielmehr die Endpunkte der alten Handelsnetze.[27]

Eigentlich bräuchten wir eine Zeitmaschine, mit der wir in unsere jüngere und entferntere Vergangenheit reisen und solche Gedanken überprüfen könnten. Am interessantesten wäre der Zeitraum vor 40000 bis 60000 Jahren, als einzelne kleine Menschengruppen sich auszudehnen begannen, und die Eroberung unseres Planeten ihren Anfang nahm. Dieser Bevölkerungszuwachs wirkte wie ein biologischer Photokopierer, der die neu entstandenen unterschiedlichen Merkmale der Menschen vervielfältigte. Danach waren es natürliche Auslese, sexuelle Auslese und Isolation, die dafür sorgten, daß unsere Art ein immer unterschiedlicheres Aussehen annahm. Als sich dann in den letzten 15000 Jahren das Eis immer mehr zurückzog, verschwammen die Grenzen zwischen den Populationen, und ein milderes Klima sowie wachsender Ehrgeiz unter den Menschen führten zu ihrer Verschmelzung.

Und hier setzt das *Human Genome Diversity Project* an. Es will das Netz der alten Linien unserer Erde entflechten, ein faszinierendes Vorhaben. Damit ist aber noch immer nicht geklärt, wie es dazu kam, daß sich der Mensch über die ganze Erde ausbreitete. Anscheinend war der Verstand des *Homo sapiens* etwas ganz Besonderes, so daß es zur kompletten Besiedelung Afrikas und der Welt kam, eine Mitgift der Evolution, die auf unsere Entstehung vor über 100000 Jahren zurückgeht. Über dieses Geschenk verfügte schon die kleine Gründerpopulation, und ihm verdanken wir alle ein gemeinsames Erbe an sozialer Intelligenz, die einer der Schlüssel zu unserem Erfolg war. Dieses geistige Vermögen war und ist außerordentlich komplex, und wenn wir unser eigenes Wesen verstehen wollen, sollten wir lieber hier ansetzen, als winzige Unterschiede in den menschlichen Fähigkeiten zu suchen und sie als Grundlage für Diskriminierung zu benutzen. Es werden immer genauere Methoden zur Untersuchung der Hirnfunktion entwickelt, und diese werden es uns ermöglichen, die groben Verallgemeinerungen aufzugeben.[28] So wurde zum Beispiel behauptet, man habe funktionelle Unterschiede zwischen männlichem und weiblichem Gehirn festgestellt. Sollte das wirklich der Fall sein, so haben diese Unterschiede vermutlich ihren Ursprung im unterschiedlichen Verhalten der Geschlechter (siehe Kapitel 9), der viel weiter zurückliegt als die Differenzierung in menschliche Rassen.

Damit kommen wir direkt zu den letzten Rätseln um unseren Auszug aus Afrika. Welche geheimnisvollen Vorgänge fanden statt, damit wir uns so zahlreich vermehren und Regionen erobern konnten, die bis dahin für uns unerreichbar waren? Das ist natürlich ein schwer faßbares Thema. In Kapitel 5 haben wir gesehen, wie eine überlegene Organisation unseren Vorfahren unter Umständen einen wesentlichen Vorteil gegenüber ihren hominiden Verwandten, den Neandertalern, verschaffte. Dieser Vorteil könnte uns auch gegenüber den archaischen Menschen in

China und Java geholfen haben. Dazu kam unser unbestreitbares technisches Wissen: Wir waren gute Bootsbauer, fertigten Kleidungsstücke aus Fellen, bauten bessere Behausungen und Herde und so weiter. Dies ermöglichte uns, zuvor unzugängliches Terrain zu erobern.

Aber welche biologischen und kulturellen Voraussetzungen, welche Verhaltensmuster gingen mit diesen Leistungen einher, und was war ihre Grundlage? Durch welchen Evolutionsdruck wurde der *Homo sapiens* zu diesen Veränderungen gezwungen? Auf diese entscheidenden Fragen, die unser Leben enorm beeinflußten, gehen wir nun ein.

9 Der Zauberer

> Intelligentes Leben auf einem Planeten erreicht einen Zustand der Reife, wenn es zum ersten Mal die Gründe für seine eigene Existenz erkennt.
>
> RICHARD DAWKINS[1]

> Mein Gehirn: das ist mein zweitliebstes Organ.
>
> WOODY ALLEN[2]

Stellen Sie sich folgende Szene vor: Eine Gruppe junger Leute, die Körper mit rotem Ocker bemalt und mit sorgfältig zusammengenähten Fellen bekleidet, wird von ihren Stammesanführern durch ein Labyrinth unterirdischer Räume geführt. Tief im Inneren müssen sie dicht zusammengedrängt in einer kleinen Höhle warten. Schließlich werden sie in ein riesiges Felsheiligtum geführt. Im flakkernden Licht der Öllampen tanzen gespenstische Tiermalereien an der Wand. Ein schwarzes Pferd bäumt sich auf und scheint aus der unebenen Kalksteinwand herauszuspringen. Drei Löwen starren drohend in den Raum. Über einem gewölbten Durchgang bewegt sich eine eigentümliche Gestalt, teils Mensch, teils Vogel, teils Hirsch. Trommeln stampfen, man hört Gesang, und die Höhle ist mit dichtem schwarzem Rauch gefüllt.

Das alles hat natürlich eine furchterregende Wirkung. Und genau das ist beabsichtigt. Der Tag in »der Höhle der wilden Tiere« wird sich den jungen Leuten für immer einprägen, sie zusammenschweißen und an ihren Stamm binden. Vielleicht fand das Ritual nur für Männer statt und stand in Verbindung mit der Jagd. Die Kreaturen an der Wand könnten die Beute dargestellt oder auch Eigenschaften symbolisiert haben, welche die Jäger selbst anstrebten.

Ebenso ist es möglich, daß Zeremonien zur Feier der weiblichen Geschlechtsreife im Vordergrund standen. Wie es auch gewesen sein mag, die prachtvollen roten und schwarzen Bilder von Bisons, Nashörnern, Steinböcken, Rindern und Hirschen waren im Stammesleben vor 20000 Jahren von wesentlicher Bedeutung für die Festigung des Zusammenhalts. Heute müssen wir mitansehen, wie die Malereien von Altamira, Lascaux, Vallon-Pont-d'Arc und die Bilder in vielen anderen Höhlen, in denen sich die Cromagnon-Menschen aufhielten, langsam Kalkspat ansetzen.

Die Malereien sind phantastisch, und die Künstler werden zurecht für ihr Talent und ihr Können gelobt. Die Pigmente Ocker, Blut und Ruß wurden möglicherweise mit Speichel vermischt und mit dem Mund aufgespuckt. Die so geschaffenen Malereien sind mehr als Demonstrationen eines frühen Sinns für Ästhetik. Sie sind womöglich Manifestationen des letzten wesentlichen Schrittes, der uns vom klugen hominiden Werkzeughersteller wegführte und zum Herren des Planeten machte. Wir werden sehen, daß dieser Schritt nicht ganz so einfach war wie einige Wissenschaftler ihn darstellen.

Die menschliche Gesellschaft war zu dieser Zeit großen Veränderungen unterworfen. Zuvor hatte der *Homo sapiens* sich kulturell kaum weiterentwickelt. Über Jahrtausende hatte er immer wieder die gleichen Geräte hergestellt. Dann, vor etwa 40000 Jahren, fand ein deutlicher Wandel statt. In der ganzen Alten Welt ging es mit dem Erscheinen der oberpaläolithischen Geräte einen riesigen Schritt vorwärts. Nun gab es Seile, Pfeilspitzen, Angelhaken und Harpunen, und man findet Malereien, Skulpturen und Musikinstrumente. John Pfeiffer schreibt dazu in seinem Buch *The Creative Explosion*: »Aus archäologischer Sicht kam die Kunst auf einen Schlag.«[3] Wir finden auch

Die Höhlenkunst der Cromagnon-Menschen.

erste Hinweise für einen Handel mit Steinen und Perlen über größere Entfernungen. Man benutzte Mammutknochen und Elfenbein, Geweihe, Meeres- und Süßwassermuscheln, fossile Korallen, Kalkstein, Schiefer, Steatit, Gagat, Braunkohle, Hämatit und Pyrit zur Herstellung von Gegenständen. Das Material wurde sorgfältig ausgewählt. Oft stammte es hunderte von Kilometern vom Ort der Verarbeitung. In Europa wählte man nur etwa ein Dutzend aller im Atlantik und Mittelmeer vorkommenden Muschelarten aus und verarbeitete sie zu Schmuckstücken. Ebenso dienten nur die Zähne bestimmter Tiere als Rohmaterial. Man baute zweckmäßige Lagerstätten, Hütten (in der Ukraine fand man einige Hütten, die nur aus Mammutknochen gebaut waren) und erschloß Steinbrüche. Etwas später züchtete man Haustiere und baute Pflanzen an. Dann kam die Metallverarbeitung, und wir bewegten uns auf das Römische Reich zu, die Renaissance, die modernen Kriege und die Wunder der Raumfahrt.

All diese Errungenschaften schienen uns plötzlich in den Schoß zu fallen, aber irgendwo mußten diese Kenntnisse doch herstammen? Wie erlangten wir all unsere Fertigkeiten? Trugen wir den Samen dieser geistigen Revolution schon in uns, als wir von Afrika aufbrachen? Vielleicht waren deren Effekte zunächst so gering, daß es noch 50000 Jahre dauerte, bis sie sich auf einmal zu einer kulturellen und technologischen Lawine verstärkten, die heute den *Homo sapiens* zu begraben droht. Oder geschah die entscheidende Veränderung erst später und mit tiefgreifenderer und wesentlich schnellerer Wirkung?

Viele Archäologen, Linguisten, Anthropologen und Wissenschaftler anderer Gebiete sind sich hier einig. Für sie kommt nur ersteres in Frage. Diese Antwort birgt jedoch unzählige Erklärungsschwierigkeiten. Die Gründe, das zweite Szenario abzulehnen, sind einfach. Wenn wir davon ausgehen, daß neurologische Veränderungen oder Verhaltensänderungen für das plötzliche Erblühen unserer Kultur vor etwa 40000 Jahren verantwortlich sind, dann müssen wir erklären, wie es dazu kam, daß die Veränderungen fast gleichzeitig in Afrika, Asien und Europa stattfanden. Die DNS-Analysen von Harpending, Rogers und anderen zeigen, daß es bei so verschiedenen Völkern wie Türken, Sarden, Australiern, Japanern und amerikanischen Ureinwohnern plötzlich zu schnellem Bevölkerungswachstum kam, und zwar zu der gleichen Zeit, als die rätselhaften Cromagnon-Menschen ihren kreativen Schub erlebten.

Wenn wir nur in Europa eindeutige Beweise für das Bevölkerungswachstum und den künstlerischen und techni-

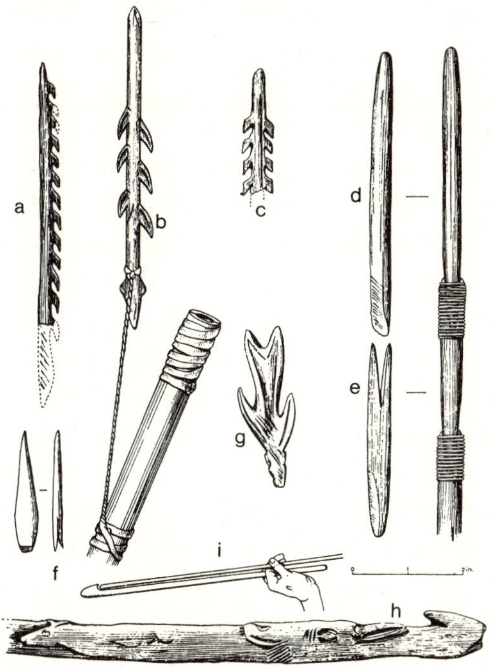

Knochen- und Geweihwerkzeuge der Cromagnon-Menschen und die Verwendung eines Speers.

schen Fortschritt haben, so liegt das daran, daß Europa der paläontologisch am gründlichsten erforschte Kontinent ist. Anderswo waren die Forschungsergebnisse lückenhaft und nicht schlüssig, bis es vor kurzem die ersten Hinweise darauf gab, daß diese künstlerische und kulturelle Revolution auch in anderen Teilen der Alten Welt stattfand. Dies entspricht den von Harpending und anderen entdeckten Mutationshöhepunkten bei der mitochondrialen DNS. Wir wissen jetzt, daß der *Homo sapiens* vor mindestens 50000 Jahren von Südostasien nach Australien segelte. Auch wenn es unwahrscheinlich ist, daß diese ersten Siedler tatsächlich nach Australien wollten, beweist ihr seemännisches Geschick, daß sie schon sehr hochentwickelt waren. Dann haben wir die Verwendung von rotem Ocker, die Feuerbestattung, Malerei, Gravuren und Halsketten, alles über 30000 Jahre alt und an australischen Fundstätten entdeckt. Der intellektuelle Umbruch lag gewissermaßen in der Luft und war nicht auf einen kleinen Teil eines Kontinents beschränkt. Er fand auf der gesamten bewohnten Welt statt.

Aber wie können wir erklären, daß sich die künstlerische und symbolische Entwicklung von Mungo bis nach Lascaux erstreckte? Wenn wir davon ausgehen, daß die notwendigen kognitiven Veränderungen nach dem Aufbruch aus Afrika ausgelöst wurden, müssen wir erklären, wie es dazu kam, daß sie bei Stämmen in den verschiedensten Teilen der Welt sichtbar wurden. Kam die große Veränderung erst später, vor etwa 40000 Jahren, dann muß sie so gut wie gleichzeitig bei Völkern stattgefunden haben, die viele tausend Kilometer voneinander entfernt lebten. Eine andere Möglichkeit wäre, daß neue Gene oder neue Verhaltensmuster an einer Stelle auftauchten und sich wie ein sozialer Buschbrand über den halben Planeten ausbreiteten. Diese These kann nur aufrechterhalten werden, wenn man annimmt, daß unsere Vorfahren ihre Gene und ihre Kultur mit rasender Geschwindigkeit weitergaben. Für viele Wissenschaftler ist das schwer vorstellbar. Ihrer Meinung nach ist es unwahrscheinlich, daß dieses entscheidende Ereignis so spät in der Vorgeschichte stattgefunden haben soll, daß alle möglichen Erklärungen an den Haaren herbeigezogen werden müssen, um die Sache plausibel zu machen.

Dieselben Wissenschaftler sind der Ansicht, daß geistige Mutationen, die vor über 100000 Jahren stattfanden, als der *Homo sapiens* noch in einem kleinen Teil seiner afrikanischen Heimat lebte, für die spätere künstlerische und technologische Entwicklung verantwortlich sind. Später ging diese entscheidende Veränderung dann mit auf die Reise um die Welt und blieb natürlich auch denen erhalten, die Afrika nicht verließen. Für diese Erklärung sind keine seltsamen DNS-Flüsse oder kulturelle Mutationen notwendig, die gleichzeitig über den Großteil der Weltbevölkerung hereinbrachen. Andererseits, wenn die neuronale Umbildung Teil unseres afrikanischen Erbes war, warum dauerte es dann so lange, bis sie sich bemerkbar machte? Wenn wir die Populationen von Amud, Skhul, Qafzeh, Kebara und den anderen Orten in der Levante betrachten, bemerken wir kaum Unterschiede zwischen den Steingeräten des *Homo sapiens* und denen des Neandertalers. Wie kann das sein? Wenn die neurologischen Veränderungen schon stattgefunden hatten, warum zeigten sie sich nicht? Wir hatten unsere Reise begonnen und verfügten bereits über das vollständige intellektuelle Gepäck. Wir waren schon dieselben Menschen, die wir heute jeden Tag zu Hause oder in der Arbeit antreffen. Warum machte sich der Stand unserer Entwicklung nicht bemerkbar? Wieso kam es zu einer solchen Verzögerung?

Um diese schwierigen Fragen beantworten zu können, müssen wir nicht nur das Funktionieren unseres Gehirns verstehen, sondern auch die Evolution unserer sozialen Strukturen, unsere künstlerischen Bedürfnisse, technischen Fähigkeiten und vieles mehr. All diese Faktoren spielten gemeinsam eine Rolle bei unserer Entwicklung als Art. Wir müssen also viele biologische Aspekte betrachten, bevor wir verstehen, was am *Homo sapiens* so besonders ist, und warum er über einen so gewaltigen neurologischen Vorteil verfügt, auch wenn dieser 60000 Jahre brauchte, um sich zu entfalten. Diese Betrachtungen führen natürlich nicht zu eindeutigen Antworten. »Die langen, zähen und sich kaum ändernden Muster des Mittleren und vor allem Unteren

Paläolithikums stehen in dramatischem Kontrast zu jüngeren Funden, so daß ein Bruch sichtbar wird, wenn man aus der Vergangenheit nach vorne schaut«, sagt der amerikanische Anthropologe Lew Binford. »Beim Blick zurück aus der Gegenwart haben wir es meist unterlassen, den Prozeß-Charakter dieses Übergangs zu erkennen.«[4] Wie man sieht, haben sich die Wissenschaftler noch nicht entschieden, wie dieses Rätsel zu lösen ist. Es gibt allerdings Ansätze, die auf neueren Studien des menschlichen Verhaltens basieren. Es handelt sich dabei um die Evolutionspsychologie. Sie geht davon aus, daß wir keine biologischen Maschinen sind, die für das 20. Jahrhundert entwickelt wurden, sondern daß wir das Erbe unseres steinzeitlichen Ursprungs in unserem Gehirn tragen (und in unserem Körper, wie wir im nächsten und letzten Kapitel sehen werden).

Unsere Evolution läßt sich bis zu den Klimaveränderungen, die vor Millionen von Jahren in Afrika stattfanden, zurückverfolgen. Inmitten dieser Veränderungen entstand die menschliche Intelligenz. »Die Evolution der anatomischen Anpassung bei den Hominiden hätte mit den abrupten Klimaveränderungen, die während des Lebens eines einzelnen Individuums stattfanden, nicht Schritt halten können«, sagt der Neurophysiologe William Calvin von der medizinischen Fakultät der Washington University. »Allerdings können diese Umweltveränderungen eine allmähliche Zunahme der geistigen Fähigkeiten bewirkt haben, die zu größerer Flexibilität im Verhalten führten.«[5]

Das würde bedeuten, daß sich unser Gehirn verändern mußte, weil unser Körper es nicht schnell genug konnte. Als Resultat verdoppelte sich die Größe unseres Schädels. Dieser Prozeß begann vor etwa 2 Millionen Jahren, als *Homo habilis* und später *Homo erectus* an den Seen Ostafrikas lebten, dort ihre Werkzeuge herstellten und ihre

Beutezüge (unter Umständen auch das Jagen) planten. Ihr Gehirnvolumen betrug damals etwa einen halben Liter. Nach und nach bildete sich immer mehr graue Substanz. Die Zunahme entsprach etwa zwei Eßlöffeln alle 100000 Jahre. Als das Gehirnwachstum abgeschlossen war, hatte sich das Volumen der Großhirnrinde mehr als verdoppelt. »Die zwei Millimeter dicke Großhirnrinde ist der Teil des Gehirns, der bei neuen Gedankenverbindungen am meisten beteiligt ist«, fügt Calvin hinzu. »Beim Menschen ist sie stark gefaltet, wäre sie glatt, würde sie vier Blätter Schreibmaschinenpapier bedecken.« Tatsächlich macht diese äußere Schicht grauer Substanz etwa 80 Prozent unseres gesamten Gehirnvolumens aus. Die Großhirnrinde eines Schimpansen würde auf ein Blatt Papier passen, die eines Tieraffen auf eine Postkarte und die einer Ratte auf eine Briefmarke.

Die Vergleiche sind anschaulich, allerdings sagen sie nichts über die Evolution der menschlichen »Genialität« aus. Die müssen wir woanders suchen, nicht im ausgebreiteten Großhirn. Um der Sache auf die Spur zu kommen, muß man die richtigen Fragen stellen. Wir wollen wissen, wofür das Gehirn gut ist, betont die Psychologin Leda Cosmides von der University of California in Santa Barbara.

> Wenn Sie ein Außerirdischer wären und zum ersten Mal einen Toaster sehen würden, wäre Ihnen der Zweck dieses Geräts nicht klar. Sie könnten es auseinandernehmen und nachsehen, wie es funktioniert. Aber egal wie weit sie den Toaster in Einzelteile zerlegten, Sie würden nicht erfahren, wofür er gebraucht wird, nämlich um Brot zu rösten. Solche Art Fragen müssen wir auch über das Gehirn und den Verstand stellen. Das ist bisher kaum geschehen.[6]

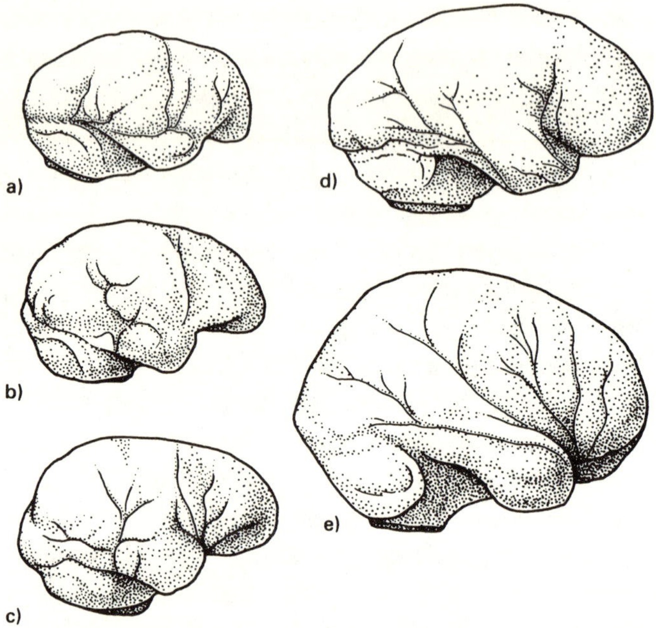

Abgüsse der Schädelhöhle eines (a) Schimpansen, (b) grazilen *Australopithecus*, (c) robusten *Australopithecus*, (d) *Homo erectus* und (e) modernen Menschen.

In der Geschichte der Psychologie haben sich die Fragen über das Gehirn nicht auf seinen Zweck konzentriert, sondern darauf, was es leisten kann. So entstanden Metaphern, die unser Gehirn mit leeren Tafeln, auf die man schreiben kann, verglichen oder mit Computern, die als Reaktion auf äußere Reize programmiert werden. In beiden Fällen geht man davon aus, daß unser Gehirn ein leeres Gefäß ist, das auf je kulturspezifische Weise gefüllt wird. Das würde bedeuten, daß Sprache, Angst vor Spinnen, Sinn für Schönes, Geschlechteridentität, Abneigung gegen Inzest, der Wunsch nach Freunden und zahlreiche andere Gedanken und Gefühle aus der Umgebung stammen. Ohne diesen Input wären wir gedanklich und emotional leer. Aus der Perspektive dieses Buches ist das eine seltsame Vorstellung. Wir haben versucht, den Menschen zu verstehen, indem wir seinen Aufstieg vom baumbewohnenden Primaten zum modernen Technokraten studierten. Dabei wird offensichtlich, daß unser Verstand immer mehr dazu befähigt wurde, Einfluß auf seine Umgebung auszuüben und nicht andersherum. Natürlich hat die Kultur trotzdem eine wesentliche Rolle beim Aufstieg des *Homo sapiens* gespielt. Das sehen wir an den Fällen, bei denen ihr Einfluß geschwächt wurde, zum Beispiel als die tasmanischen Aborigines von ihren Festlandverwandten isoliert wurden. Damals, vor 10000 Jahren, ging ein Teil ihres technischen Fortschritts verloren. Das menschliche Gehirn hat ein gemeinschaftliches und kreatives Umfeld geschaffen, das den Intellekt förderte. Die erste Anpassung erzeugte tiefgreifende Verhaltensänderungen, die wiederum eine größere Großhirnrinde immer vorteilhafter machten. Diese positive Rückkoppelungsschleife trieb die Evolution eines größeren Gehirns an. »Wir meinen, daß eine ganz besondere Form der Evolution, das Zusammenwirken genetischer Veränderungen mit der Kulturgeschichte, den Geist geschaffen und das Wachstum des Gehirns und des menschlichen Intellekts in einem Ausmaß vorangetrieben hat, wie dies in der Geschichte des Lebens an keinem anderen Organ festzustellen ist«, schreiben Charles Lumsden und Edward O. Wilson in ihrem Buch *Das Feuer des Prometheus.*[7] Dennoch war das Gehirn der wichtigste Ursprung dieser sprunghaften Entwicklung. Die Kultur kam später.

Dies betonen auch Leda Cosmides und ihr Kollege (und Ehemann) John Tooby, ebenfalls von der University of California in Santa Barbara:

> Wenn die neuronalen Verknüpfungen in unserem Gehirn im Laufe des Evolutionsprozesses entstanden, so erfahren wir damit etwas ganz Wesentliches: Abgesehen von den Eigenschaften, die wir zufällig oder durch eingeschränkte Möglichkeiten erwarben, verfügt das Gehirn über eine Reihe von anpassungsfähigen, informationsverarbeitenden Einheiten, die darauf ausgelegt sind, die Probleme zu lösen, die sich unseren Vorfahren, den Jägern und Sammlern, von Generation zu Generation stellten. Je besser wir den Evolutionsprozeß verstehen, die Probleme der Anpassung und das Leben unserer Vorfahren, desto intelligenter können wir die Feinheiten des menschlichen Verstands erforschen.[8]

Ein solches Vorgehen bildet die Grundlage der Evolutionspsychologie. Sie versucht, unser Verhalten aus der Perspektive der Sammler und Jäger zu untersuchen, denen 5 Millionen Jahre hominider Evolution vorangingen. Ihre gelegentlich erstaunlichen Handlungen und Reaktionen sind in diesem Licht besser zu verstehen. Diese Vorgehensweise geht von einer gewissen programmierten Reaktion des Verstandes aus, ohne jedoch zu behaupten, daß der einzelne Mensch ein Gefangener seines genetischen Erbes ist. Dafür war unsere Evolution zu komplex. Robert Wright, der Autor von *Diesseits von Gut und Böse. Die biologischen Grundlagen unserer Ethik*[9] hebt hervor: »Was ›natürlich‹ ist, ist nicht notwendigerweise unveränderlich. Die Evolutionspsychologie hebt die enorme Flexibilität des menschlichen Verstandes hervor und die große Rolle der Umwelt bei der Formung des Verhaltens. Damit steht sie im Gegensatz zu den bisherigen Ansätzen zur Erklärung menschlichen Verhaltens, die stets von den Genen ausgingen.« Dieser Ansatz hat zwei große Vorteile. Er legt den

Nachdruck auf unsere Evolutionsgeschichte und kann uns auf diese Weise helfen, das besondere geistige Verhalten des *Homo sapiens* zu verstehen. Außerdem bietet er realistische Chancen, eine Erklärung für das Geheimnis der jüngsten neurologischen Veränderungen unseres Gehirns zu finden. Darauf werden wir gleich eingehen. Zuvor sollten wir aber den anderen großen Vorteil der Darwinschen Psychologie erwähnen: Sie gewährt uns Einblicke in das Wesen des heutigen Menschen, die wir auf anderem Wege nicht erlangen könnten. Warum werden wir bei bestimmten Anlässen gewalttätig? Warum haben wir gerade diesen Partner gewählt? Wie gelingt es uns, in großen Gruppen zu leben, die zum Teil aus Millionen von Individuen bestehen? Natürlich hat unsere Umwelt einen sehr großen Einfluß auf unser Verhalten. Dennoch bietet uns die Evolutionspsychologie einige reizvolle Erkenntnisse, an die andere Forschungszweige nicht herankommen. Rückblickend muß man sich wundern, daß die Paläoanthropologie so lange gebraucht hat, um darauf zu kommen. Doch kehren wir nun zu dem Problem des großen Sprungs in der Evolution des Gehirns zurück.

Die Evolutionspsychologie lehrt uns, daß unsere Vorfahren eine ganze Reihe von geistigen Mechanismen entwickeln mußten – die von Cosmides und Tooby genannte Reihe anpassungsfähiger, informationsverarbeitender Einheiten –, die sie benutzten, um die Alltagsprobleme des Steinzeitlebens zu lösen: Nahrungssuche, Partnerwahl, Kommunikation, Geräteherstellung, Umgang mit wildlebenden Tieren und vieles mehr. »Stellen Sie sich den Verstand wie ein großes Schweizer Messer vor«, sagt Cosmides. »Wir hatten verschiedene geistige Klingen für die Lösung der verschiedenen Probleme.«[10]

Wir verfügen mehr als jede andere Spezies – einschließlich unserer Rekonstruktionen anderer Hominiden – über ein großes Arsenal an geistigen Werkzeugen, die uns helfen, mit unserer Umwelt umzugehen. Und weil wir so viele Werkzeuge haben, können wir flexibler reagieren und auch Situationen meistern, denen wir in unserer Evolution nie begegnet wären. »Wie bei dem Schweizer Messer«, fügt Cosmides hinzu:

> An meinem ist ein Schraubenzieher, den könnte ich auch als Locher benutzen. Dafür ist er zwar nicht gemacht, aber ich könnte ihn dafür verwenden. Ähnlich ist es mit unserem Verstand. Nehmen wir das Lesen- und Schreibenlernen als Beispiel. Wir erlernen die gesprochene Sprache instinktiv, das Schreiben nicht. Sprechen lernt man durch Zuhören, Schreiben muß man beigebracht bekommen. Das kommt daher, daß wir erst vor kurzem gelernt haben, unsere Fähigkeiten zum Spracherwerb mit visuellen Eindrücken zu kombinieren und Zeichen zu entwickeln, die unsere Wörter als Schrift darstellen. Wir haben unsere Fähigkeiten aus der Zeit der Jäger und Sammler für etwas radikal Neues eingesetzt.

Sehen wir uns also einige der Klingen des gewaltigen neurologischen Messers an. Vielleicht finden wir Hinweise auf den weltweiten Erfolg unserer Art. Auf eines sollten wir dabei besonders achten, nämlich auf die Sprache. Darwin bemerkte zur Sprache, es bestehe die instinktive Tendenz zum Erlernen dieser Kunst.[11] So empfand man das in der Viktorianischen Ära – die Sprache als Kunst. Heute überläßt man die Analyse der Sprache im wesentlichen den Wissenschaftlern, vom Neurologen bis zum Computerfachmann. Die meisten von ihnen sehen Sprache als ererbte Gabe an, wie Steve Pinker hervorhebt: »Sprache ... hat man in jeder einzelnen der zahlreichen Gesellschaften vorgefunden, die von Entdeckern und Anthropologen dokumentiert worden sind«, sagt er. »Alle neurologisch normalen Mitglieder einer Gesellschaft beherrschen unabhängig von ihrer Bildung eine komplexe Sprache.«[12]

Wir sind tatsächlich eine beängstigend redefreudige Spezies. Der britische Phonetiker D.B. Fry hat dazu leicht ironisch bemerkt, daß *Homo loquens* ein sehr viel passenderer Name für unsere Art wäre als *Homo sapiens.*[13] In der Tat ist unser Mitteilungsbedürfnis wesentlich offenkundiger als unsere Weisheit. Schätzungen zufolge geben wir pro Tag 40000 Wörter von uns. Das entspricht einem ununterbrochenen Redefluß von vier bis sechs Stunden. Und das meiste davon kann man nicht als Ergüsse einer besonders weisen Kreatur bezeichnen. Robin Dunbar von der Liverpool University hat die Gespräche in den Gemeinschaftsräumen verschiedener Universitäten analysiert und festgestellt, daß nur 14 Prozent davon mit akademischen Dingen zu tun hatten. Die meisten Gespräche waren trivial, wie Dunbar es nannte, und gingen um Beziehungen und private Erfahrungen. »Kultur, Wissenschaften und Religion, sogar Sport, machen einen überraschend geringen Teil der Gesprächsthemen aus«, sagt er. Klatsch hingegen, bei dem wir Informationen übereinander austauschen, unser Liebesleben und der Fortgang der verschiedenen Fernsehserien machen etwa 70 Prozent der Gespräche aus. »Darum dreht sich alles«, meint Dunbar.[14]

Wesentlich ist, daß es Sprache überall, bei allen Menschen gibt. Wir erwerben sie, indem wir als Kinder andere Menschen reden hören. Es handelt sich dabei um eine Facette unseres Verstands, die unabhängig von der allgemeinen Intelligenz ist. Der Spracherwerb kann auch bei normaler Intelligenz behindert sein und umgekehrt. »Bei einer intelligenten, sozialen Spezies wie dem Menschen ist es offensichtlich von Vorteil, eine unbegrenzte Anzahl genau strukturierter Gedanken weitergeben zu können, einfach indem man die Ausatmung moduliert«, meint Pinker. »Eine gemeinsame Sprache verknüpft die Mitglieder einer Gemeinschaft zu einem Netzwerk, das über dieselben Informationen verfügt und damit eine beachtliche kollektive Macht entwikkelt. Jeder kann von den gegenwärtigen oder vergangenen Geniestreichen, den glücklichen Zufällen, den Erfahrungen und Irrtümern beliebiger anderer Personen profitieren.«[15]

Das genetisch weitergegebene Vermögen, eine komplexe Sprache zu sprechen, war es also, das den Menschen aus der jahrtausende anhaltenden Lethargie befreite, in der er sich bis vor 40000 Jahren gemeinsam mit den Neandertalern befand. Diese Fähigkeit verlieh uns die Macht zur Weltbeherrschung. Andere teilen diese Interpretation. »Unser Erfolg muß sehr viel mit Sprache zu tun gehabt haben, die schließlich ein enorm komplexer Vorgang ist«, sagt Professor Kidd vom Institut für Humangenetik der Yale University:

> Beim Sprechen kommt es pro Sekunde zu 100000 neuromuskulären Ereignissen, und die Bewegungen von über hundert Muskeln müssen koordiniert werden. Zwerchfell, Zunge, Backen und Kiefer müssen gesteuert werden. Das ist ein sehr schwieriger Vorgang, ein Triumph der Evolution, der den Menschen vom Rest der Tierwelt abhob.[16]

Die Sprache ermöglichte es den Menschen, genau zu beschreiben, wo Früchte und eßbare Pflanzen wuchsen. Sie konnten die Jagd planen, und die Stammesältesten konnten erzählen, wie sie mit früheren Hungersnöten fertiggeworden waren. Andere Hominiden, wie die Neandertaler, sprachen vielleicht auch, aber dabei muß es sich um eine primitive, weniger effektive Sprache gehandelt haben.

Jane Goodalls Forschung über Schimpansen hat unser Wissen über unsere nächsten Verwandten revolutioniert und dabei auch sehr viel über unsere eigenen Begabungen und Schwächen offengelegt. Ihre Bemerkungen über die Bedeutung der Sprache sind besonders aufschlußreich. Sie schreibt:

> Von all den Merkmalen, die Menschen von ihren nichtmenschlichen Vettern unterscheiden, ist die Fähigkeit, durch eine differenzierte gesprochene Sprache miteinander zu kommunizieren, nach meiner Auffassung die bedeutsamste. Nachdem sich unsere Vorfahren dieses machtvolle Instrumente erst einmal angeeignet hatten, konnten sie Begebenheiten besprechen, die in der Vergangenheit geschehen waren, und komplexe Planungen für die nahe und die fernere Zukunft machen. Sie konnten ihre Kinder lehren, indem sie ihnen etwas erklärten, ohne es demonstrieren zu müssen. Wörter gaben Gedanken und Vorstellungen Substanz, die für immer ungenau und ohne praktischen Wert geblieben wären, wenn man sie nicht hätte ausdrücken können. Geistige Interaktionen erweiterten das Denken und präzisierten die Begriffe. Manchmal habe ich, wenn ich Schimpansen beobachtete, das Gefühl gehabt, sie wären, ohne eine Sprache wie die der Menschen, in sich selbst gefangen. Ihre Rufe, Körperhaltungen und Gesten verbinden sich zu einem reichhaltigen Repertoire, einem vielseitigen und differenzierten System von Kommunikation. Aber es ist nonverbal. Wieviel mehr könnten sie erreichen, wenn sie nur miteinander *sprechen* könnten![17]

Goodalls Beobachtungen werden auch von Calvin bestätigt: »Sprache ist das charakteristischste Merkmal der menschlichen Intelligenz. Ohne eine Syntax, die unsere verbalen Ideen nach einer bestimmten Ordnung verknüpft, wären wir kaum klüger als Schimpansen.« Auch die Forschungen von Philip Lieberman (dem Vater von Dan, auf dessen Neandertaler-Forschung anhand von Gürteltierknochen wir in Kapitel 5 eingegangen sind), Jeffrey Laitman (dessen Werk über Neandertaler-Anatomie im selben Kapitel besprochen wurde) und anderen stützen die Vorstellung, daß die linguistischen Fähigkeiten des *Homo sapiens* etwas Besonderes sind.[18] Sie analysierten die Schädelbasis von Menschenaffen, Menschen und ausgestorbenen Hominiden und kamen zu dem Schluß, daß die Sprachkompetenz um so größer war, je gewölbter dieser Teil war. Bei den Neandertalern ist die Wölbung wesentlich weniger ausgeprägt als beim *Homo sapiens*, was darauf hindeutet, daß ihre Kommunikation eingeschränkter war als die unserer direkten Vorfahren.

Die Forschungen von Yoel Rak, Bernard Vandermeersch und anderen führten allerdings zu anderen Ergebnissen.[19] Bei einer Grabung in Kebara fanden sie das gut erhaltene Skelett eines 60000 Jahre alten Neandertalers mit einem kompletten Zungenbein (siehe Kapitel 5). Das Zungenbein ist der Ankerpunkt für den Stimmtrakt in unserem Hals. Wenn die Neandertaler sich sprachlich weniger gut ausdrücken konnten, würde man erwarten, daß ihr Zungenbein anders geformt sein mußte als unseres. Das ist nicht der Fall. Das in Kebara gefundene Zungenbein ist mit dem des modernen Menschen identisch. Es gibt keine Hinweise darauf, daß die Neandertaler nicht ebenso gut sprechen konnten wie wir. Also war es vielleicht gar nicht die bessere Sprechfähigkeit, die dem *Homo sapiens* seinen Vorsprung verschaffte. Dennoch könnte die Sprache der Auslöser für unseren geistigen »Sprung« gewesen sein. Die Komplexität der durch Sprache übermittelten Gedanken hing nicht von unserem Sprechapparat, sondern von unserem Gehirn ab. Anders gesagt, es war der Inhalt, nicht die Form, worauf es ankam.

Vielleicht brauchten wir auch aus einem anderen, aber ebenfalls rudimentären Grund ein größeres Gehirn, nämlich um immer größere Gruppen von Jägern und Sammlern zusammenzuschweißen. In diesem Fall hätte die Sprache die Funktion des sozialen »Kitts«. Die komplexe Sprache war also einer sekundären Ursache untergeordnet. Sie sollte große, komplexe Menschengruppen zusammenhalten. Primaten sind besonders soziale Wesen und benutzen das Groomen, die Fellpflege, bei der sie den anderen Tieren das Ungeziefer entfernen, zur Bildung einer Rangordnung und um Bindungen zu schaffen. Der Fellpflege ist jedoch eine natürliche Grenze gesetzt, wenn nicht andere lebenswichtige Aktivitäten wie Fressen vernachlässigt werden sollen. Durch diese Grenze wird die Zahl der möglichen Beziehungen und damit auch die Gruppengröße beschränkt. Die komplexe Sprache löst dieses Problem, indem sie es uns ermöglicht, gleichzeitig viele soziale Kontakte zu unterhalten, der Entsprechung mehrerer Akte der Fellpflege. Auf diese Weise konnten die Menschengruppen größer werden, meint Dunbar. Demnach entwickelte sich Sprache nicht als Methode zur Übertragung von Informationen, sondern zu subtileren Zwecken, wie Pinker hervorhebt: »Die menschliche Kommunikation ist nicht nur ein Datentransfer, wie er zwischen zwei Faxgeräten stattfindet, sie ist vielmehr die abwechselnde Zurschaustellung von Verhalten durch sensible, planende, vorausschauende soziale Wesen.«[20]

Diese Vorstellung paßt auch gut zu der obenerwähnten Beobachtung, daß soziale Angelegenheiten, wie zum Beispiel Klatsch, den Großteil der menschlichen Kommunikation ausmachen. Wenn wir in Kneipen, auf Fluren und in

Gemeinschaftsräumen über Beleidigungen, Besäufnisse, Streitereien und Fernsehserien schwatzen, so entspricht das dem Groomen bei den Gibbons und Schimpansen und dient der Herstellung einer sozialen Rangordnung. Kann eine Primatenspezies die Fellpflege ausdehnen, so wachsen Gruppengröße und -effizienz. Bei uns übernimmt die Sprache diese Funktion, und man kann gleichzeitig andere Tätigkeiten ausführen, was bei der Fellpflege, wo Hände und Augen beschäftigt sind, nicht möglich ist. Mehr Verbindungen können geknüpft und Beziehungen gefestigt werden, woraus sich wiederum größere und stabilere Gruppen ergeben. »Die Sprache ermöglicht es uns, Informationen übereinander auszutauschen und so sehr schnell mehr über unsere sich ständig verändernde soziale Welt zu erfahren«, sagt Dunbar. »Das trägt wiederum dazu bei, daß der Zusammenhalt in der Gruppe gewahrt bleibt.« In Kapitel 5 haben wir bereits beschrieben, daß eine verbesserte soziale Organisation und ausgedehntere Handelsbeziehungen das Verhalten der Cromagnon-Menschen im Vergleich zu den Neandertalern auszeichnete.

Alles schön und gut, aber gibt es harte Fakten zur Untermauerung dieser reizvollen These? Dunbar behauptet, ja. Er weist darauf hin, daß bei den Primaten die Gehirngröße mit der Gruppengröße zusammenhängt. Gibbons haben recht kleine Schädel und leben in Familienverbänden mit vier bis sechs Mitgliedern. Ihr Neokortex, der stammesgeschichtlich jüngste Teil der Großhirnrinde, unterscheidet sich von dem der Schimpansen, die ein größeres Gehirn haben und in Gemeinschaften mit fünfzig bis achtzig Mitgliedern leben. Das Verhältnis ist in der Regel eindeutig, meint Dunbar. Anhand der Größe des menschlichen Gehirns ergibt sich eine Gruppengröße von 148. Das entspricht dem maximalen Optimum für die soziale Versammlung von Menschen. Laut Dunbar taucht diese magische Zahl in allen möglichen menschlichen Gesellschaften auf. Zahlreiche heute lebende Jäger und Sammler leben in Gruppen von an die 150 Mitgliedern. Das war auch die Größe der neolithischen Dörfer, die man in Mesopotamien fand. Eine Kompanie – die kleinste unabhängige Einheit in der Armee – hat in den meisten Ländern eine entsprechende Größe. In Großbritannien besteht sie aus 135 Soldaten, in den Vereinigten Staaten aus 200. Brigham Young, der den großen Mormonenzug von Illinois nach Salt Lake City organisierte, teilte seine 5000 Anhänger in Gruppen zu 150 ein. Bei größeren Gruppen lassen sich die Individuen nicht mehr durch Gruppenzwang beherrschen, und die Gruppe bricht auseinander. Mit Hilfe der Sprache schuf der *Homo sapiens* die größten Gruppen unter den Primaten, und es gelang ihm, eine gesündere, effizientere Kultur zu erzeugen.

Es ist eine interessante Überlegung, daß die Sprache, entweder als primäres oder sekundäres Geistesprodukt, der entscheidende Faktor bei der Erfolgsgeschichte des Menschen gewesen sein soll, auch wenn manche dem nicht zustimmen können. Zwar hat uns die Sprache sehr weit gebracht, aber sie muß nicht notwendigerweise der endgültige Auslöser für unseren derzeitigen Erfolg gewesen sein. Einige Wissenschaftler erklären ihn mit anderen »Klingen des Gehirns«, wie zum Beispiel dem Gedächtnis. Das Speichern körperfremder Informationen sei von immensem Vorteil, behaupten sie. Die Sprache allein wäre von geringem Nutzen, wenn es uns nicht möglich wäre, das komplizierte Wissen, das wir weitergeben wollen, auch zu behalten. Ein gutes Gedächtnis machte komplexe soziale Beziehungen erst möglich. Es war dafür verantwortlich, daß wir uns an die guten Jagdgebiete des Vorjahrs erinnern konnten und an die Stellen mit den besten Früchten. Ebenfalls damit in Zusammenhang steht die Langlebigkeit. Die Menschen wurden älter und konnten die in ihrem Gedächtnis gespeicherte Erfahrung weitergeben. Immer mehr Alte konnten berichten, wie sie in ihrer Jugend mit Dürreperioden umgegangen waren. Die Entstehung der Großelterngeneration brachte die Menschheit ein gutes Stück voran.

Binford vertritt die Theorie, daß der *Homo sapiens* im Gegensatz zum Neandertaler über Gene verfügte, welche das Gehirn in die Lage versetzten, eingehend zu planen. Binford weist daraufhin, daß die modernen Jäger und Sammler oft lange im voraus planen, bevor tatsächlicher Handlungsbedarf besteht:

> Aufgrund des gespeicherten und analysierten Wissens über ihren Lebensraum und das Verhalten der Lachse, schlagen Jäger und Sammler ihr Lager am Fluß auf, bevor die Fische erscheinen. Die Gruppe stellt die Angelausrüstung her oder repariert sie lange bevor es direkte Hinweise auf die Anwesenheit der Lachse gibt. Erscheinen die Lachse, werden unter Aufbietung aller Kräfte so viele wie möglich gefangen, verarbeitet und gelagert, so daß sie der Gruppe für sechs bis acht Monate als Nahrung dienen.[21]

Dieses Verhalten ist laut Binford typisch für den *Homo sapiens* und grenzt uns von den anderen Hominiden ab.

Eine andere Erklärung wäre eine tieferliegende geistige Struktur, die eine letzte wesentliche Veränderung durchlief, meint Calvin.

> Um die Bandbreite unserer Fähigkeiten zu erklären, müssen wir nach Verbesserungen von intrinsischen Fähigkeiten suchen, die weitverbreitet sind. Eine Umgebung, in

> der Musikbegabte einen Evolutionsvorteil gegenüber Tauben haben, ist schwer vorstellbar, aber es gibt multifunktionale Gehirnmechanismen, deren Verbesserung in einer wesentlichen Funktion zufällig auch andere Funktionen verbessert haben könnte. Wir Menschen haben zum Beispiel eine Vorliebe dafür, Dinge zu verbinden. Wir verbinden Wörter zu Sätzen, Töne zu Melodien, Schritte zu Tänzen, Geschichten zu Spielen mit Verfahrensregeln. Könnte dies eine intrinsische Fähigkeit des Gehirns sein, die sowohl der Sprache, dem Geschichtenerzählen und der Planung dient sowie für Spiele und Ethik nützlich ist? Wenn ja, dann könnte die natürliche Auslese bei jeder dieser Begabungen die gemeinsame neuronale Maschinerie verbessert haben, so daß eine erweiterte Fähigkeit zur Bildung grammatisch korrekter Sätze automatisch auch die Planungsfähigkeit verbessert hätte.

Es scheint unwahrscheinlich, daß nur eine kleine Veränderung bei einer dieser Verstandesleistungen (Gedächtnis, Sprache, Planungsfähigkeit usw.) einen derart gravierenden Unterschied verursacht haben soll: Wir beherrschen die Welt; Neandertaler, Ngangdong-, Dali-Menschen und andere starben aus. Dennoch muß es eine kleine genetische Veränderung gewesen sein, die für unser unterschiedliches Schicksal verantwortlich war. Trotz der Unterschiede im Aussehen müssen diese Menschen dem *Homo sapiens* sehr ähnlich gewesen sein. Schimpansen und Menschen entwikkeln sich seit 5 Millionen Jahren getrennt, trotzdem weichen unsere Genome nur zu 2 Prozent voneinander ab, wie Studien der DNS-Hybridisierung ergaben. Die Abspaltung von Neandertalern und modernen Menschen fand vermutlich erst vor 200000 Jahren statt. Das bedeutet, daß unsere Genome sich vermutlich um weniger als 0,1 Prozent voneinander unterschieden. Und trotz dieses geringen Unterschieds waren wir erfolgreich und sie starben aus. Allem Anschein nach waren nur wenige Gene für unseren Aufstieg verantwortlich.

In diesem Fall, so Steven Mithen von der Reading University, kam es nicht so sehr darauf an, daß eine bestimmte Klinge unseres Schweizer Messers perfektioniert wurde. Wichtiger war, die Anwendung sämtlicher Klingen möglichst effizient zu koordinieren. Es gab keinen großen Unterschied in den geistigen Fähigkeiten, nur in der Art, wie wir sie nutzten.

Mithen teilt die geistigen »Klingen« in verschiedene Bereiche ein: Bereiche mit sozialer Funktion, wie die Sprache; Bereiche mit technischer Funktion, wie die Fähigkeit zur Werkzeugherstellung; und Bereiche für »naturwissenschaftliche Erkenntnis«, in die zum Beispiel unser Wissen über den Lebensraum, seine Ressourcen und die Tiere, die wir jagen, fällt. »Die Frühmenschen scheinen nicht in der Lage gewesen zu sein, ihre Gedanken und ihr Wissen aus diesen verschiedenen kognitiven Bereichen zu integrieren«, sagt Mithen.

> Die Neandertaler standen unter starkem Druck sich anzupassen. Vermutlich starben 95 Prozent von ihnen, bevor sie 35 waren. In einer solchen Situation wäre es ökologisch äußerst sinnvoll gewesen, ihre technischen Fähigkeiten für die Herstellung von Perlen und Anhängern zu nutzen, um die soziale Interaktion zu fördern oder die Nahrungssuche effizienter zu gestalten. Das haben sie nicht getan. Ihr Verstand arbeitete nicht bereichsübergreifend. Die Verwirrung, aber auch die Verknüpfung von Zielen und Kriterien waren ihnen daher unbekannt. Sie verfügten über eine Klarheit und Einseitigkeit, die dem modernen Verstand fremd ist.[22]

In gewisser Weise war der Neandertaler-Verstand der Höhepunkt einer Millionen von Jahren andauernden Herausbildung einer spezialisierten Intelligenz bei Primaten. Beim modernen Menschen hörte diese Entwicklung auf. Unsere Gedankenabläufe wurden fließender und generalisierter. Die Gedanken sprangen zwischen den intellektuellen Bereichen hin und her. Die Sprache, die bisher in erster Linie der sozialen Interaktion gedient hatte, wurde jetzt auch zum Austausch von Informationen aus allen möglichen Bereichen benutzt: Werkzeugherstellung, die natürliche Welt und vieles mehr. Die Grenzen zwischen sozialem und nichtsozialem Verhalten verschwammen, wie auch bei den modernen Jägern und Sammlern. »Nehmen wir die Natur als Beispiel«, sagt Mithen. »Für alle waldbewohnenden Jäger und Sammler ist der Wald Vater und Mutter. Sie sehen ihn als soziales Wesen an, das sie ernährt. Auch die in der kanadischen Arktis lebenden Eskimos sprechen ihrem Lebensraum menschliche Eigenschaften zu.« Daraus entstanden Anthropomorphismus und Totemismus, der Glaube, daß eine Verwandtschaft mit der Tierwelt besteht. Für den Neandertaler war ein Höhlenbär ein Höhlenbär. Für den modernen Menschen war er nicht nur eine Gefahr oder mögliche Nahrung, sondern auch ein Gott, ein Vorfahre und wer weiß was noch.

Die Höhlenmalereien zeugen von dieser Vermischung von Vorstellungen und intellektuellen Bereichen. Die am Anfang des Kapitels erwähnte Kreatur, teils Mensch, teils Vogel, teils Hirsch, ist ein Beispiel dafür. Die Höhlengeschichte ist zwar rein hypothetisch und beruht auf Elementen aus den etwa 200 bis heute entdeckten Höhlen, die seltsame Totemfigur gibt es allerdings wirklich. Es ist der Zauberer aus der Höhle Les Trois Frères in Ariège am Fuß der Pyrenäen. Die Höhle wurde nach den drei Söhnen des

Grafen Begouen benannt, der sie 1912 entdeckte. Es handelt sich bei der Kreatur um eine sogenannte Therianthrope, teils Mensch, teils Tier, teils mystisches Wesen, das von einer erstaunlichen Phantasie zeugt. »Der Körper ist unbestimmt, aber der irgendeines großen Tieres«, sagt Denis Vialou vom Institut de Paléontologie Humaine in Paris. »Die Hinterbeine sind bis über die Knie hinaus menschlich. Der Schwanz stammt von irgendetwas Hundeartigem, einem Wolf oder einem Fuchs. Die Vorderbeine sind abnorm mit menschenähnlichen Händen. Das Gesicht ist das eines Vogels, sonderbar, mit einem Hirschgeweih.«[23] Noch erstaunlicher ist, wie dieses Zauberwesen den Betrachter direkt anstarrt und in seinen Bann zieht.

Die Cromagnon-Menschen waren zweifellos in der Lage, die natürliche und die soziale Welt auf äußerst phantasievolle Weise zu verbinden. Das zeigt sich bereits in einem früheren Werk. (Der Zauberer wurde auf ein Alter von 15000 Jahren datiert.) Es handelt sich dabei um einen 32000 Jahre alten Löwenmenschen, die früheste bekannte therianthrope Figur. Sie ist aus Mammutelfenbein geschnitzt und kann im Museum von Ulm besichtigt werden. Zunächst hielt man es für den Körper eines Menschen.[24] Eines Tages erhielt die Museumsdirektion einen interessanten Löwenkopf, ebenfalls aus Elfenbein. Zuerst sah man keinen Zusammenhang. Dann erinnerte sich jemand an den menschlichen Elfenbeinkörper. Man hielt Kopf und Körper aneinander, und sie paßten perfekt. Die 30 Zentimeter große Statuette stellt vermutlich einen Schamanen oder Zauberer dar. Auf jeden Fall handelt es sich um eine sehr frühe symbolische Vermischung verschiedener Bereiche: Natur (Löwe), Soziales (Mensch) und Technik (das Schnitzen der Figur).

Wir dürfen nicht vergessen, daß diese innovativen Zei-

Zeichnungen von zwei berühmten Werken der Cromagnon-Menschen: die »Venus« von Laussel und »Der Zauberer« von Les Trois Frères.

ten auch äußerst harte Zeiten waren. Die modernen Menschen erlebten in Europa während der letzten Eiszeit schwierigste klimatische Bedingungen, die das Leben praktisch erstarren ließen. Vor 20000 Jahren bedeckten Gletscher die gesamte Nordhälfte des Kontinents. Von den Pyrenäen und den Alpen herab erstreckten sich Eisplatten. Und dennoch überlebten die vor kurzem aus Afrika zugewanderten Cromagnon-Menschen in der Dordogne und der Ardèche in einem Klima, das dem des heutigen Island und Grönland entsprach. »Und die einzige Möglichkeit zu überleben bestand in hochentwickelter Interaktion«, sagt der Archäologe Professor Clive Gamble von der Southampton University. »Individuelle Bilderstürmer hätten keine Chance gehabt. Mangelnde Kooperation bedeutete den Tod.«[25]

Es war kein Zufall, daß die Cromagnon-Menschen in diesen harten Zeiten große Künstler wurden. Kunst entsteht durch das Verschmelzen geistiger Bereiche und das Niederreißen intellektueller Barrieren. Beides war für ihr Überleben wichtig. Sie brannten Statuetten aus Ton, verfügten also über die Technik, Geschirr herzustellen, entschieden sich aber, nur Skulpturen zu formen. Symbolismus und Kunst waren damals also wichtiger als praktischer Nutzen. »Kunst spielte am Anfang eine soziale Rolle«, sagt Gamble. »Sie wurde eingesetzt, um zu bestimmen, wer wohin gehörte und welche Rolle einem Individuum zugedacht war, damit Gruppen und Stämme in schwierigen Zeiten überleben konnten. Unsere Vorfahren mußten das immer wieder durchexerzieren.« Die Wurzeln der Kunst liegen in dem Bedürfnis, Initiationsriten zu schaffen, Rituale abzuhalten, Gebietsstreitigkeiten beizulegen und soziale Rollen voneinander abzugrenzen. Das alles gehörte zu der Macht, die wir entwickelten, um uns von den Beschränkungen des intellektuellen Einzelgängertums zu befreien. Die geistige Osmose ist typisch für den *Homo sapiens* jener Zeit. Sie ließ neue Ideen aufkommen und schuf solche phantastischen Figuren wie den Zauberer von Les Trois Frères. Sie ist verantwortlich für ausgefeilte Werkzeuge wie Bogen, Harpunen und Seile, Mineralsteinbrüche, bemerkenswerte Bestattungsriten und vieles mehr. Randall White schreibt dazu in *Natural History*: »Die Cromagnon-Menschen verwendeten systematisch zwei- und dreidimensionale Formen der Darstellung, um Begriffe anschaulich zu machen, um zu kommunizieren und um soziale Beziehungen und technische Möglichkeiten zu erforschen. Dadurch verbesserten sie ihre Chancen enorm, in der Evolution zu bestehen.«[26]

Etwa um diese Zeit entstand auch die erste Form einer

organisierten Religion und der Glaube an ein Leben nach dem Tod. Das schließen wir aus der 28000 Jahre alten Fundstätte von Sungir bei Wladimir, 160 Kilometer östlich von Moskau. Dort fanden Archäologen drei Körper (den eines Mannes und die zweier Kinder), die mit zahlreichen Schnüren aus Elfenbeinperlen umwickelt waren. Jeder der Toten war von Tausenden dieser Ornamente umhüllt. Wenn man davon ausgeht, daß man für jedes etwa eine Stunde gebraucht hatte, so müssen die Bestattungsvorbereitungen für jeden der Toten Tausende von Arbeitsstunden benötigt haben.[27] Solche Bestattungsriten zeugen von einem einzigartigen Sprung in der Phantasie und Motivation, besonders wenn man sie mit den schlichten Höhlenbestattungen von Qafzeh vor 100000 Jahren vergleicht, wo ein Hirschkopf als Grabbeigabe diente, oder mit dem Hirschkiefer, den man bei dem 60000 Jahre alten Neandertalerkind von Amud fand.

Dieses Vorstellungsvermögen, das vielleicht durch die Sprache begünstigt und durch den Abbau von intellektuellen Grenzen im menschlichen Verstand harmonisiert wurde, war das Tüpfelchen auf dem i. Es führte uns von der Höhle von Qafzeh zur Kunst von Lascaux, zu den Wettläufen im Weltraum, zum Teilchenbeschleuniger und zu den Gentests – zumindest einer Theorie zufolge. Aber auch wenn sie überzeugend klingt, erklärt sie nicht, warum der im subsaharischen Afrika geprägte *Homo sapiens* im Laufe der Evolution gerade die Neuronen aktivierte, die uns zum Mond führten. Vielleicht finden wir nie heraus, welche Kräfte hier am Werk waren. Einerseits verdanken wir ihnen viel, andererseits haben sie viel Unheil angerichtet.

Das waren aber nicht die einzigen Veränderungen, die in unserem Gehirn stattfanden, während wir langsam unsere Gestalt und unser Verhalten änderten auf unserem

5 Millionen Jahre dauernden Marsch (am Anfang im Kriechtempo), der auf den Bäumen Ostafrikas begann. Die erwähnten Veränderungen waren nur die letzten, die stattfanden. Auf dem Weg kam es zu einer Reihe von weiteren Verhaltensänderungen, und obwohl die letzten vermutlich die größte Auswirkung auf unsere Stellung in der Welt hatten, sollten wir die anderen nicht übergehen. Irven DeVore von der Harvard University meint dazu: »Die Anthropologen sind immer davon ausgegangen, daß die Evolution die menschliche Spezies bis zum Beginn der modernen Gesellschaft brachte und sie dann verließ. Danach formte angeblich die Kultur unser Verhalten.«[28] Aber so ist es nicht. Wir sollten nie vergessen, daß wir noch immer Primaten und Jäger und Sammler sind, die bis vor kurzem in einer Steinzeitwelt lebten. Wir tragen die Narben einer Kindheit, die wir als Hominiden verbrachten. Das erkennt man an unserem Körper und unserem Verstand. Beide beeinflussen unser Leben. Untersuchen wir also die körperlichen und geistigen Auswirkungen der Evolution auf uns Menschen und auf unseren Planeten. Die Paläoanthropologie hat uns viel vor Augen geführt, ob wir rechtzeitig etwas daraus gelernt haben, ist eine andere Sache.

Entscheidend ist, daß wir nach wie vor dieselben Geschöpfe sind, die vor nicht allzulanger Zeit von Afrika aus aufbrachen. In *The Stone Age Present*, einer Studie darüber, wie unsere Vergangenheit als Jäger und Sammler unser heutiges Verhalten noch immer beeinflußt, schreibt William Allman:

> Die Verhaltensvielfalt in unserem modernen Alltagsleben – Partnerwahl, die Fähigkeit, in große Gruppen zusammenzuleben, Liebe zur Musik, Sinn für Schönes, unsere Verärgerung über Untreue, gelegentliche Feindseligkeit

> gegenüber anders aussehenden Menschen ... das alles hat tiefsitzende Wurzeln in der Evolution, die bis in die Zeit zurückreichen, als unsere Vorfahren ums Überleben kämpften.[29]

Die Evolutionspsychologie wird für die Erklärung zahlreicher menschlicher Eigenheiten herangezogen. Manche der Erklärungen sind plausibel, andere eher spekulativ. So nimmt man zum Beispiel an, daß unsere Angst vor Hunden, großen Tieren, Schlangen und dunklen Orten angeboren ist. Auch wenn die wirklichen Gefahren des heutigen Lebens eher im Straßenverkehr und im Haushalt liegen. »Man braucht nicht viel Phantasie, um sich vorzustellen, daß große Raubtiere, giftige Insekten und dunkle Höhlen unseren Vorfahren aus gutem Grund Angst einjagten«, sagt Allman. »Straßen und Steckdosen gibt es noch nicht lange genug, um auf dem Weg der Evolution einen Eindruck in unserer Psyche hinterlassen zu haben.«

Immer wieder wird die Frage gestellt, warum wir uns für einen bestimmten Partner entscheiden. In der Vergangenheit gab es Theorien, die besagten, daß man einen Partner sucht, der dem archetypischen Bild des andersgeschlechtlichen Elternteils entspricht. Diese Vorstellung stammt von Freud, der seine Theorie nach Ödipus benannte. Eine andere Theorie besagt, daß wir Partner suchen, die uns entweder ähnlich sind oder uns ergänzen. Keine der beiden Interpretationen ist richtig, meint David Buss von der Michigan University, einer der Begründer der Evolutionspsychologie. »Tief im Inneren werden wir alle von denselben Wünschen angetrieben: Für Männer ist Aussehen das Wichtigste, während Frauen einen Ernährer mit Status suchen.«[30] Im allgemeinen sucht ein Mann sich eine Frau, die fruchtbar ist und ihm viele Nachkommen gebärt, die seine Gene an künftige Generationen weitergeben. Frauen haben dasselbe Ziel. Aber sie sind dabei mit anderen Problemen konfrontiert. Während der männliche Beitrag zur Schwangerschaft sich auf die Spermien beschränkt (was Frauen auch gerne betonen), sieht es für die Frau ganz anders aus. Auf die Befruchtung folgt die neunmonatige Schwangerschaft und darauf in den meisten Fällen die Zeit des Stillens, die bei den Jägern und Sammlern mehrere Jahre dauerte. Angebunden durch die von ihnen abhängigen Kinder brauchten Frauen dringend die Unterstützung ihres Partners, während ihr Stamm durch die Jagdgebiete zog und Rentier- oder Karibuherden folgte. Diese Notwendigkeit führte zu einer Art biologischer Konditionierung, die uns bei der Partnerwahl unbewußt beeinflußt. Frauen wünschen sich Großzügigkeit, Reife und sozialen Status. Sie suchen jemanden, der Zeit, Energie und Mittel zur Verfügung stellt, wenn die Frau schwanger ist und stillt, und der später dabei hilft, die Kinder großzuziehen. Das Alter spielt dabei keine besondere Rolle, da ein Mann auch mit vierzig, fünfzig oder über sechzig Jahren noch Kinder zeugen kann. Stabilität ist wichtig. Der Mann muß da sein, die Beziehung pflegen und die Mittel zur Verfügung stellen, um die Familie zu schützen und gesund zu erhalten. Es gilt, Männer zu meiden, die auf und davon gehen und die Frau mit dem Baby sitzenlassen. »Gesucht sind Väter, nicht Verräter«, meint Allman.

Bei der Beurteilung der Anziehungskraft einer Frau gehen Männer nach dem Aussehen – je sinnlicher desto besser. Der Grund ist ziemlich einfach. Schöne Haut, volle Lippen, guter Muskeltonus, das sind alles Signale für die Fruchtbarkeit einer Frau, Zeichen, daß sie die Kinder bekommen kann, die der Mann sich instinktiv wünscht. Dieses Muster wird, wenn auch nur leicht, von der Gesellschaft, in der wir leben, beeinflußt. Bei der Frage, ob dick oder dünn attraktiv ist, gehen die Vorstellungen in verschiedenen Kulturen auseinander. Ist Nahrung eher rar, wird ein üppiger Körper geschätzt. In Gesellschaften mit Nahrungsüberfluß besteht die Tendenz, Schlanke attraktiver zu finden. (In den USA, der reichsten Nation der Welt, läßt die Wahl zur Miss America diesen Trend erkennen. Aus der Statistik geht hervor, daß die Siegerinnen im Lauf der Zeit 30 Prozent dünner geworden sind.) Buss hat in insgesamt 37 Kulturen geforscht und dabei folgende Fragen gestellt: Was erwarten Sie von einem Mann? Wonach suchen Sie bei einer Frau? Die Antworten entsprachen sich in allen Kulturen. Männer wollen jüngere, gutaussehende Frauen. Frauen suchen Männer, die reif und reich sind. (Das erklärt, warum Frauen in der Regel Männer heiraten, die etwas älter sind, meinen die Evolutionspsychologen. Diese Neigung ist in allen Gesellschaften zu beobachten. Allerdings gibt es dabei je nach Kultur interessante Unterschiede. In den USA halten Frauen und Männer einen Altersunterschied von etwa drei Jahren für ideal. In Kolumbien sind es fünf Jahre und in Sambia sieben.)

Buss gibt allerdings zu, daß viele moderne Spielarten wie One-night-stands, Partnervermittlungsagenturen und jugendliche Liebhaber diese Grundtendenz verschleiern. »Aber das sind nur kurzfristige Strategien, um die Kandidaten auszuwählen, die sich als langfristige Partner eignen. Bei denen suchen wir nach anderen Eigenschaften.« Der letzte Punkt ist wichtig. Unsere steinzeitlichen Triebe bereiten die Partnerwahl nur vor. Danach gewinnen persönliche Vorlieben die Oberhand. Und die führen uns meistens zu Partnern mit ähnlicher Intelligenz, Persönlichkeit und gleichen Ansichten. Dabei ist uns aber nicht bewußt, daß wir nach solchen Kriterien auswählen.

Anhand dieser Ergebnisse läßt sich ersehen, wie wichtig Kenntnisse der menschlichen Evolution für das Verständnis unserer Psyche sind. Das wurde lange Zeit übersehen, und dafür allein schon gebührt der Evolutionspsychologie Lob. Andererseits macht sie es sich mit ihren Erklärungen gelegentlich zu einfach, wenn ihnen die experimentelle Untermauerung fehlt. Unser Verhalten wird in der Regel von Alltagsproblemen wie Beruf, Geld und Beziehungen bestimmt. Diese unmittelbaren Belange diktieren unser Leben. Unsere Stammesgeschichte bildet nur den Hintergrund, wenn auch einen wichtigen.

Das gängige Muster bei der Partnerwahl – junge Frau, fürsorglicher älterer Mann – kann sich jedenfalls erst in der jüngeren Vergangenheit herausgebildet haben. Es beruht nämlich darauf, daß der Mensch, zumindest formal, nur mit einem Partner eine Bindung eingeht. Im Gegensatz zu den Schimpansen haben wir nicht mit allen Mitgliedern unseres Stammes Sex. Und abgesehen von den Serails bauen sich Männer auch keinen Harem auf, wie es die Gorillas tun. Wir binden uns fürs Leben oder zumindest für ein paar Jahre. Das war nicht immer so. Es gibt eindeutige Hinweise, daß die *Australopithecinen* einen ausgeprägten sexuellen Dimorphismus aufwiesen – größere Männer, kleinere Frauen –, damit erstere möglichst viele Frauen erobern konnten. Von dieser Sozialstruktur haben wir uns eindeutig verabschiedet, auch wenn unsere Gestalt noch immer rudimentäre Spuren dieser vergangenen Tage aufweist und Männer meist 12 Prozent größer sind als Frauen. Hätten wir uns nicht verändert, würde unser soziales Leben heute von Harems dominiert, »die von riesigen Männern mittleren Alters beherrscht würden, die doppelt soviel wögen wie eine Frau, jeweils ein sexuelles Monopol auf alle Frauen der Gruppe hätten und andere Männer demütigten«, schreibt Matt Ridley in seinem Buch *Eros und Evolution. Die Naturgeschichte der Sexualität.*[31]

Eisprung und Fruchtbarkeit ist bei den Frauen nicht mehr auf den ersten Blick ersichtlich, bei den Schimpansen hingegen sehr wohl. Das Gesäß der Weibchen wird leuchtend rosa und zieht die Aufmerksamkeit der Männchen auf sich. In der übrigen Zeit werden die Weibchen kaum beachtet. In was für einer Gesellschaft würden wir leben, wenn die Frauen ihre Fruchtbarkeit in so auffallender Weise zur Schau stellten? »Sex wäre eine gelegentliche Affäre, der man sich während des weiblichen Östrus in spektakulären Ausschweifungen hingäbe, die aber, wenn die Frau gerade schwanger wäre oder kleinere Kinder großzöge, auch auf Jahre hinaus vergessen sein könnte. Ihre Empfängnisbereitschaft teilte sich jedermann durch ein angeschwollenes, stark rosa gefärbtes Hinterteil mit, das sich für jeden männlichen Betrachter als unwiderstehliche Faszination erwiese. Männer würden versuchen, solche Frauen wochenlang allein zu besitzen, sie dazu drängen, mit ihnen allein herumzuziehen, wären dabei nicht immer erfolgreich und verlören beim Abklingen der Schwellung rasch das Interesse.«

Es ist nicht ganz klar, warum im Laufe der Evolution die Fruchtbarkeit nicht mehr äußerlich sichtbar wurde. Es gibt dazu zahlreiche unterschiedliche Theorien, die alle um wissenschaftliche Glaubwürdigkeit ringen. Hier einige der Thesen: Es wird angenommen, daß die biologische Tarnung die Männer davon abhalten sollte, alles stehen und liegen zu lassen, sobald eine Frau fruchtbar war. Sie verhinderte, daß die Stämme sich von den wichtigen Angelegenheiten wie Mammut- und Mastodontenjagd abhalten ließen; die Frauen waren nun immer anziehend und konnten die Männer an sich binden; die Männer verloren nicht das Interesse und brachten den Frauen weiterhin Fleisch und andere Nahrung; die Männer konnten über die Vaterschaft im unklaren gehalten werden; und die Frauen konnten die fruchtbare Zeit nicht erkennen und damit auch nicht auf Kinder verzichten, was die Nachkommenschaft geschmälert hätte.

Eine der einfallsreichsten Erklärungen dieses Phänomens stammt von Chris Knight von der East London University. Er bringt die Menstruation mit dem Beginn der Kultur in Zusammenhang. In seinem Buch *Blood Relations*[32] untersucht Knight die gemeinsamen Elemente, die in allen Mythen über Menstruationsblut und Jagd bei den verschiedenen Jägern und Sammlern vorkommen. Laut Knight spiegeln alle diese Geschichten eine Katharsis in der menschlichen Geschichte wider, die vielleicht vor 100000 Jahren in Afrika stattfand. Nach dieser Theorie leiteten die Frauen damals eine Revolution ein, indem sie sich den Männern verweigerten. Sie wollten die Männer zwingen, die Jagd zum ersten Mal gemeinsam zu organisieren und die Nahrung zu teilen. Zu diesem Zweck schlossen sich die Frauen zusammen, was ihre Tendenz, zum gleichen Zeitpunkt zu ovulieren, förderte (dieses Phänomen, das aus ungeklärten Gründen von selbst eintritt, wird beobachtet, wenn Frauen in großen Gruppen zusammenleben, zum Beispiel in Kasernen). Aus Solidarität rieben sich die nichtmenstruierenden Frauen mit Blut oder rotem Ocker ein. Auch sie waren damit nicht verfügbar. Das würde auch die Vorliebe für dieses Mineral an Fundstätten in Afrika, Australien und Europa erklären. Damit schienen alle Frauen zur gleichen Zeit nicht für Sex zur Verfügung zu stehen. Die so um ihren Spaß gebrachten Männer wandten sich dem zweitbesten Vergnügen zu – der Jagd. Als die frustrierten Kerle mit den fleißig gejagten Antilopen und Zebras zurückkehrten, fand mit den jetzt ovulierenden Frauen ein Fest mit Schmaus, Tanz und Sex statt. Das mag weit hergeholt klingen, aber Knights hochfliegende Theorie vereint viele widersprüchliche anthropologische und archäologische Beobachtungen und findet überraschend viel Beachtung.

Dann die Sache mit der Paarbindung. Warum gehen Männer und Frauen so intensive und dauerhafte Bindungen ein im Vergleich zu den lässigen, kurzlebigen Beziehungen der anderen Primaten? Warum schließen wir uns, wenn auch nicht unbedingt fürs Leben, so doch oft für sehr lange Zeit zusammen? Einige Wissenschaftler sind der Ansicht, daß diese Tendenz auf die Zeit zurückgeht, als die *Homo-erectus*-Frauen schmale Hüften entwickelten, die den aufrechten Gang erleichterten. Nun standen sie vor dem Folgeproblem, daß ihre Kinder neurologisch unreif zur Welt kamen. Aufgrund der Belastung durch die besonders hilflosen Neugeborenen entwickelten wir ein Hilfssystem, bei dem Männer und Frauen sich gegenseitig beim Großziehen der Kinder unterstützten.

Manche Archäologen sind dagegen der Ansicht, daß die Tendenz zu langen Beziehungen nicht so weit zurückreicht. Laut Olga Soffer von der Illinois University lebten die Frühmenschen in kleinen Gruppen mit begrenzten Jagdgebieten, und es gab kaum eine Arbeitsteilung nach Rang oder Geschlecht.[33] Jeder schlug sich durch so gut er konnte. Die Mutter-Kind-Bindung war stark, aber es gab keine größeren Familien- oder Verwandtschaftsstrukturen wie wir sie heute haben. Diese Vorstellung griff Binford auf.[34] Er entwickelte eine interessante und umstrittene Theorie über die Neandertaler. Laut Binford lebten Neandertaler-Männer und -Frauen im großen und ganzen getrennt. Sie trafen sich nur alle paar Wochen zum sozialen und sexuellen Austausch. »Das ist eine Art der Interaktion, wie sie beim modernen Menschen nicht üblich ist. Sie bereiteten die Nahrung getrennt zu, nutzten den Lebensraum auf unter-

Rekonstruktion der Bestattung eines Cromagnon-Mannes in Paviland, Südwales, vor 27000 Jahren.

schiedliche Weise und verwendeten verschiedene Techniken. Beim modernen Menschen sind die Beziehungen ausgewogener. Die Neandertaler lebten getrennt, trotzdem bestand eine Interaktion.«

Soffer und Binford sind der Ansicht, daß es während der Evolution des *Homo sapiens* zu einer großen sozialen Umstellung kam. Es entstanden wesentlich komplexere soziale Strukturen auf der Grundlage von Großfamilien und weitverzweigten Verwandtschaftsbeziehungen. Das war der Ursprung der Dynastien und der sozialen Klassen. Einen frühen Hinweis darauf lieferten die drei 28000 Jahre alten Grabstätten von Sungir. Ein unglaublicher Aufwand von mindestens 2000 Stunden Arbeit ging in die Herstellung von Elfenbeinperlen, mit denen die männliche Leiche geschmückt wurde. Vielleicht hatte er sich die große Ehre, die

Kommentar zur Diskussion über das Aussterben der Neandertaler.

man ihm bei seiner Bestattung erwies, verdient. Die beiden Kinder hatten jedoch nicht lange genug gelebt, um zu einem solchen Rang aufsteigen zu können. Dennoch war auf ihre Bestattung doppelt soviel Vorbereitungszeit verwendet worden wie auf die des Mannes. Ihr Status mußte also ererbt sein. Interessanterweise gibt es keine Hinweise auf einen ererbten sozialen Status bei den Frühmenschen.

Hier nahmen womöglich viele Leiden der modernen Zivilisation ihren Anfang: Elitedenken, Statussucht, Reichtum und Armut. Im nächsten Kapitel werden wir näher darauf eingehen. Außerdem untersuchen wir die hominide Vergangenheit, die wir nicht nur im Gehirn, sondern auch im Körper mit uns herumtragen. Ein faszinierendes, aber auch beunruhigendes Thema.

10 Der entfesselte Prometheus

Ich halte es für einen Makel unserer Kultur, daß wir eine zu hohe Meinung von uns selbst haben. Wir reihen uns unter die Engel ein, anstatt unter die höheren Primaten.
ANGELA CARTER[1]

Allgemein gesprochen befinden wir uns in einem Rennen zwischen menschlichen Fähigkeiten als Mittel und menschlichem Wahnsinn als Zweck.
BERTRAND RUSSELL[2]

Sehen Sie in den Spiegel und betrachten Sie Ihre Zähne. Sind sie schneeweiß oder leicht gelblich? Keine Angst, ihr Aussehen hat kaum Einfluß auf ihre anderen Eigenschaften. Zähne sollten kräftig, hart und vor allem klein sein. Im Gegensatz zu den Fleischfressern, die große Eckzähne haben, oder den Pflanzenfressern, die einen kräftigen Kauapparat zum Zermahlen der Pflanzen brauchen, haben wir winzige Zähne. Aber warum? Und wenn wir schon dabei sind, solche Fragen zu stellen, sehen Sie sich Ihre Haare an. Warum konzentrieren sie sich auf dem Kopf? Warum haben Männer einen Bart und Frauen nicht? Und warum haben wir Haarbüschel unter den Achseln und in der Leistengegend?

Vielleicht haben Sie sich diese Fragen selbst hin und wieder gestellt, wenn Sie sich im Spiegel betrachteten. Andererseits hat die Gewohnheit vielleicht die Neugier erstickt. Das wäre schade, denn der Spiegel gibt uns viele Hinweise auf unsere Evolution zu intelligenten, weltbeherrschenden Primaten und unseren langen Marsch zur »Zivilisation«.

Wenn wir einen Schritt zurücktreten und uns einige grundlegende Fragen über unsere Gestalt stellen, die Hamlet als gottähnlich empfand, dann sehen wir ein Geschöpf, das sich trotz seines modernen gepflegten Erscheinungsbildes kaum von dem Hominiden unterscheidet, der vor 100000 Jahren Afrika verließ. Wir sollten uns daher nicht von unserer modernen Technik und Kultur blenden lassen. Unter einer Patina urbanen Schicks, bestehend aus Frisur, Brille, Make-up und so weiter, verfügen wir noch immer über dieselben Merkmale, die sich vor 4 Millionen Jahren in der Savanne herausgebildet haben. Wir sind keine biologischen Maschinen, die für das 20. Jahrhundert neu konstruiert wurden. In Wirklichkeit sind wir nichts als »eine recht seltsame Art von afrikanischem Menschenaffen«, wie der Harvard-Anthropologe David Pilbeam es ausdrückt.[3] Ein Primat, der seit seinem Auszug aus der Heimat noch nicht die Zeit hatte, sich wesentlich anzupassen. Wir haben noch immer Steinzeitkörper und Steinzeitgehirne. Denn was für unser Aussehen gilt, trifft auch auf unser Verhalten zu.

Natürlich kann so ein Blick in den Spiegel eine ganze Reihe von Fragen über die Ursprünge unseres Verhaltens, unseren Intellekt und unsere Zukunftsaussichten auslösen. In diesem Buch sind wir der dramatischen Geschichte unseres afrikanischen Ursprungs nachgegangen, haben verfolgt, wie wir den Kontinent verließen und jede Nische auf der ganzen Welt besiedelten. Jetzt ist es an der Zeit, die sich daraus ergebenden Stigmata anzusehen, die Merkmale, die wir als Hominiden entwickelten, und die uns jetzt einen Eindruck davon geben, wer wir sind und wie es zu unserem derzeitigen Zustand kam, anatomisch, aber auch kulturell, politisch und wissenschaftlich. Wir sind Tiere, wenn auch intelligente, und sollten nicht glauben, immun gegen den Prozeß der Evolution zu sein. Sehen wir uns also an, wie die Evolution uns moderne Menschen geformt hat. Beginnen wir mit dem Aussehen. Wir sind Primaten. Was können also Paläontologie und Anthropologie über das Aussehen und die Gestalt des *Homo sapiens* und über die Evolution unserer körperlichen Merkmale aussagen? Ziemlich viel. Fangen wir mit unserer Untersuchung oben an.

Auf dem Kopf haben wir Haare, die unser Gehirn vor der gefährlichen Sonnenstrahlung schützen. Diese Beobachtung legt die Frage nahe: Warum verlieren manche Männer diesen Schutz im fortgeschrittenen Alter? Wiederum ist die Antwort einfach. Ein Gen (vielleicht auch mehrere) für Kahlheit zeigt seine Wirkung in der Regel erst, wenn der Mann das zeugungsfähige Alter überschritten hat. Zumindest nach steinzeitlichen Begriffen, als die durchschnittliche Lebenserwartung keine vierzig Jahre betrug. Verlor er dann das schützende Kopfhaar, so machte das für den Fortbestand seines Genotyps keinen Unterschied.

Von den Bärten nimmt man an, daß sie dazu dienten, das Gesicht des Mannes zu vergrößern, eventuell um Feinde zu vertreiben oder Frauen zu beeindrucken. Allerdings ist die Gesichtsbehaarung je nach Klimaverhältnissen und Hautpigmentierung unterschiedlich. Das deute darauf hin, daß die Selektion zugunsten des Barts hauptsächlich aufgrund der jeweiligen prähistorischen Geschmacksvorstellungen zustande gekommen sei, meint Jonathan Kingdon. Allerdings kann sich der Geschmack mit der Zeit ändern:

> Hochentwickelte Kulturen, die Konformität anstreben, stört diese Erinnerung an prähistorischen Individualismus, die Antwort heißt: Rasieren. Kulturen, die zivilisiert erscheinen wollen, aber dennoch diesen Unterschied von Frau und Mann akzeptieren, gehen den Kompromiß im Schnauzbart ein.

Und was ist mit der Schambehaarung und den Haaren in den Achselhöhlen? Sie liegen über warmen Drüsenarealen und ermöglichen es Hormonen und anderen Duftstoffen, sich festzusetzen und ihre intime Botschaft zu verströmen. Der Flug der Pheromone beginnt hier. Der Rest ist Nacktheit, die uns daran erinnert, daß sich unser Primatenfell dramatisch ausgedünnt hat, weil unsere Vorfahren in den heißen, schattenlosen Savannen Afrikas evolvierten. Bei extremer Hitze kann der Körper bis zu 28 Liter Wasser am Tag ausschwitzen. Eine Körperbehaarung hätte diesen kühlenden Effekt verringert. Außerdem hätten sich Salze und andere Ausscheidungsprodukte im den Haaren angesammelt. So fließt der Schweiß einfach ab.

Unsere Stirn ist für einen Primaten erstaunlich markant. Sie ist das Ergebnis einer unablässigen Volumenzunahme. Unser Gehirn wurde mit der Zeit schmaler und höher, als wäre es vorne und hinten zusammengedrückt worden. Vielleicht spiegelt diese physische Veränderung die neurologischen Veränderungen wider, die unseren Aufstieg auslösten. Unsere Überaugenbögen hingegen sind im Vergleich zu den Hominiden winzig und nur durch die Augenbrauen markiert, die uns den Schweiß aus den Augen halten. Allerdings haben sie auch eine Signalwirkung bei der Kommunikation. Unsere Nasen wiederum haben je nach Klima unterschiedliche Formen. In den Tropen sind sie breit, in kälteren Gebieten gebogen oder schmal. Auch andere Faktoren, wie sexuelle Selektion, können bei der Evolution der Nase eine Rolle gespielt haben.

Mund und Kiefer zeigen die einschneidende Rolle der Technik beim Aufstieg des *Homo sapiens* vielleicht am deutlichsten. In den letzten 2 Millionen Jahren ist unser Kiefer geschrumpft, nachdem wir unsere Nahrung auf leichtverdauliches Fleisch, Innereien und eiweiß-, fett- und kohlehydratreiches Knochenmark umgestellt haben. Mit Hilfe von Messern zerkleinerten wir die Nahrung und kochten sie dann über dem Feuer, was uns das Kauen noch mehr erleichterte. Körner und Samen wurden mit Hilfe von Mühlen und Mörsern zerkleinert. Und so begann die Tendenz zur Zierlichkeit schon beim *Homo erectus.* Die Neandertaler mit ihren großen Schneidezähnen bildeten noch einmal eine Ausnahme. Der Trend setzte sich dann beim modernen Menschen fort.

Der Grund liegt auf der Hand. Die Nahrung wurde leichter verdaulich, und die Zähne mußten nicht mehr wie bisher Schwerarbeit leisten. Sie fielen damit der Evolution zum Opfer und wurden immer kleiner. Aus demselben Grund schrumpfte unser Kiefer, und so wurde aus dem primitiven, spitzen Schädel unserer Vorfahren ein flacher, moderner Kopf. Dafür bezahlen wir allerdings einen Preis, denn die Regulationsmechanismen für Zahnwachstum sind nicht die gleichen wir für die Entwicklung des Kiefers. Das Zahnwachstum wird ausschließlich von den Genen gesteuert, die wir bei der Empfängnis mitbekommen. Das Wachstum des Kiefers hängt von genetischen und äußeren Einflüssen ab. Der Kiefer kann also kleiner ausfallen, wenn wir uns von Kindesbeinen an nur von Weißbrot, Nudeln, Pizza und anderen Errungenschaften der modernen Küche ernähren, die man kaum kauen muß. Daraus resultiert häufig ein Kiefer, der zu klein für alle Zähne ist. Die ersten achtundzwanzig finden gerade noch Platz, aber für die letzten vier, die Weisheitszähne, die im frühen Erwachsenenalter durchkommen, reicht es nicht mehr. Also wachsen sie schief und verschieben die übrigen Zähne oder sie kommen an der Seite des Zahnfleischs heraus oder bleiben stecken und verursachen Abszesse.

Das ist der Preis, den wir für die Erfindung der Steinwerkzeuge und die Entdeckung des Feuers bezahlen. Und das Problem ist weit verbreitet. 1993 litt ein Viertel aller Briten im Alter von 30 bis 40 unter mindestens einem impaktierten Weisheitszahn. 116000 davon mußten gezogen werden. In einer Gesellschaft mit ausreichend Zahnärzten und Antibiotika überleben die Leidenden. Anderswo sterben sie unter Umständen schon in der Jugend an schlimmen Infektionen, wie das auch im Westen der Fall war, bevor wir diese Lebensretter kannten.[4] Dadurch entsteht ein Evolutionsdruck. Wer weniger Probleme mit den Weisheitszähnen hat, lebt länger und hat mehr Kinder. Und genau das spiegelt sich in der Gesellschaft wider. Oft sind schon bei der Geburt nicht mehr alle Weisheitszähne angelegt. Manche Menschen bekommen achtundzwanzig Zähne und nicht mehr alle zweiunddreißig, die ursprünglich beim *Homo sapiens* angelegt waren. Bei bis zu 15 Prozent der Europäer fehlen mindestens zwei Weisheitszähne (d.h. sie treten nie in Erscheinung). In einigen Gegenden Ostasiens sind es bis zu 30 Prozent. Das ist ein klassisches Beispiel von Evolution in Aktion. Im Westen wird der Prozeß allerdings durch die moderne Medizin aufgehalten. Ihr ist es zu verdanken, daß die Anlage von zweiunddreißig Zähnen keine Bedrohung für unsere Fortpflanzung mehr darstellt. Der Trend zu achtundzwanzig Zähnen ist vielleicht unterbrochen. Der Evolution wäre damit von den Zahnärzten Einhalt geboten worden.

Kommen wir jetzt zum Kinn, einem weiteren besonderen Merkmal des Menschen. Das Kinn begrenzt den Kiefer und gibt ihm von außen Halt. Bei unseren Vorfahren, wie dem *Homo erectus*, lag diese Verstärkung innen. Als unser Kiefer kleiner wurde, brauchten wir den Halt von außen, weil die Zunge den Platz im Inneren beanspruchte. Besonders für die sich entwickelnde Sprache und die Tonerzeugung war eine größere Flexibilität nötig. Wir haben also ein »Rednerkinn«.

Wenn wir unser Gesicht so interessiert im Spiegel betrachten, der wahrscheinlich an der Wand hängt, führt uns das zur bedeutendsten Entwicklung, die wir in den vergangenen 5 Millionen Jahren durchlaufen haben, nämlich zum aufrechten Gang. Aufgrund dieser Entwicklung hatten wir die Hände frei und konnten Werkzeuge bauen. Das menschliche Gehirn wurde allmählich größer, es entstanden Bewußtsein und Intelligenz. »Der aufrechte Gang ist die Überraschung, der schwierige Fall, die schnelle und grundlegende Neukonstruktion unserer Anatomie«, schreibt Stephen Jay Gould in seinem Aufsatz »Our Greatest Evolutionary Step«:[5]

> Die nachfolgende Vergrößerung unseres Gehirns ist anatomisch gesehen ein sekundäres Epiphänomen, eine einfache Transformation, eingebettet in ein allgemeines Muster der menschlichen Evolution. Der aufrechte Gang ist als Problem der architektonischen Rekonstruktion betrachtet eine tiefgreifende Angelegenheit, ein vergrößertes Gehirn ist im Vergleich dazu oberflächlich und sekundär. Die Auswirkungen unseres großen Gehirns haben allerdings die relative Leichtigkeit seiner Konstruktion in den Schatten gestellt.

»Leider sehen wir unseren aufrechten Gang als selbstverständlich an«, meint Gould. »Es ist jetzt zwei Uhr morgens, und ich bin fertig«, schließt er. »Jetzt hole ich mir noch ein Bier aus dem Kühlschrank, und dann gehe ich ins Bett. Als Gefangener meiner Kultur wird mich der Traum, den ich in etwa einer Stunde im Liegen haben werde, wesentlich mehr überraschen, als die Tatsache, daß ich jetzt aufrecht zum Kühlschrank gehe.«

Der Schritt zum aufrechten Gang beinhaltete enorme anatomische Veränderungen, von denen uns nicht alle zuträglich waren. Die Hüften werden durch das Gehen auf zwei Beinen stärker beansprucht und müssen das gesamte Körpergewicht tragen. Bei den anderen Primaten verteilt sich das Gewicht auf vier Gliedmaßen. Hüftendoprothesen sind der Preis, den viele im fortgeschrittenen Alter für die Bipedie bezahlen. Dieser chirurgische Eingriff ist natürlich auch eine Folge der immer höheren Lebenserwartung. Andere Auswirkungen verspüren wir schon in jüngeren Jahren. Die weitreichendsten entstehen dadurch, daß wir relativ schmale Hüften und Becken entwickelt haben. Hätten wir das breite Becken der Menschenaffen beibehalten, so wäre der aufrechte Gang durch die Schwerpunktverlagerung außerordentlich anstrengend geworden. Also nahmen wir eine schmale, zylindrische Form an, bei der sich die Knie unterhalb des Rumpfes befinden. (Wir sind stolz darauf, daß der *Homo sapiens* der »kluge Affe« ist. Allerdings könnten wir uns ebensogut als »X-beinigen« Primaten bezeichnen.) Diese Haltung hat es uns ermöglicht, über den ganzen Erdball zu marschieren. Aber sie blieb nicht ohne Folgen.

Unsere Hüfte bildet das aus einem knöchernen Ring bestehende Becken. Bei schmalen Hüften ist das Becken eng. Da ein Kind bei der Geburt durch diese enge Öffnung hindurch muß, stellte dies zusammen mit einem größer werdenden Gehirn eine große Herausforderung für die menschliche Anatomie dar. »Kein rationales Tier würde sich für Bipedie und ein großes Gehirn entscheiden«, meint Leslie Aiello vom University College London.[6] »Die Konsequenzen für die Frauen waren entsetzlich.« Es beginnt mit dem Gehirnwachstum. Bei den anderen Primaten, wie überhaupt bei fast allen anderen Tieren, hört das Gehirnwachstum nach der Geburt auf. Bei Primaten und anderen Tieren finden die wichtigsten neurologischen Entwicklungen in der Gebärmutter statt. Wenn ein Menschenbaby auf die Welt kommt, hat es erst weniger als die Hälfte dieses kritischen Wachstums hinter sich, aus dem einfachen Grund, daß sein Kopf zu groß wäre, um durch das Becken der Mutter hindurchzutreten, wenn die Großhirnrinde bereits ihre volle Größe erreicht hätte. »Die Schwangerschaft müßte 21 Monate dauern, wenn wir als neurologisch voll entwickelte Wesen auf die Welt kommen wollten«, fügt Aiello hinzu.

> Das bedeutet, daß ein Kind im ersten Lebensjahr besonders hilflos ist, weil nun die Gehirnentwicklung stattfindet, die es eigentlich als Fötus hinter sich gebracht haben sollte. Das ist wiederum eine Belastung für die Mutter. Sie ist für lange Zeit an ein vollkommen abhängiges kleines Kind gebunden und braucht eine gute Ernährung, um die eiweiß-, fett- und kohlehydratreiche Milch zu produzieren, die ihr Kind braucht. Sie ist daher in besonderem Maße auf die Unterstützung ihres Partners und der übrigen Gruppe angewiesen.

Dieser Prozeß begann vermutlich beim großen, schlanken *Homo erectus*, der mit einer Leichtigkeit durch die Savanne streifte, an die seine Vorgänger, die *Australopithecinen*, nicht heranreichten. Bei ihm setzte auch das Gehirnwachstum ein. Als Folge wurden zum ersten Mal neurologisch unreife Babys geboren, ein Trend, der sich in den folgenden Jahrtausenden noch verstärkte. Selbst bei Geburten im extrem frühen Entwicklungsstadium, wie sie heute stattfinden, gibt es Probleme. Bei den anderen Primaten gelangen die Jungen gut durch das Becken. Ein Menschenbaby muß sich wie ein Korken, der aus einer Weinflasche gezogen wird, durch einen schmalen Spalt winden. Das bedeutet eine enorme Anstrengung für die Mutter. Außerdem ist die Hilfe einer Hebamme nötig. Selbst bei unserer modernen Medizin bleibt eine Geburt eine erstaunlich riskante Sache. Dieser Funktionskonflikt geht nicht spurlos an den Frauen vorüber. Als Bipeden sind sie aufgrund ihrer potentiellen Mutterrolle etwas weniger effizient als die Männer. Frauen haben breitere Hüften, um das Trauma der Entbindung so gering wie möglich zu halten. Aus diesem Grund sind sie beim Gehen, Laufen und Springen leicht benachteiligt. (Der größere Fettanteil und die geringere Muskelmasse spielen dabei natürlich auch eine Rolle.)

Die Männer sollten sich ihre diesbezügliche Stärke aber nicht zu Kopf steigen lassen. Es steht fest, daß ihre athletischen Leistungen in den letzten 10000 Jahren nachgelassen haben, obwohl bei großen Sportveranstaltungen ständig neue Rekorde aufgestellt werden. Den Grund dafür liefert unsere Evolution: Der *Homo sapiens* schrumpft. Untersuchungen auf mehreren Kontinenten haben ergeben, daß die menschliche Rasse in den letzten 10000 Jahren kleiner geworden ist. Im Westen werden die Männer heute durchschnittlich etwa 1,70 Meter bis 1,75 Meter groß. Die Cromagnon-Männer waren etwa 1,80 Meter groß. Sogar unser Gehirn ist um 10 Prozent kleiner als das der Cromagnon-Menschen, wie Schädelmessungen ergaben. (Was wird nun aus den Vorstellungen von Rushton und den anderen Rassenpredigern, die das Gehirnvolumen in direkten Bezug zur Intelligenz setzen? Sie müssen sich jetzt um eine Erklärung dafür bemühen, warum die menschliche Rasse nach ihren Vorstellungen immer dümmer wird.) Natürlich ist diese Abnahme der Schädel- und Körpergröße nicht von großer Bedeutung. Unsere Spezies begann nicht als steinzeitliche Arnold Schwarzeneggers, und wir werden sicher nicht als

Woody Allens in der Versenkung verschwinden. Vielleicht hat der Schrumpfungsprozeß sogar schon aufgehört. Daß er stattfand, ist allerdings erwiesen.

Diese Entdeckung mag überraschend kommen, weist doch vieles auf eine Größenzunahme in der letzten Zeit hin: Museen mit winzigen Rüstungen, alte Häuser mit niedrigen Eingängen und kurze Himmelbetten. Die Menschen im Mittelalter waren kleiner, weil sie sich schlecht ernährten und deshalb nicht ihre volle, genetisch programmierte Größe erreichten. Daher kommt es uns so vor, als wären wir heute größer. Das täuscht. In Wirklichkeit geht der Trend zur kleineren Körpergröße.[7]

Warum ist das so? Welchen Vorteil konnte man aus den reduzierten Dimensionen ziehen? Eine Theorie besagt, daß wir aufgrund der effizienteren Jagdtechniken (Fallen, Speere, Pfeil und Bogen) nicht mehr so groß und kräftig wie in den vorangegangenen Jahrtausenden sein müssen. Durch den Ackerbau, der vor etwa 10000 Jahren einsetzte, wurde diese Entwicklung noch verstärkt. Nun waren die Menschen unabhängig von der anstrengenden Jagd und der Suche nach Wurzeln und Beeren. Große körperliche Kraft war nun nicht mehr notwendig, und wir werden seitdem kleiner. Leider widersprechen australische Daten dieser Erklärung. »Die Landwirtschaft hielt hier erst vor zweihundert Jahren mit den ersten Europäern ihren Einzug«, sagt Peter Brown von der University of New England, auf dessen kompromißlose Ansichten zur menschlichen Evolution in Australien wir in Kapitel 7 eingegangen sind.

> Die australischen Ureinwohner waren bis zu diesem Zeitpunkt Jäger und Sammler. Und doch sieht man an ihren Fossilien, daß auch sie schon früh immer kleiner wurden. Vor zehntausend Jahren waren die Aborigine-Männer

> zwischen einem Meter dreiundsiebzig und einem Meter achtzig groß. Heute erreichen sie nur noch Durchschnittsgrößen zwischen einem Meter dreiundsechzig und einem Meter fünfundsechzig. Außerdem waren die Menschen nicht die einzige Art, die schrumpfte. In Australien wurde jedes Tier kleiner, das größer als ein Wombat war. Und wenn Sie nicht wissen, wie groß ein Wombat ist, dann stellen Sie sich einen Corgi vor, der Steroide gefressen hat.[8]

Auch in Europa sind Jäger und Beute in den vergangenen zehn Jahrtausenden kleiner geworden. Und wenn jedes Tier schrumpfte, das größer als ein »aufgeblasener Corgi« war, dann muß laut Brown ein allgemeineres Phänomen als nur der Aufstieg des Ackerbaus dafür verantwortlich sein. »Wahrscheinlich sind Klimaveränderungen des Rätsels Lösung. Mit dem Ende der letzten Eiszeit vor 10000 Jahren wurde die Welt wärmer. Das muß unsere Schrumpfung ausgelöst haben.«

Professor Majie Henneberg von der Adelaide University hat jedoch eine wesentlich bizarrere Erklärung parat. Seine Forschungen haben nicht nur gezeigt, daß es beim *Homo sapiens* in den letzten 10000 Jahren zu einer »beträchtlichen Abnahme des Schädelvolumens«[9] kam. Er fand auch heraus, daß Babys, die von Mai bis Oktober zur Welt kommen, 11 Prozent weniger wiegen als die übrigen. Ähnliche Fluktuationen stellte Henneberg beim Geburtsgewicht von Hunden fest. »Wahrscheinlich hat das mit der Position unseres Planeten auf seiner elliptischen Umlaufbahn zu tun«, meint Henneberg. Schwerkraft und Elektromagnetismus ändern sich und verursachen laut Henneberg vermutlich diese Größenschwankungen bei Menschen und Hunden und auch bei anderen Tieren. Auch wenn es während eines Jahres nur zu geringen Schwankungen der Strahlung und des Wachstums kommt, können über mehrere Jahrtausende jedoch wesentlich größere Veränderungen stattfinden, auch solche, die für eine rückläufige Körpergröße beim Menschen verantwortlich sind.

Verständlich, daß nicht alle Wissenschaftler mit dieser radikalen Interpretation einverstanden sind. Sie weisen darauf hin, daß selbst an Orten, wo der Ackerbau nie Fuß faßte, wie zum Beispiel Australien, technisch verbesserte Werkzeuge und Jagdmöglichkeiten entstanden. Die Populationsdichte nahm vor etwa 6000 Jahren vielerorts zu. Dieser Trend verstärkte sich vermutlich, bis eine Grenze erreicht war, bei der die Nahrung wieder knapp wurde. Die Menschen mußten dann entweder weniger oder kleiner werden und schlugen letzteren Weg ein. (Diese Theorie erklärt nicht, warum andere Tiere kleiner wurden. Möglich wäre, daß die Konkurrenz mit der wachsenden Zahl von Menschen der Auslöser war.)

Egal für welche Erklärung man sich entscheidet, fest steht, daß sich vor etwa 10000 Jahren das Verhalten der menschlichen Jäger und Sammler drastisch änderte. Durch den Ackerbau wurden die hominiden Plünderer zu primitiven Bauern. Nun, da Nahrung immer an Ort und Stelle zur Verfügung stand, entstanden die ersten seßhaften Gesellschaften und damit Dörfer, Städte und schließlich Großstädte und Zivilisationen. Einzelne konnten jetzt Land besitzen, und die Menschheit wandte sich der intensiven Nahrungsproduktion zu. Man begann mit der Manipulation von Pflanzen und Tieren. Das geschah unabhängig voneinander etwa zur gleichen Zeit in den verschiedensten Regionen. Im Nahen Osten wurde Weizen angebaut, in China Reis, in Südamerika Mais und in Westafrika Hirse und Yams. Klimaänderungen waren die treibenden Kräfte

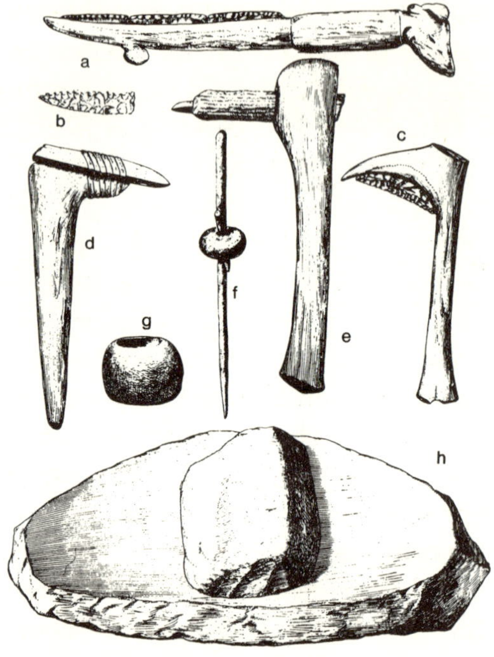

Einfache Ackerbaugeräte aus der Levante (a), Ägypten (b), Europa (c, d, e, h) und Afrika (f, g).

hinter diesen Entwicklungen. Die letzte Eiszeit war vorbei, und der Meeresspiegel stieg. Das Klima wurde heißer und feuchter. Bisher hatten die Menschen sich stets an einen genauen Zeitplan gehalten, der bestimmte, wann sie wo Nahrung fanden. Jetzt stellten sie fest, daß beim letzten Besuch weggeworfene Samen und Pflanzen gewachsen waren. »Der Ursprung dieser Entwicklung lag in der Vorstellung von Eigentumsrechten an Pflanzen und ihren Standorten sowie in verschiedenen Eingriffen, um deren Wachstum zu steuern. Wahrscheinlich ging auch so etwas wie Jäten dem Ackerbau voraus«, meint Jonathan Kingdon.

> Was noch fehlte, war die Idee, geplant anzupflanzen und zu pflegen. Diese muß in Gebieten mit guten Anbaubedingungen, hohem Populationsdruck und kleinen Territorien aufgekommen sein. Ich glaube, die Annahme, daß Frauen den Gartenbau entwickelten, ist richtig. Aufgrund der Kinder waren sie stärker an die Siedlungen gebunden als Männer, die sich zum Fallenstellen, Fischen und Jagen weiter entfernten.[10]

Wenn die Frauen tatsächlich für das Aufkommen des Ackerbaus verantwortlich waren, dann mußten sie einen hohen Preis dafür bezahlen. Wissenschaftler, wie Theya Molleson vom Londoner Natural History Museum, untersuchten die Auswirkungen der landwirtschaftlichen Entwicklung auf die Knochen der damaligen Menschen. An den Beispielen aus Abu Hureyra, einer neolithischen Siedlung in Syrien, wurde klar, daß die Belastungen des Alltagslebens die Anatomie der ersten Bauern, und in besonderem Maße ihrer Frauen, zeichnete. »Hier am Euphrat wurde der *Homo sapiens* vom Jäger und Sammler zum Bauern«, meint Molleson.[11] »Gleichzeitig waren die Frauen zum ersten Mal an ihren Arbeitsplatz gebunden.«

In Abu Hureyra und ähnlichen Siedlungen finden wir zum ersten Mal weitverbreitet die typischen Leiden des modernen Menschen: Rückenprobleme, Gliederschmerzen und vieles mehr. Molleson analysierte die Knochen von 162 Individuen, die im Zeitraum vor 11500 bis vor 7500 Jahren in Abu Hureyra gelebt hatten, und stieß dabei auf Deformationen, die auf anstrengende körperliche Arbeit hinweisen. Diese Deformationen gab es aber nur bei der Ackerbau betreibenden Bevölkerung. Bei ihren Vorfahren, den Jägern und Sammlern, fand sich nichts Derartiges. Am häufigsten kamen vor: Wirbelsäulenschäden, schwere Knochenentzündungen an den Zehen, gekrümmte und vorstehende Oberschenkelknochen, Knie mit knochigen Auswüchsen. Zuerst hielt Molleson Sport oder Tanz für die Ursache. »Aber verkrüppelte Ballerinas paßten schlecht ins Neolithikum«, meint sie. Dann wurde die wahre Ursache offensichtlich. »Mit Aufkommen des Ackerbaus begannen die Männer, den Anbau zu übernehmen, während die Frauen für die Verarbeitung der Körner zuständig waren.« Sie knieten dabei vor Getreidemühlen, das waren Platten, auf denen sie die Körner mit Steinen zermahlten. »Das stundenlange Knien belastete die Zehen und die Knie. Das Mahlen übte zusätzlich Druck auf die Hüften und den unteren Rücken aus.« Das Ergebnis: Bandscheibenschäden und kaputte Wirbel.

Knochen rieben auf Knochen, was die Knorpel zerstört. Die Zehen wurden arthritisch, da sie nach unten gestemmt wurden, um eine bessere Hebelwirkung zu erzielen. Das waren die immer wiederkehrenden Deformationen der Steinzeit, und die meisten davon fand man bei weiblichen Skeletten. Durch diese Mühsal wurde die Ernährung sichergestellt, aber es entstanden auch Probleme. Grob gemahlenes Korn, in dem sich noch harte Stücke befanden, waren äußerst schädlich für die Zähne. Die nächste Erfindung, das Sieb, brachte die Lösung. Mit dem Aufkommen des Flechtens konnten die Frauen Behälter herstellen, in denen sie die Spreu vom Weizen trennten. Damit hörten die Zahnverletzungen durch hartes Korn auf. Sie wurden abgelöst durch Furchen in den Zähnen, wie Mollesons Studien ergaben. Diese Furchen entstanden, weil die Frauen beim Flechten Rohr oder Stroh mit dem Mund festhalten mußten, während sie einen Korb oder ein Sieb herstellten.

Der nächste Schritt dieser technischen Entwicklung war die Erfindung der Töpferei vor etwa 7500 Jahren. Nun konnten die Frauen das Getreide einweichen und kochen. »Das ergab den ersten Haferbrei, der bald eine einschneidende Wirkung auf die Gesellschaft hatte«, meint Molleson. Anstelle des Stillens konnte jetzt mit nahrhaften Breien gefüttert werden, während die Mütter kohlehydratreiche Nahrung verzehrten. Dadurch kam es zu früherem Abstillen und vermehrter Fruchtbarkeit. (Das soll hier kurz erläutert werden. Durch regelmäßiges Stillen werden Hormone freigesetzt, welche den Eisprung unterdrücken. Dadurch waren die Mütter bei den Jägern und Sammlern davor geschützt, sich um mehrere Babys zugleich kümmern zu müssen, die Milch brauchten. Durch frühes Abstillen wird das Hormonsignal unterbrochen, und der Eisprung setzt früher ein als von der Natur vorgesehen. Dadurch können Schwangerschaften schneller aufeinanderfolgen. Damals setzte gewissermaßen der erste Baby-Boom ein.)

Überhaupt wirkte sich die Landwirtschaft negativ auf die Gesundheit aus, auch wenn sie oft als der große Fortschritt dargestellt wird, der die Menschen von den Anstrengungen der Jagd und Nahrungssammlung befreite. Bei einer Untersuchung der Skelette von Indianern, die man an Grabungsstätten in Illinois und Ohio fand, zeigten sich Hinweise auf noch schlimmere physiologische Veränderungen, die mit dem Anbau von Mais vor 1000 Jahren begannen. Aus gesunden Jägern und Sammlern wurden plötzlich kränkliche Bauern. Zahnschäden nahmen um das Siebenfache zu, an den Zähnen der Kinder ließ sich ersehen, daß ihre Mütter stark unterernährt waren, Anämie trat viermal so häufig auf, große Teile der Bevölkerung litten unter Tuberkulose, Frambösie, Knochen- und Gelenkentzündungen und Syphilis. Die Sterblichkeitsrate stieg sprunghaft an. Nahezu ein Fünftel der Bevölkerung starb in der frühen

Kindheit. Mais war alles andere als ein Segen für die Neue Welt, sondern eine Katastrophe für die Volksgesundheit.[12]

Diese Geschichte wiederholte sich auf der ganzen Welt. Mit dem Aufkommen der Landwirtschaft wuchs die Bevölkerung, und der Gesundheitszustand der einzelnen verschlechterte sich. Ein Blick auf die Statistiken sollte uns nicht überraschen. Die Buschmänner aus der Wüste Kalahari ernähren sich von 85 wilden Pflanzen. Sie sind allerdings die Ausnahme. Fast die ganze übrige Welt ernährt sich von der Landwirtschaft. Das Ergebnis: Nur drei kohlehydratreiche Pflanzen – Weizen, Reis und Mais – stellen über 50 Prozent der heute von der menschlichen Rasse verzehrten Kalorien zur Verfügung. Wir erhalten billige Kalorien und ernähren uns schlecht. Und manchmal führt diese Abhängigkeit ins Elend, wie zum Beispiel um 1840, als in Irland über eine Million Menschen verhungerten, weil die Kartoffeln von der Fäule befallen waren. Bei den Jägern und Sammlern, die überall Nahrung fanden, wäre das undenkbar gewesen. Da die Menschen sich nun von Getreide- und Reisvorräten ernährten und dicht zusammen lebten, konnten unter der unterernährten und beengten Bevölkerung tödliche Epidemien ausbrechen. Mit der Landwirtschaft kamen auch Tuberkulose, Lepra, Cholera und Malaria auf. Das Entstehen von Städten begünstigte Pocken, Pest und Masern.

Die Vorstellung, daß es der Menschheit als Jäger und Sammler besser ging, mag uns im Westen seltsam erscheinen. Jared Diamond meint dazu:

> Amerikaner und Europäer stellen in der heutigen Welt eine Oberschicht dar, die von Öl und anderen Produkten aus Ländern mit armer Bevölkerung und viel niedrigerem Gesundheitsstandard abhängig ist. Ließe man Ihnen

> die Wahl, ob Sie ein Mittelschichtamerikaner, ein Buschmann oder ein äthiopischer Bauer sein wollen, so wäre die erste Wahl sicher die gesündeste, die dritte aber womöglich die ungesündeste.

Diese Erkenntnis hat zu einer neuen Entwicklung geführt, der Entstehung einer Steinzeit- oder Darwinschen Medizin. Befürworter dieser jungen Wissenschaft weisen darauf hin, daß Antibiotika zwar die Menschen oft über 80 Jahre alt werden lassen, daß sie deswegen aber noch lange nicht gesund sind. Randolph Ness und George Williams, zwei der Begründer dieser Disziplin, behaupten: »Der Fortschritt in der Medizin wäre sogar noch schneller, wenn die Ärzte so auf Darwin eingestellt wären, wie sie sich auf Pasteur eingestellt haben.« Es beginnt bei der Ernährung. Der *Homo sapiens* lebte als Jäger und Sammler von zahlreichen Pflanzen und vom Fleisch wildlebender Tiere. Milchprodukte, wie Butter, Milch und Käse spielten während des größten Teils unserer Existenz keine Rolle. Sie kamen erst mit der landwirtschaftlichen Revolution auf unseren Speiseplan. Milchprodukte sind »unnatürliche« Produkte. Sie sind fetthaltig, und ihre Inhaltsstoffe erhöhen den Cholesterinspiegel. Daher sollten sie gemieden werden. Für Boyd Eaton von der Emory University in Atlanta ist das ein besonders wichtiger Punkt: »Die modernen Menschen sind Steinzeitler, die eine Zeitreise gemacht haben.« Wir sind vermutlich darauf programmiert, Fettreserven für schlechte Zeiten zu speichern. Im Westen gibt es die nicht mehr, aber wir speichern weiter, daher die vielen Übergewichtigen. Außerdem sind wir wahrscheinlich darauf konditioniert, körperliche Betätigung, wenn es irgend geht, zu minimieren. Das ist eine Anpassung, um die Nahrungsreserven zu behalten. Also lümmeln wir uns vor dem Fernseher. Die Schuld, daß wir fett und faul sind, tragen unsere Vorfahren aus der Steinzeit.

Da helfen nur Bewegung und fettarmes Essen, was natürlich nicht gerade eine revolutionäre Erkenntnis ist. Andererseits ist es wichtig zu wissen, warum es gesund ist, so zu leben, und dies erfahren wir durch das Wissen um unsere Vergangenheit. Eaton und andere Wissenschaftler haben noch weitere Ideen. Sie weisen darauf hin, daß für die Frauen im Westen ein wesentlich größeres Risiko besteht, an Brustkrebs oder einem Ovarialkarzinom zu erkranken. Das liegt zum Teil daran, daß die Pubertät früher einsetzt, die Frauen aber später Kinder kriegen als die Frauen der Jäger und Sammler. Unsere Lebensweise scheint Krebs zu begünstigen. Die Darwinschen Mediziner sind nun der Ansicht, daß es möglich sein müßte, die Krebsfälle zu reduzieren, indem man durch Hormonspritzen das in der Steinzeit herrschende chemische Gleichgewicht des Körpers wiederherstellt.

Die Frage nach unserem ungesunden Lebenswandel führt zu der grundsätzlichen Überlegung, warum der *Homo sapiens* die Faustkeile überhaupt in Pflugscharen verwandelte. Wenn der Ackerbau unserer Gesundheit so sehr schadete, warum ließen wir uns dann darauf ein, das Land zu bebauen? Die Antwort ist denkbar einfach. Wir waren dazu gezwungen, weil wir immer mehr wurden. Wird ein Stück Land von Bauern kultiviert, ernährt es zehnmal mehr Menschen als wenn Jäger und Sammler es durchstreifen. Als Konsequenz wurden die relativ gesunden Buschmänner und andere von den immer größer werdenden Massen fehlernährter Landarbeiter bis in die unwirtlichsten Winkel der Erde verdrängt. Das ist eine der wichtigsten Lehren, die wir aus den Erkenntnissen der Archäologie ziehen können. Wann immer wir die Wahl hatten, unsere Bevölkerungszahl zu reduzieren oder uns zu bemühen, mehr Nahrung zu finden, haben wir uns für letzteres entschieden. Und das obwohl uns dieser Kurs Pest, Hungersnot und Krieg brachte. Und es gibt kaum Zeichen dafür, daß der *Homo sapiens* fähig wäre, die Bedeutung unserer landwirtschaftlichen Vergangenheit zu begreifen. Gegen Ende dieses Jahrtausends wird es auf der Erde über 6 Milliarden Menschen geben. Viele davon werden sich schlechter ernähren als ihre steinzeitlichen Vorfahren vor 20000 Jahren.

Die Auswirkungen dieses rasanten Bevölkerungswachstums auf die Natur sind grotesk, sowohl was unsere aktive als auch passive Beteiligung beim Abschlachten von Tieren und bei der Umweltzerstörung angeht. Man braucht sich nur vor Augen zu führen, was die Menschheit der Tierwelt Nordamerikas angetan hat. Wie wir in Kapitel 7 sahen, richteten schon die Clovis-Menschen vor 10000 Jahren irreparablen Schaden an und rotteten etwa 75 Arten von Großsäugern aus, zum Beispiel Mammuts. Das war aber noch gar nichts im Vergleich zu dem, was in der jüngeren Vergangenheit geschah. Nach dem ersten großen Abschlachten stellte sich ein relativ stabiles Gleichgewicht zwischen den Jägern und Sammlern und den verbliebenen Tieren ein. Die Bisons lieferten den Prärie-Indianern, was diese zum Leben brauchten, Nahrung, Häute für Unterkünfte und Boote, Knochen für Geräte und Werkzeuge und Mist als Brennstoff. Dann kam der weiße Mann und brachte Gewehre. Vom Grasland am Mississippi bis zu den Rocky Mountains wurden 30 Millionen Präriebisons vernichtet. Gegen Ende des letzten Jahrhunderts gab es schließlich nur noch etwa 500 Stück. Man schätzt, daß heute wieder 35000 bis 50000 Bisons in Naturschutzgebieten und auf Ranches leben.

Aber der Bison war nicht die einzige Art, die beinahe ausgerottet wurde. In seinem Buch *The Endangered Kingdom* berichtet Roger Di Silvestro, wie bei einer einzigen Jagd im 18. Jahrhundert Jäger aus dem ganzen Staat Pennsylvania einen Ring mit einem Durchmesser von 150 Kilometern bildeten. Sie marschierten los, verkleinerten den Ring und knallten alles ab, was ihnen vor die Flinte kam – insgesamt 41 Pumas, 109 Wölfe, 18 Bären, 111 Bisons, 112 Füchse, 114 Luchse, 98 Rehe und über 500 kleinere Säugetiere.[13]

Ähnlich war es im Südpazifik, wo die Ankunft der ersten Menschen zum Aussterben von allein 2000 Vogelarten führte. Sie wurden gejagt, man sammelte ihre Eier, störte sie in ihrem Lebensraum, und in jüngerer Zeit wurden die sich immer mehr ausbreitenden Schweine, Hunde und Ratten ihre Feinde. Diese Ausrottungswelle wiederholte sich überall auf der Erde. Zuerst löschten die steinzeitlichen Jäger die nicht an menschliche Verfolger gewöhnten Großsäuger aus. Dann folgte eine kurze Zeit des Gleichgewichts, bevor die zweite Siedlerwelle kam und mit immer effektiveren Waffen die Jagd fortsetzte. In *The End of Evolution* schreibt Peter Ward: »Wenn die Menschheit mit den primitiven Mitteln der Steinzeit in kurzer Zeit fast alle großen Säugetiere ausrotten konnte, welche Hoffnung bleibt den Geschöpfen dieser Welt dann angesichts unserer weit fortschrittlicheren Technik?«

Geht man der Sache leidenschaftslos nach, so wird klar, daß wir uns wie eine Art verhalten, die nicht mehr in Harmonie oder, prosaischer ausgedrückt, im Gleichgewicht mit der Natur lebt. Allein das Bevölkerungswachstum macht dies unmöglich. Wir nähern uns der Sechs-Milliarden-Grenze. Die erste Milliarde erreichte der *Homo sapiens* erst um 1800 n.Chr. 1930 gab es zwei Milliarden Menschen,

1960 drei, 1975 vier, 1987 fünf und 1992 waren es 5,5 Milliarden Menschen, von denen viele in größter Armut leben. Nach den optimistischsten Schätzungen wird es im Jahr 2100 zehn Milliarden Menschen geben, pessimistischere Voraussagen gehen von fünfzehn Milliarden aus. Und es handelt sich hier nicht um eine Käferart, die sich von Laub ernährt. Es geht um den *Homo sapiens*, den Neuankömmling aus Afrika, einen Allesfresser, der täglich 3000 Kalorien braucht. Dennoch werden aus den etwa 10000 Individuen vor 100000 Jahren in naher Zukunft zehn Milliarden geworden sein. Das ist eine millionenfache Zunahme innerhalb von einigen Jahrtausenden. »Unser Planet wird mit solchen Mengen nicht fertig«, meint Peter Ward:

> Um einen ausreichenden organischen Ertrag zu erhalten, muß die gesamte anbaufähige Erdoberfläche – jeder Wald, jedes Tal, jedes Stück Land, auf dem Pflanzen wachsen können, sowie ein Großteil des Planktons aus dem Meer – zur Nahrungsproduktion genutzt werden, wenn unsere Art eine nie dagewesene weltweite Hungersnot verhindern will. In einer solchen Welt sind Tiere und Pflanzen, die nicht direkt für unsere Existenz notwendig sind, wahrscheinlich ein Luxus, den wir uns nicht leisten können. Tiere, die auf den riesigen Feldern und Plantagen existieren können, werden überleben, Tiere, die natürlichen Wald oder einen ungestörten Lebensraum brauchen, nicht.

Unsere Chancen, die wenigen Naturschutzgebiete zu erhalten und somit weitere große Aussterbewellen zu verhindern, sind gering. Wie können wir erwarten, daß hungernde Menschen eßbare oder verkäufliche Tiere in ihrer Umgebung schützen, wenn sie und ihre Kinder nichts zu essen haben? Die Menschen in New York oder London würden sich auch nicht von einem Naturschutzgebiet in den Bronx oder im Regent's Park fernhalten, wenn sie am Verhungern wären. Allein daß wir dies von den Afrikanern und Asiaten erwarten, zeigt, wie wenig wir uns über unseren enormen Einfluß im klaren sind. Wir sind die Gefangenen unseres beschränkten Verstandes, der verhindert, daß wir uns Mengen von mehr als einigen hundert Menschen vorstellen können. Unsere Unfähigkeit zum Mitfühlen im großen Stil könnte uns bald das Leben kosten. Wir haben jede ökologische Nische dieses Planeten besetzt, wir vergiften die Luft, das Land und das Meer. Jedes Jahr werden 5 Milliarden Tonnen Kohlenstoff als fossile Brennstoffe verfeuert. Damit steigt der Kohlendioxidausstoß um fast 5 Prozent pro Jahrzehnt. Die Konzentration des Gases ist damit von 275 ppm (millionstel Volumenanteil) im Jahr 1859 auf 345 ppm im Jahr 1985 gestiegen. Wir zerstören die Regenwälder am Amazonas und in Westafrika und damit die Bäume, die Kohlendioxid aufnehmen und es in Sauerstoff zum Atmen umwandeln. Nach Schätzungen von »Friends of the Earth« zerstören wir pro Minute eine Regenwaldfläche der Größe von sechs Fußballfeldern.[14] Bei diesem Tempo gibt es in 40 Jahren keinen Regenwald mehr. Nach einem derartigen Angriff auf die Atmosphäre droht eine globale Erwärmung mit erschreckenden Auswirkungen. So könnten die Polkappen schmelzen und Küstenregionen und Inseln überschwemmen. Das führt zu Flüchtlingsproblemen nie dagewesenen Ausmaßes, so Robert Buddemeier, ein Umweltfachmann vom Lawrence Livermore National Laboratory in Kalifornien.[15] Dazu kommt, daß im Westen etwa 25 Tonnen Müll pro Kopf und Jahr anfallen. Und das ist nicht alles Haushaltsmüll. Das meiste ist Industriemüll, der oft giftig ist. Die Meere sind so verschmutzt, daß es immer weniger Fische gibt. Selbst der Regen ist sauer und fügt Wäldern und Seen Schaden zu. Und weil wir industriell erzeugte Chemie in die Luft entlassen, zeigen sich über der nördlichen und südlichen Halbkugel Löcher in der Ozonschicht, die uns vor den gefährlichen ultravioletten Strahlen schützt. Diese Litanei der Umweltsünden ist natürlich nicht neu, und durch ihre ständige Wiederholung sind wir abgestumpft. Das ist schlimm, denn die Warnung sollte uns alarmieren. Die Gefahr besteht wie eh und je.

Doch Umweltkatastrophen und Überbevölkerung sind nicht unsere einzigen Sorgen. Unsere Technik ist inzwischen so komplex und schnell, daß sie uns zu überrollen droht. Ein Angestellter, der sich zum Zeitpunkt des drohenden Durchbrennens im Kernkraftwerk in Harrisburg auf Three Mile Island befand, berichtete: »Der Alarm ging los, überall blinkte es, und alle schnappten ihre Sachen und stürmten davon.« Alles ging so schnell, die Daten wurden so schnell ausgespuckt, daß die Menschen nicht darauf reagieren konnten. Erich Harth schreibt in seinem Buch *Dawn of a Millennium*:[16] »Die Menschen sind nicht auf eine solche Geschwindigkeit und Informationsflut angelegt.« Harth nennt weitere Beispiele dafür, wie Menschen durch ihre eigene hochentwickelte Technik umkamen: der Abschuß des koreanischen Flugs Nr. 007 im Jahr 1983, die Zerstörung eines iranischen Passagierjets durch eine vom US-Kreuzer Vincennes abgeschossene Rakete im Jahr 1988 und die Explosion, die 1986 den Kernreaktor in Tschernobyl zerstörte.

> Die Technologie wächst, sie nimmt durch viele kleine Beiträge zu, während die Intelligenz – der Ursprung dieses ständigen Wachstums – gleichbleibt. Irgendwann werden wir unter Umständen von unseren eigenen Erfin-

> dungen überrollt. Nämlich dann, wenn für das Erreichen eines gewissen technischen Standes weniger Intelligenz nötig ist als dafür, diesen zu überleben.

Die schrecklichste Lawine, die unselige Menschen durch Nachlässigkeit auslösen könnten, wäre ein weltweiter Atomkrieg. Diese Bedrohung ist seit dem Niedergang der Sowjetunion geringer geworden. An ihre Stelle ist die Gefahr des weltweiten Schmuggels von Plutonium und Uran getreten. Unsere Technik, die uns in neue Kontinente und zur Weltbeherrschung führte, droht sich gegen uns zu wenden. Wir haben gesehen, daß die neuronalen und die Verhaltensunterschiede zwischen Neandertalern und Menschen, die zum Aussterben ersterer und unserem Erfolg führten, nur sehr gering gewesen sein können. Vielleicht haben wir nicht die volle Entwicklung vollzogen, die nötig gewesen wäre, um unsere eigenen prometheischen Erfindungen zu beherrschen.

Natürlich kann es sein, daß keine Art und kein Planet den Konsequenzen einer einmal in Gang gesetzten Technik entgehen kann. Vielleicht sind die Belastungen für Verstand und Umwelt einfach zu groß. Leider gibt es keine anderen Beispiele, die wir zum Vergleich heranziehen könnten. Die letzten Lebewesen, die über eine erkennbare Technik verfügten, waren die Neandertaler, die vor 30000 Jahren in den Höhlen von Zaffaraya ausstarben. Nirgendwo sonst auf der Erde oder im Universum haben wir Anzeichen für eine vergleichbare hochtechnisierte Entwicklung gefunden. Vielleicht ist das einfach Pech, vielleicht zeigt es aber auch, daß es das Schicksal aller Kreaturen ist, Opfer ihrer eigenen Technik zu werden. Die jahrzehntelangen Bemühungen von SETI (Suche nach außerirdischer Intelligenz) waren erfolglos. Wie der große Physiker Enrico

Fermi einmal zum Thema außerirdische Zivilisationen fragte: »Wo sind sie?«

Wir können diese Frage nicht beantworten. Aber wir können zumindest auf eine realistischere eingehen. Wie groß sind unsere Chancen, irgendwo in der Galaxie auf andere technisierte Kulturen zu stoßen? Der amerikanische Astronom Frank Drake versuchte anzugeben, wie viele fortschrittliche Zivilisationen in unserer Galaxie existieren könnten. Die Berechnung beruht auf sieben Faktoren. Einer davon ist, daß auf dem Planeten Bedingungen herrschen müssen, die das Leben begünstigen. Die letzte Variable, die wahrscheinliche Überlebensdauer einer solchen technisierten Zivilisation, war die kritischste. Setzt man eine lange Dauer an, etwa eine Million Jahre, dann ergeben Drakes Gleichungen eine relativ hohe Wahrscheinlichkeit, intelligentes Leben in unserer Galaxie zu finden. Unsere interstellare Nachbarschaft würde dann nur so wimmeln vor ungewöhnlichen Reisenden wie wir sie aus der Kneipe im »Krieg der Sterne« kennen. Das Gegenteil scheint jedoch der Fall zu sein. Trotz aller Behauptungen überzeugter UFO-Anhänger und Beobachter von fliegenden Untertassen, bleibt unser Himmel bemerkenswert frei von außerirdischen Raketen oder ähnlichem. Warten wir's ab.

Die Evolution ist natürlich eine sprunghafte Angelegenheit, wie Steve Jones bemerkt.[17] »Wie hätte man vor nur 30000 Jahren vorhersehen können, daß ein nicht eben häufig vorkommender Primat einmal zu den am meisten verbreiteten Säugetieren gehören würde, während sein genetisch fast nicht unterscheidbarer Vetter kurz vor dem Aussterben steht?« Ist es möglich, daß wir uns weiterhin verändern, daß sich unser Verhalten, unsere Kultur und unser Gehirn wandeln und wir die Gefahrenzone der Technik durchqueren? Jones ist vom Gegenteil überzeugt. Der

Homo sapiens ist am Ende angelangt. Der großen Entwicklung, die in Afrika ihren Anfang nahm und die ein erstaunlich anpassungsfähiges Geschöpf hervorbrachte, ist Einhalt geboten worden durch unser eigenes Zutun, durch unsere Kultur. »Im Westen überleben die meisten Neugeborenen und erreichen das fortpflanzungsfähige Alter. Der Kampf ums Überleben ist weniger hart als früher«, meint Jones. »Bei der natürlichen Auslese beeinflussen ererbte Unterschiede unsere Chancen zu überleben. Da wir heute fast alle lange genug überleben, um unsere Gene weiterzugeben, hat die Auslese an Wirkung verloren.« Der *Homo sapiens* von morgen wird keine Röntgenstrahlen anstelle von Augen haben und keinen Computer als Gehirn; denn wir haben eine Technik geschaffen, die solche Aufgaben für uns übernimmt.

Das bedeutet aber nicht, daß wir uns der natürlichen Auslese komplett entzogen hätten, meint Christopher Wills.[18] »Man braucht sich nur zu überlegen, was für Auswirkungen die schrumpfende Ozonschicht, welche die Erde vor dem ultravioletten Kurzwellen-Licht schützt, auf die Evolution haben wird.« Aufgrund des Ozonlochs werden die Menschen in Zukunft Hüte tragen und Sonnencreme benutzen müssen. Allerdings fügt Wills hinzu:

> Milliarden von Menschen auf der Erde haben keine Sonnencreme und müssen sich auf ihr Hautpigment Melanin verlassen. Natürlich variiert der Melaningehalt der Haut bei verschiedenen Menschen, und manche reagieren auf UV-Licht empfindlicher als andere. Menschen mit heller Haut und Sommersprossen haben bereits ein vier- bis zwanzigmal größeres Risiko, an Hautkrebs zu erkranken. Dieses Risiko wird sich mit zunehmender UV-Strahlung noch erhöhen. Wenn wir das Ozonloch nicht flicken, kann diese neue Art von Auslese die Hellhäutigen ausrotten.

Wir scheinen also im Laufe der Evolution nicht ungeschoren davonzukommen. Allerdings werden die Auswirkungen heute sehr viel größer sein als bei der Entstehung des Menschen vor 100000 Jahren in Afrika. Damals beschränkten sie sich auf einen Kontinent, heute nicht mehr. Wir mögen zwar im Grunde alle Afrikaner sein, aber wir sind auch die Bewohner dieser klein gewordenen Welt.

Die Erkenntnis, daß alle Menschen der Erde ursprünglich aus Afrika stammen, überrascht natürlich zunächst einmal. Dieses Wissen ist so neu, daß wir es noch nicht in seinem ganzen Umfang begreifen. Unser Bild von uns selbst wird nie mehr dasselbe sein. Das zeigt sich schon an den politischen Auswirkungen. Die Geschichte von unserem Auszug aus Afrika hat jetzt bereits einen Einfluß auf die Rassenproblematik in Amerika. Wir haben erwähnt, wie Rushton unser Modell für seine Behauptung benutzte, Afrikaner seien primitiver, was Verstand und Verhalten angeht. Seine Theorie wiederum diente dazu, den von ihm und den Autoren von *The Bell Curve* »ermittelten« geringeren IQ von Schwarzen zu erklären. Diese Theorie wird nun von der amerikanischen Rechten in ihrem Kampf gegen den Wohlfahrtsstaat und verschiedene Hilfsprogramme benutzt. Aber die Gemäßigten können aufgrund des »Out-of-Africa«-Modells ebenso wirkungsvoll auf die enge Verwandtschaft zwischen den Rassen hinweisen und damit argumentieren, daß intellektuelle Unterschiede nur gering sein können und in erster Linie aufgrund von Milieuunterschieden und sozialen Faktoren bestehen.

Es war für uns keine Überraschung, daß unsere Theorie in der schwarzen Gemeinschaft, besonders in den USA, großen Anklang fand. Aufgrund des großen Drucks der afrikanischen Tu-Wa-Moja Studiengruppe mußte das Natural History Museum in Washington kürzlich einen Teil seiner Ausstellung zur Evolution des Menschen schließen, weil sie nicht den Erkenntnissen des »Out-of-Africa«-Modells entsprach.[19] Ein Teil der Kritik basierte auf den anthropologischen Aufsätzen des verstorbenen Wissenschaftlers Cheikh Anta Diop aus Senegal, der behauptete, daß die ersten Cromagnon-Menschen stark den heutigen afrikanischen Populationen ähnelten und ihre Gedankenwelt und ihre Kunst über die Straße von Gibraltar nach Europa gebracht hätten. Die schwarze Separatistengruppe »Nation of Islam« hat die Thematik sogar in ihre Mythologie aufgenommen. Ihr Führer Elijah Muhammad lehrte, daß alle Menschen ursprünglich schwarz gewesen seien, bis Yacub, ein böser Wissenschaftler, vor Tausenden von Jahren durch genetische Experimente eine »ausgeblichene« weiße Rasse schuf. Afrozentristen und andere, welche die Schwarzen für überlegen halten, haben die europäische Vorstellung des 18. Jahrhunderts, daß alle Nichtweißen degeneriert seien, auf den Kopf gestellt. Sie sind der Ansicht, daß die Weißen den Schwarzen unterlegen seien, weil sie bei ihrem Auszug aus Afrika das Hautpigment Melanin verloren hätten. Die »Melanisten« behaupten, Schwarze seien sensibler und besser organisiert als Weiße, weil sie über mehr Melanin verfügten.[20] Es gibt allerdings auch für diese Ansicht keine wissenschaftlichen Beweise.

Das eigentlich Brisante ist nicht die Interpretation alter Daten, sondern die Aussicht, neue Informationen zu erhalten. Mit welchen wissenschaftlichen Daten können wir also kurz vor dem nächsten Jahrtausend rechnen? Welche Überraschungen und Entdeckungen stehen uns bevor? Zum einen wurde eine neue Art von *Australopithecus* im kenianischen Kanapoi entdeckt und auf etwa 4 Millionen Jahre datiert. Aus den Berichten geht hervor, daß Arm- und Beinknochen denen der Menschen recht ähnlich sind, Kiefer und Zähne hingegen denen der älteren Menschenaffen aus dem Miozän ähneln. Diese kenianischen Funde werden sicher die Frühgeschichte der Hominiden weiter komplizieren. Ähnliche Analysen an Fundstätten von *Australopithecinen* in Südafrika ergaben weitere Hinweise auf die schimpansenartige Anatomie und Lebensart von Darts metaphorischen Kindern. Ihr Lebensraum scheint bewaldet gewesen zu sein, was darauf hindeutet, daß unsere Vorfahren auch vor 3 Millionen Jahren noch mehr oder weniger auf den Bäumen lebten.

Wenn wir näher an die Gegenwart heranrücken, kommen wir zu den Fundstätten in Atapuerca, wo immer wieder fragmentarische Funde der ersten Europäer auftauchen (700000 Jahre alt und älter), die bereits wichtige Unterschiede zum *Homo erectus* aufweisen. Ein erstaunlicher Fund aus einem Schlundloch in Altamura, Italien, muß noch untersucht werden. Ein früher Neandertaler scheint in das Loch gefallen und verhungert zu sein. Das vollständige Skelett ist in einem Stalagmiten bewahrt. In Syrien wurde ein nahezu vollständiges Skelett eines Neandertalerkindes gefunden. In Ägypten fand man ein 100000 Jahre altes Skelett eines frühen modernen Menschen. In einer italienischen Höhle machte man einen erstaunlichen Fund. Vor 25000 Jahren starb hier eine Cromagnon-Frau bei der Geburt ihres Babys. Ihre Hüftknochen umschließen noch das Skelett ihres ungeborenen Kindes.

Neue Techniken bringen neue Erkenntnisse zu vorhandenen Funden. Computertomographie (CT) Scanner, wie sie in großen Krankenhäusern verwendet werden, ermöglichen erstaunliche dreidimensionale Röntgenaufnahmen von Fossilien.[21] Auf diese Weise wird zum Beispiel das Boxgrove-Schienbein mit *erectus*- und Neandertaler-Schienbeinen verglichen. Schädel, die noch in Felsen eingeschlossen sind, können abgetastet werden und es entstehen daraus virtuelle 3-D-Bilder. Mittels Lasertechnik, der Stereolithographie, können solide Repliken hergestellt werden. So hat man das bisher vollständigste Bild eines kleinen Neandertalerkindes hergestellt. In Devil's Tower in Gibraltar fand man 1926 fünf Schädelfragmente des Kindes. Aber nur zwei davon schienen zusammenzupassen, so daß man vermutete, es handele sich um zwei Kinder. 1995 hat ein Züricher Team mit Hilfe von CT-Scans die fehlenden Teile ausgefüllt und gezeigt, daß sie tatsächlich alle zusammengehören. Mit dieser Technik erreichte man eine bisher nicht gekannte Genauigkeit bei der Rekonstruktion von Größe und Form des Hirnschädels und der Knochendicke. Außerdem erlaubt sie, normalerweise versteckte Strukturen, wie nichtgekommene Zähne, Nebenhöhlen und Ohrknochen, zu rekonstruieren und abzubilden. Wie sich dabei zeigte, hatte das Kind eine Kieferverletzung, welche die Zahnentwicklung beeinträchtigte. Man stellte auch fest, daß die versteckte Anatomie sich ebenso von unserer unterschied wie die oberflächlichen Merkmale.

Doch es geht noch weiter bis zu den Atomen. Elektronenmikroskopische Bilder zeigen, an welcher Stelle das Boxgrove-Schienbein wahrscheinlich von einem Wolf angenagt wurde. Auch das Sterbealter von vier Jahren des Kindes von Devil's Tower konnte bestätigt werden, indem man die wöchentlichen Wachstumslinien auf seinen Zähnen zählte. Anhand dieser Techniken läßt sich auch erkennen, daß die *Australopithecinen Homo habilis* und *Homo erectus* eine kürzere Kindheit hatten als wir. Durch Messungen von Spurenelementen und Isotopen in ihren Knochen und Zähnen kann man feststellen, wovon sie sich ernährten. Es zeigte sich, daß die Neandertaler tatsächlich sehr viel Fleisch aßen. Aber die robusten *Australopitheci-*

nen, die man für Vegetarier gehalten hatte, waren anscheinend doch Allesfresser.

Am spannendsten ist jedoch die Aussicht, von ausgestorbenen Hominiden DNS zu entnehmen und so den Verwandtschaftsgrad zwischen ihnen und uns zu bestimmen.[22] Mit Hilfe der Polymerasen Kettenreaktion (PCR) können winzige DNS-Bruchstücke entdeckt und in riesigen Mengen kopiert werden. Dieser Durchbruch in der Molekulartechnologie gelang 1983 dem Biochemiker Kary Mullis, der für seine Entdeckung den Nobelpreis bekam. Bruchstücke 40000 Jahre alter DNS von gefrorenen Mammuts konnten so kopiert und analysiert werden. Dasselbe gelang mit 18 Millionen Jahre alten Pflanzenfossilien und 40 Millionen Jahre alten Insekten, die in Bernstein konserviert waren. Bei der Gewinnung alter menschlicher DNS geht es langsamer voran. Aber es gelang Bryan Sykes vom Institute of Molecular Medicine in Oxford in Zusammenarbeit mit Chris Stringer, DNS aus den Zähnen eines 12000 Jahre alten Kieferknochens eines Cromagnon-Menschen aus Gough's Cave in England zu gewinnen. Die DNS enthält ein Y-Chromosom-Segment, was bestätigt, daß es sich um einen Jungen handelt, sowie mitochondriale DNS, die eng mit der lebender Europäer verwandt ist. Sykes arbeitet nun an seinem ersten Neandertaler-Fossil. Wenn er Erfolg hat, werden wir zum ersten Mal erfahren, wie eng deren genetische Verwandtschaft zu den lebenden Menschen ist. Und so liegt vielleicht die endgültige wissenschaftliche Lösung des »Neandertaler-Problems«, unabhängig von Diskussionen zur Anatomie, in greifbarer Nähe, auch wenn Milford Wolpoff pessimistisch äußerte, daß die Debatte über den Ursprung des modernen Menschen ewig weitergehen werde, weil das im Wesen der Wissenschaft liege.

In Europa, Asien und Australien werden derzeit weitere

faszinierende Entdeckungen zur revolutionären Entwicklung des Menschen gemacht. Im Dezember 1994 wurde bei Avignon in Frankreich eine der spektakulärsten Höhlen mit frühmenschlicher Kunst entdeckt. In der nach ihrem Entdecker benannten Grotte Chauvet sind in mehreren Sälen Bilder von Löwen, Bären, Nashörnern, Pferden und Hirschen zu sehen. Es wurden auch Spuren eines Höhlenbären-Schreins gefunden. Chauvet ist damit eindeutig eine der bedeutendsten Höhlen Europas, zumal die Radiokarbondatierung ein Alter von 30000–40000 Jahren ergab.[23] Hier entstanden Malereien der ersten Cromagnon-Menschen zu einer Zeit, als die Neandertaler sich in ihren letzten europäischen Refugien wie Zaffaraya aufhielten. Die Bilder von Chauvet sind von einem solchen Niveau, daß die meisten Vorstellungen über die Evolution dieser Kunst und ihrer Stile aufgegeben werden müssen. Datierungstechniken haben ergeben, daß die Cromagnon-Menschen zu dieser Zeit bereits die kargen Landschaften am Lena-Fluß in Südsibirien bevölkerten.[24] Währenddessen bemalten sich ihre australischen Gegenstücke am anderen Ende der Welt mit rotem Ocker und fertigten Halsketten aus durchbohrten Muscheln, die denen ihrer europäischen Verwandten glichen. All diese Forschungsarbeiten bestätigen unsere Theorie eines rezenten afrikanischen Ursprungs des modernen Menschen, der seine neuen Schätze in der Welt verbreitete.

Inzwischen hat das »Out-of-Africa«-Modell in der Wissenschaft bereits großen Einfluß gewonnen. Noch vor zehn Jahren wäre es trotz der Bemühungen von Wissenschaftlern wie Chris Stringer, Günter Bräuer und Desmond Clark nicht möglich gewesen, einen wissenschaftlichen Kongreß zu organisieren, auf dem unser Auszug aus Afrika hätte diskutiert werden können. Es gab zu wenige Befürworter und zu viele einflußreiche Gegner. Aber diese Zeiten sind vorbei. Heute sind die Verfechter unseres Modells in der Überzahl. Das zeigt sich auf allen Ebenen, bei Stipendien und Feldstudien, beim Unterricht an den Universitäten, in Fach- und Sachbüchern, bis hin zu Romanen und Zeitungsartikeln. Unser Auszug aus Afrika, einst Häresie, ist heute orthodoxe Lehrmeinung.

Wir haben daher allen Grund, uns bei dem Kibish-Menschen zu bedanken, mit dem unsere Geschichte begann. Zwei Jahre nachdem Chris Stringer zuletzt den Schädel unseres Vorfahren in Händen hielt, bevor dieser nach Äthiopien zurückkehrte, erzählte der schwarze amerikanische Autor Alex Haley in *Wurzeln* die Suche nach seinen eigenen afrikanischen Wurzeln. Auf dem emotionalen Höhepunkt der Erzählung berichtet er von der Begegnung mit seinen wiedergefundenen gambischen Verwandten. Er beschreibt, wie die Frauen des Dorfes ihm mit einer alten Zeremonie des Handauflegens ihre Babys geben. Symbolisch wurde Haley damit mitgeteilt: »Durch dieses Fleisch, das wir sind, sind wir du, und du bist wir.«[25]

Und so ist es auch mit dem Kibish-Menschen. Er ist der afrikanische Verwandte der Menschheit. Er ist wir, und wir sind er.

Anmerkungen

1 Das Rätsel von Kibish

1. J. McLeish, *Number.* London 1992.
2. R. Leakey, *One Life.* London 1983.
3. J. Shreeve, »The Dating Game«, in: *Discover* (September 1992).
4. J. Bronowski, *The Ascent of Man.* London 1973.

2 East Side Story

1. T. Pratchett, *Alles Sense.* München 1994.
2. Darwin zitiert in: S.J. Gould, »Full of Hot Air«, in: *Eight Little Piggies.* London 1993, S. 109–120.
3. C. Darwin, *Die Abstammung des Menschen.* Wiesbaden 1992.
4. C. von Linné, *Systema Naturae.* Stockholm 1748.
5. Bertrand Russell, 1872–1970.
6. P. Andrews, »Species diversity and diet in monkeys and apes during the Miocene«, in: *Aspects of Human Evolution.* Hg. von C.B. Stringer. London 1981, S. 25–61.
7. S.J. Gould, »The Declining Empire of Apes«, in: *Eight Little Piggies.* London 1993, S. 284–295.
8. J. Diamond, *Der Dritte Schimpanse. Evolution und Zukunft des Menschen.* Frankfurt a. Main 1994, S. 10.
9. V.M. Sarich und A.C. Wilson, »Immunological time scale for hominid evolution«, in: *Science* 158 (1967), S. 1200–1203.
10. P. Andrews und C. Stringer, »The Primates' Progress«, in: *The Book of Life.* Hg. von S.J. Gould. London 1993, S. 219–251.
11. T.D. White, G. Suwa und B. Asfaw, »*Australopithecus ramidus,* a new species of early hominid from Aramis, Ethiopia«, in: *Nature* 371 (1994), S. 306–312 und »*Ardipithecus*«, in: *Nature* 375 (1995), S. 88.
12. *Discover,* Dezember 1994.
13. H. Gee, »New hominid remains found in Ethiopia«, in: *Nature* 373 (1995), S. 272.
14. A. Kortlandt, *New Perspectives on Ape and Human Evolution.* Amsterdam 1972.

15. Y. Coppens, »East Side Story: the origin of Humankind«, in: *Scientific American* (Mai 1994), S. 62–69.
16. J. Reader, *Die Jagd nach den ersten Menschen*. Basel 1982.
17. O. Lovejoy zitiert in: R. Leakey, *The Origin of Humankind*. London 1994, S. 13.
18. R. Leakey, *The Origin of Humankind*. London 1994, S. 13.
19. P. Wheeler: Interview mit R. McKie, 1994.
20. J. Reader, a.a.O.; R. Lewin, a.a.O.
21. R. Dart, »The predatory transition from ape to man«, in: *International Anthropological and Linguistic Review*, I (1953), Nr. 4.
22. R. Ardrey, *Adam kam aus Afrika. Auf der Suche nach unseren Vorfahren*. Wien 1967.
23. C.K. Brain, *The hunters or the hunted?* Chicago 1981.
24. L. Berger und R. Clarke, »Eagle involvement in accumulation of the Taung child fauna«, in: *Journal of Human Evolution* (im Druck).
25. J. Reader, a.a.O.; R. Lewin, a.a.O.
26. Die Unterscheidung zwischen Unterem, Mittlerem und Oberem Paläolithikum erfolgte im 19. Jahrhundert. Im Unteren Paläolithikum (dessen Beginn heute auf vor etwa 2,5 Millionen Jahren datiert wird) entwickelten die Menschen die ersten und einfachsten Techniken. Im Mittleren Paläolithikum (manchmal auch nach einem Neandertaler-Fundort in Frankreich Moustérien genannt, wird heute auf den Zeitraum von vor 200000 bis vor 40000 Jahren datiert) wurden zahlreiche weitere Geräte entwickelt. Das Obere Paläolithikum war der Höhepunkt der Altsteinzeit. Während dieser Zeit entstanden Spezialwerkzeuge, die oft aus Klingen hergestellt wurden. Vielerorts wurden nun Knochen, Geweihe und Elfenbein verarbeitet, und es entstanden die ersten Kunstwerke.
27. C. Stringer, »The credibility of *Homo habilis*«, in: *Major Topics in Primate and Human Evolution*. Hg. von B. Wood, L. Martin und P. Andrews. Cambridge 1986, S. 266–294. B. Wood, »Origin and evolution of the genus *Homo*«, in: Nature 355 (1992), S. 783–790.
28. J. Kingdon, *Und der Mensch schuf sich selbst. Das Wagnis der menschlichen Evolution*. Basel 1994, S.51f.
29. L. Aiello, Interview mit R. McKie, 1995. L. Aiello und P. Wheeler, »The Expensiv-Tissue Hypothesis«, in: *Current Anthropology* 36 (1995), S. 199–221.
30. J. Reader, a.a.O.; R. Lewin, a.a.O.
31. R. Leakey, R. Lewin, *Origins Reconsidered*. London 1992, S. 34.

32. A. Walker und R. Leakey, Hg. *The Nariokotome Homo erectus Skeleton*. Berlin 1994.
33. L. Gabunia, A. Vekua, »A Plio-Pleistocene hominid from Dmanisi, East Georgia, Caucasus«, in: *Nature* 373 (1995), S. 509–512.
34. E. Carbonell u.a., »Lower Pleistocene hominids and artifacts from Atapuerca – T.D. 6 (Spain)«, in: *Science* (im Druck).
35. M. Roberts, C. Stringer und S. Parfitt, »A hominid tibia from Middle Pleistocene sediments at Boxgrove, UK«, in: *Nature* 369 (1994), S. 311–313.
36. J.D. Clark, aus einer Rede anläßlich einer Veranstaltung zu seinen Ehren. »The longest record: the human career in Africa«. Berkeley, April 1986.
37. J.L. Arsuaga, I. Marinez, A. Gracia, J.-M. Carretero und E.J.-L. Carbonell, »Three new human skulls from the Sima de los Huesos Middle Pleistocene site in Sierra de Atapuerca«, in: *Nature* 362 (1993), S. 534–537.
38. T. Li und D. Etler, »New Middle Pleistocene hominid crania from Yunxian in China«, in: *Nature* 357 (1992), S. 404–407.
39. G.J. Bartstra, S. Soegondho und A. Wijk, »Ngandong Man: age and artifacts«, in: *Journal of Human Evolution* 17 (1988), S. 325–337.
40. J. Reader, a.a.O.; R. Lewin, a.a.O.
41. E. Trinkaus und P. Shipman, *Die Neandertaler: Spiegel der Menschheit*. München 1993. C. Stringer und C. Gamble, *In Search of the Neanderthals*. London 1993.
42. J. Reader, a.a.O.; R. Lewin, a.a.O.
43. J. Reader, a.a.O.; R. Lewin, a.a.O.
44. J. Radovčić, *Dragutin Gorjanović-Kramberger and Krapina Early Man. The foundation of modern Palaeoanthropology*. Zagreb 1988.
45. J. Pfeiffer, *The Creative Explosion*. New York 1982.
46. M. Boule und H. Vallois, *Fossile Menschen. Grundlinien menschlicher Stammesgeschichte*. Baden-Baden 1954.

3 Gräßliche Gesellen

1. C.L. Brace, »The fate of the ›classic‹ Neanderthals: a consideration of hominid catastrophism«, in: *Current Anthropology* 5 (1964), S. 3–43.
2. J.H. Rosny-Aines, *La Guerre du Feu*. 1911.

3. H.G. Wells, *The Grisly Folk.* 1921.
4. E. Trinkaus und P. Shipman, a.a.O.
5. F. Weidenreich, »The ›Neanderthal Man‹ and the ancestors of ›Homo sapiens‹«, in: *American Anthropologist* 42 (1940), S. 375–383. »Facts and speculations concerning the origin of *Homo sapiens*«, in: *American Anthropologist* 49 (1942), S. 187–203. »Interpretations of the fossil material«, in: *Studies in Physical Anthropology* I (1949), S. 149–157.
6. C.S. Coon, *The Origin of Races.* New York 1962.
7. C.S. Coon, zitiert nach dem Schutzumschlag, a.a.O.
8. T. Dobzhansky, »The Origin of Races«, in: *Scientific American* (Februar 1963).
9. T. Dobzhansky, Leserbrief, in: *Scientific American* (April 1963).
10. E. Trinkaus und P. Shipman, a.a.O., S. 362.
11. A.G. Thorne, »The centre and the edge: the significance of Australian hominids to African palaeoanthropology«, in: *Proceedings of the 8th Panafrican Congress of Prehistory and Quarternary Studies.* Hg. von R. Leakey und B. Ogot. Nairobi 1977, S. 180 und 181.
12. M.H. Wolpoff, Wu Xinzhi und A. Thorne, »Modern *Homo sapiens* origins: a general theory of hominid evolution involving the fossil evidence from East Asia«, in: *The Origins of Modern Humans: A World Survey of the Fossil Evidence.* Hg. von S. Smith und F. Spencer. New York 1984, S. 411–483.
13. A. Thorne und M. Wolpoff, »The multiregional evolution of humans«, in: *Scientific American* (April 1992), S. 28–33.
14. A. Thorne und M. Wolpoff, »Conflict over modern human origins«, in: *Search* 22 (1991), S. 175–177.
15. G.P. Rightmire, *The Evolution of Homo erectus.* Cambridge 1989.
16. W. Kimbel und L. Martin (Hg.), *Species, Species Concepts, and Primate Evolution.* New York 1993.
17. J. Marks, in: *Discover* (November 1994).
18. C. von Linné, *Systema Naturae.* Stockholm 1748.
19. J.F. Blumenbach, *De generis humani varietate nativa.* Göttingen 1795.
20. C.S. Coon, a.a.O.
21. C. Wills, »Has human evolution ended?«, in: *Discover* (August 1992), S. 22–24.
22. P. Frost, »Geographic distribution of human skin colour: a selective compromise between natural selection and sexual selection?«, in: *Human Evolution* 9 (1994), S. 141–153.

23. M. Wolpoff u.a., »The case for sinking *Homo erectus*: 100 years of *Pithecanthropus* is enough!«, in: *Courier Forschungsinstitut Senckenberg* 171 (1994), S. 341–361.
24. M. Boule und H. Vallois, *Fossile Menschen. Grundlinien menschlicher Stammesgeschichte.* Baden-Baden 1954.
25. C.L. Brace, »Refocusing on the Neanderthal problem«, in: *American Anthropologist* 64 (1962), S. 729–741.
26. W. Golding, *Die Erben*. Frankfurt a. Main 1964, S. 5.
27. E. Trinkaus, *The Shanidar Neanderthals.* New York 1983.
28. R.S. Solecki, *Shanidar – The First Flower People.* New York 1971.
29. G. Constable, *Die Neandertaler.* Amsterdam 1980.

4 Die Wiege der Menschheit: Ein persönlicher Rückblick von Chris Stringer

1. G.B. Shaw, *Annajanska.*
2. F.C. Howell zitiert von C. Petit, in: *San Francisco Chronicle* (13. Februar 1993).
3. J.H. Musgrave, »The phalanges of Neanderthal and Upper Palaeolithic Hands«, in: *Human Evolution*. Hg. von M. Day. London 1973, S. 59–85.
4. C. Stringer, »Population relationships of later Pleistocene hominids: a multivariate study of available crania«, in: *Journal of Archaeological Science,* I (1974), S. 317–342.
5. W.W. Howells, »Neanderthal Man: Facts and Figures«, in: *Yearbook of Physical Anthropology* 18 (1975), S. 7–18. »Explaining modern Man: evolutionists versus migrationists«, in: *Journal of Human Evolution* 5 (1976), S. 477–496.
6. P. Beaumont, H. de Villiers und J. Vogel, »Modern man in Sub-Saharan Africa prior to 49,000 years BP: a review and evaluation with particular reference to Border Cave«, in: *S. African Journal of Science,* 74 (1978), S. 409–419.
7. J.D. Clark, »Africa in prehistory: peripheral or paramount?«, in: *Man* 10 (1975), S. 175–198.
8. R. Protsch, »The absolute dating of Upper Pleistocene Sub-Saharan fossil hominids and their place in human evolution, in: *Journal of Human Evolution* 4 (1975), S. 297–322.
9. B. Vandermeersch, *Les Hommes Fossiles de Qafzeh.* Paris 1981.

10. C. Stringer und E. Trinkaus, »The Shanidar Neanderthal crania«, in: *Aspects of Human Evolution*. Hg. von C. Stringer. London 1981, S. 129–165.
11. R. Leakey, Interview mit R. McKie, 1993.
12. M.H. Day und C. Stringer, »A reconsideration of the Omo Kibish remains and the *erectus-sapiens* transition« in: *Proceedings of the 2nd International Congress of Human Palaeontology.* Nizza 1982, S. 814–846.
13. C. Stringer, »Ancestors: fate of the Neanderthal«, in: *Natural History* 93 (1984), S. 6–12.
14. T. McCown und A. Keith, *The Stone Age of Mount Carmel, Vol. 2.* Oxford 1939.
15. A. Jelinek, »The Middle Palaeolithic in the Southern Levant with comments on the appearance of modern *Homo sapiens*«, in: *The Transition from the Lower to the Middle Palaeolithic and the Origin of Modern Man*. Hg. von A. Ronen. Oxford 1982, S. 57–104.
16. M. Aitken und H. Valladas, »Luminescence dating relevant to human origins«. *The Origins of Modern Humans and the Impact of Chronometric Dating.* Princeton, N.Y. 1993. Hg. von M. Aitken, C. Stringer und P. Mellars, a.a.O.
17. R. Grün und C. Stringer, »Electron spin resonance dating and the evolution of modern humans«, in: *Archaeometry* 33 (1991), S. 153–199.
18. O. Bar-Yosef und B. Vandermeersch, »Modern Humans in the Levant«, in: *Scientific American* (April 1993), S. 64–70.
19. E. Trinkaus, »Neanderthal limb proportions and cold adaptation«, in: *Aspects of Human Evolution*. Hg. von C. Stringer. London 1981, S. 187–224.
20. C. Stringer, »The origin of early modern humans: a comparison of the European and non-European evidence«, in: *The Human Revolution*. Hg. von P. Mellars und C. Stringer. Edinburgh 1989, S. 232–244.
21. G. Bräuer, »The Afro-European *sapiens* hypothesis, and hominid evolution in Asia during the Late Middle and Upper Pleistocene«. Hg. von P. Andrews und J. Franzen in: *The early evolution of Man, with special emphasis on Southeast Asia and Africa, Courier Forschungsinstitut Senckenberg* 69 (1984), S. 145–166.
22. F.H. Smith, zitiert in M. Brown, *The Search for Eve*. New York 1990.
23. M. Wolpoff, »Multiregional evolution: the fossil alternative to

Eden«, in: *The Human Revolution*. Hg. von P. Mellars und C. Stringer. Edinburgh 1989, S. 62–108.

24. C.L. Brace, »The origin of modern humans and the impact of chronometric dating«, in: *Man* 29 (1994), S. 473–475.

5 Alles liegt an Zeit und Glück

1. L.P. Hartley, *The Go-Between*. 1953.
2. Y. Rak, Interview mit R. McKie, Amud 1993.
3. Y. Rak, W. Kimbel und E. Hovers, »A Neanderthal Infant from Amud Cave«, in: *Journal of Human Evolution* 26 (1994), S. 313–324. Eine abweichende Ansicht wird dargelegt von M. Creed-Miles, A. Rosas und R. Kruszynski, »Issues in the identification of Neanderthal derivative traits at early post-natal stages«, in: *Journal of Human Evolution* (im Druck).
4. H. Suzuki und F. Takai, *The Amud Man and his Cave Site*. Tokio 1970.
5. J. Shea, zitiert nach einem Interview mit D. Lieberman, Harvard 1994.
6. B. Kurtén, »The shadow of the brow«, in: *Current Anthropology* 20 (1979), S. 229 und 230.
7. G. Krantz, »Cranial hair and brow ridges«, in: *Mankind* 9 (1973), S. 109–111.
8. J. Laitman, zitiert in *Discover* (Februar 1992).
9. R. Franciscus und E. Trinkaus, »Nasal morphology and the emergence of *Homo erectus*«, in: *American Journal of Physical Anthropology* 75 (1988), S. 517–527.
10. J. Laitman, a.a.O.
11. Y. Rak, Interview mit R. McKie, Amud 1993.
12. B. Arensburg, L. Schepartz, A.-M. Tillier, B. Vandermeersch, H. Duday und Y. Rak, »A reappraisal of the anatomical basis for speech in Middle Palaeolithic hominids«, in: *American Journal of Physical Anthropology* 83 (1990), S. 137–146. E. Culotta, »At each others' throats«, in: *Science* 260 (1993), S. 893. P. Lieberman, J. Laitman, J. Reidenberg und P. Gannon, »The anatomy, physiology, acoustics and perception of speech«, in: *Journal of Human Evolution* 23 (1992), S. 447–467.
13. Zitiert in R. Lewin, »Neanderthals puzzle the anthropologists«, in: *New Scientist* (20. April 1991), S. 27.

14. A.J.E. Cave und W.L. Straus, »Pathology and posture of Neanderthal Man«, in: *Quarterly Review of Biology* 32 (1957), S. 348–363.
15. J.S. Jones, *Die Botschaft der Gene. Evolution als Erblast und Chance.* München 1995.
16. O. Bar-Yosef und B. Vandermeersch, »Modern Humans in the Levant«, in: *Scientific American* (April 1993), S. 64–70.
17. Y. Rak, Interview mit R. McKie, Amud 1993.
18. J. Bronowski, *The Ascent of Man.* London 1973.
19. J. Shea, zitiert in einem Interview mit D. Lieberman, Harvard 1994.
20. Y. Rak, Interview mit R. McKie, Amud 1993.
21. A. Thorne und M. Wolpoff, »The multiregional evolution of Humans«, in: *Scientific American* (April 1992), S. 28–33.
22. P. Mellars auf einer Konferenz der Royal Society/British Academy. London, April 1995. »Evolution of Social Behaviour Patterns in Primates and Man«.
23. D. Lieberman, »The rise and fall of seasonal mobility among hunter-gatherers: the case of the Southern Levant«, in: *Current Anthropology* 34 (1993), S. 599–631.
24. D. Lieberman, Interview mit R. McKie, Harvard 1994.
25. L. Bindford, zitiert in: *Discover* (Februar 1992).
26. J.-J. Hublin, Interview mit R. McKie, Zafarraya 1994.
27. J.-J. Hublin, C. Barrosos-Ruiz, P. Medina Lara, M. Fontugne und J.L. Reyss, »The Mousterian site of Zafarraya (Andalucia, Spain): dating and implications on the paleolithic peopling process of Western Europe«, in: *Compte Rendus de L'Académie des Sciences de Paris* (im Druck).
28. J. Kingdon, *Und der Mensch schuf sich selbst. Das Wagnis der menschlichen Evolution.* Basel 1994, S. 78f.
29. S.J. Gould, *Wonderful Life.* London 1989.
30. E. Harth, *Dawn of a Millennium.* London 1990.

6 Gab es eine Urmutter?

1. J. Kingdon, *Und der Mensch schuf sich selbst. Das Wagnis der menschlichen Evolution.* Basel 1994, S. 27.
2. M. Ruvolo u.a., »Mitochondrial COII Sequences and Modern Human Origins«, in: *Molecular Biology and Evolution* 10 (1993), S. 1115–1135.
3. A. Thorne und M. Wolpoff, in: *Scientific American,* a.a.O.

4. C. Wills, »Putting Human Genes on the Map«, in: *Natural History* (Juni 1994), S. 82–85.
5. J. Watson, *Die Doppel-Helix*. Reinbek 1969.
6. W. Bodmer und R. McKie, *The Book of Man*. London 1994.
7. R. Cann, M. Stoneking und A. Wilson, »Mitochondrial DNA and Human Evolution«, in: *Nature* 325 (1987), S. 31–36.
8. M. Brown, *The Search for Eve*. New York 1990.
9. W. Bodmer und R. McKie, a.a.O.
10. M. Stoneking, Interview mit R. McKie, Birmingham 1993.
11. V. Sarich und A. Wilson, »Immunological Timescale for Hominid Evolution«, in: *Science* 158 (1967), S. 1200–1203.
12. V. Sarich, zitiert in R. Lewin, »Molecular Clocks Run out of Time«, in: *New Scientist* (10. Februar 1990), S. 38–41.
13. L. Vigilant u.a., »Mitochondrial DNA sequences in single hairs from a Southern African population«, in: *Proceedings of the National Academy of Sciences* 86 (1989), S. 9350–9354. L. Vigilant u.a., »African populations and the evolution of human mitochondrial DNA«, in: *Science* 253 (191), S. 1503–1507.
14. S. Hedges u.a., »Human origins and the analysis of mitochondrial DNA sequences«, in: *Science* 255 (1992), S. 737–739.
15. A. Templeton, »Human origins and the analysis of mitochondrial DNA sequences«, in: *Science* 255 (1992), S. 737. A. Templeton, »The ›Eve‹ Hypothesis: A genetic critique and reanalysis«, in: *American Anthropologist* 95 (1993), S. 51–72.
16. A. Templeton, Broschüren der Washington University, St. Louis.
17. M. Ruvolo, Interview mit R. McKie, Harvard 1994.
18. A. Merriwether u.a., »The structure of human mitochondrial DNA variation«, in: *Journal of Molecular Evolution* 33 (1991), S. 543–555.
19. M. Stoneking, Interview mit R. McKie, Birmingham 1993.
20. J. Kingdon, *Und der Mensch schuf sich selbst. Das Wagnis der menschlichen Evolution*. Basel 1994.
21. M. Ruvolo, Interview mit R. McKie, Harvard 1994.
22. M. Hasegawa und S. Horai, »Time of the Deepest Root for Polymorphism in Human Mitochondrial DNA«, in: *Journal of Molecular Evolution* 32 (1991), S. 37–42.
23. M. Horai u.a., »Recent African Origin of Modern Humans Revealed by Complete Sequences of Hominoid Mitochondrial DNAs«, in: *Proceedings of the National Academy of Sciences* 92 (1995), S. 532–536.

24. K. Kidd und S. Tishkoff, Interviews mit C. Stringer und R. McKie, 1995.
25. W. Bodmer und R. McKie, *The Book of Man.* London 1994.
26. L. Cavalli-Sforza, P. Menozzi und A. Piazza, *The History and Geography of Human Genes.* New Jersey 1994.
27. L. Cavalli-Sforza, »Genes, Peoples and Languages«, in: *Scientific American* (November 1991), S. 70–78.
28. S. Pinker, *Der Sprachinstinkt. Wie der Geist die Sprache bildet.* München 1996, S. 299.
29. J.S. Jones, *Die Botschaft der Gene.* München 1995.
30. S. Pinker, *Der Sprachinstinkt.* a.a.O., S. 287f.
31. L. Cavalli-Sforza u.a., »Reconstruction of Human Evolution: Bringing together genetic, archaeological, and linguistic data«, in: *Proceedings of the National Academy of Sciences* 85 (1988), S. 6002–6006.
32. D. Penny, E. Watson und M. Steel, »Trees from languages and genes are very similar«, in: *Systematic Biology* 42 (1993), S. 382–384.
33. A. Thorne und M. Wolpoff, »The Multiregional Evolution of Humans«, in: *Scientific American* (April 1992), S. 28–33.
34. H. Harpending u.a., »Genetic structure of ancient human populations«, in: *Current Anthropology* 34 (1993), S. 483–496.
35. S. Rouhani, »Molecular genetics and the pattern of human evolution: plausible and implausible models«, in: *The Human Revolution.* Hg. von P. Mellars, C. Stringer. Edinburgh 1989, S. 47–61.
36. L. Cavalli-Sforza, P. Menozzi und A. Piazza, a.a.O.
37. Y. Rak, zitiert in: R. Lewin, »Neanderthals puzzle the anthropologists«, in: *New Scientist* (20. April 1991), S.27.
38. A. Gibons, »Out of Africa – at last?«, in: *Science* 267 (1995), S. 1272 und 1273.
39. S.J. Gould, »So Near and Yet So Far?«, in: *New York Review of Books* 24 (1994), S. 8. »In the Mind of the Beholder«, in: *Natural History,* (Februar 1994), S. 14–23.

7 Spuren im Sand der Zeit

1. H.W. Longfellow, *Ein Psalm des Lebens.*
2. Sowohl für das Modell der multiregionalen Evolution als auch für das »Out-of-Africa«-Modell ist die korrekte stammesgeschichtliche Einordnung der archaischen Populationen von China und Java von

größter Bedeutung. Die Multiregionalisten gehen davon aus, daß der Evolutionspfad über den *Homo erectus* von Peking nach Dali und weiter zu den 25000 Jahre alten Frühmenschen von Upper Cave in Zhoukoudian verfolgt werden kann. Es ist allerdings nicht leicht, diesen Weg nachzuvollziehen, da einige der relevanten Fossilien verlorengegangen sind und andere von den örtlichen Museumsdirektoren eifersüchtig gehütet werden. Nach unserer Interpretation ist das archaische chinesische Material stammesgeschichtlich weiter von den modernen Ostasiaten entfernt als die entsprechenden afrikanischen Fossilien. Und die frühen Jetztmenschen, die in Omo, Skhul und Qafzeh gefunden wurden, sind stimmigere Vorfahren für die Menschen von Upper Cave als ältere chinesische Fossilien. Für die Verbindung von Ngandong nach Australien ziehen die Multiregionalisten eine undatierte fossile Hirnschale heran, die aus der australischen Region Willandra Lakes stammt, auf die wir später eingehen werden. Die Schädelform des sogenannten Willandra Lakes Human 50 (WLH-50) erinnert an einige der Fossilien aus Java. Von Chris Stringer durchgeführte multivariate Vergleiche dessen Form ergeben allerdings, daß eine Verwandtschaft mit afrikanischen Fossilien wie Jebel Irhoud und in noch stärkerem Maße Skhul und Qafzeh näherliegt. Nach unserer Interpretation der fossilen Funde waren die archaischen Bewohner des Fernen Ostens nicht die Vorfahren der späteren modernen Menschen.

3. M. Aitken, *Science-based Dating in Archaeology.* London 1990.
4. J. Reader, *Die Jagd nach den ersten Menschen. Eine Geschichte der Paläoanthropologie von 1857–1980.* Basel 1982.
5. J. Shreeve, »The Dating Game«, in: *Discover* (September 1992).
6. Zitiert von J. Shreeve, »The Dating Game«, a.a.O.
7. Zitiert von A.Gibbons, »Pleistocene population explosion«, in *Science* 262 (1993), S. 27 und 28.
8. A. Gibbons, »The mystery of humanity's missing mutations«, in: *Science* 267 (1995), S. 35 und 36. A. Rogers, J. Jorde, »Genetic evidence on modern human origins«, in *Human Biology* 67 (1995), S. 1–36.
9. C.B. Stringer, »Reconstructing recent human evolution«, in: *The Origin of Modern Humans and the Impact of Chronometric Dating*. Hg. von M. Aitken, C. Stringer, P. Mellars. New Jersey 1993, S. 179–195. J.-J. Hublin, »Recent human evolution in Northwestern Africa« in: a.a.O., S. 118–131. F.H. Smith, »Models and realities in Modern human origins: the African fossil evidence«, in:

a.a.O., S. 234–248. G. Bräuer, »Africa's place in the evolution of *Homo sapiens*«, in: *Continuity or Replacement: Controversies in Homo sapiens Evolution*. Hg. von G. Bräuer und F. Smith. Rotterdam 1992, S. 83–98. G.P. Rightmire, »Middle Stone Age humans from Eastern and Southern Africa«, in: *The Human Revolution*. Hg. von P. Mellars und C. Stringer. Edinburgh 1989, S. 109–122.

10. M. Rampino und S. Self, »Climate-volcanism feedback and the Toba eruption of ca. 74,000 years ago«, in: *Quarternary Research* 40 (1993), S. 269–280.
11. S. Ambrose, Vortrag, gehalten auf der Konferenz der Palaeoanthropology Society, Anaheim 1994.
12. H. Deacon, »Southern Africa and modern human origins«, in: *The Origin of Modern Humans and the Impact of Chronometric Dating*. Hg. von M. Aitken, C. Stringer und P. Mellars. New Jersey, S. 104–117. Beaumont, de Villiers und Vogel, 1978. C. Knight, C. Power und I. Watts, »The human symbolic revolution: a Darwinian account«, in: *Cambridge Archaeological Journal* 5 (1995), S. 75–114. A. Gibbons, »Old dates for modern behaviour«, in: *Science* 268 (1995), S. 495 und 496.
13. R. Klein, »Biological and behavioural perspectives on modern human origins in Southern Africa«, in: *The Origin of modern Humans*. Hg. von P. Mellars, C. Stringer. a.a.O., S. 529–546. S. Ambrose, Vortrag, gehalten auf der Konferenz der Palaeoanthropology Society, Anaheim 1994.
14. M. Lahr, R. Foley, »Multiple dispersals and modern human origins«, in: *Evolutionary Anthropology*, 3 (1994), S. 48–60.
15. J. Kingdon, *Und der Mensch schuf sich selbst. Das Wagnis der menschlichen Evolution*. Basel 1994, S. 249.
16. C.B. Stringer, »Reconstructing recent human evolution«, in: *The Origin of Modern Humans*. Hg. von C. Stringer, P. Mellars. a.a.O., S. 179–195.
17. C. Turner, »Microevolution of East Asian and European populations: a dental perspective«, in: *The Evolution and Dispersal of Modern Humans in Asia*. Hg. von T. Akazawa, K. Aoki und T. Kimura. Tokio 1992, S. 415–438.
18. W. Broecker, »Massive iceberg discharges as triggers for global climatic change«, in: *Nature* 372 (1994), 421–424.
19. P. Ward, *The End of Evolution*. London 1995.
20. C. Darwin, 1836, zitiert in: P. Ward, *The End of Evolution*. a.a.O.
21. P. Martin, zitiert in: P. Ward, a.a.O.

22. P. Ward, a.a.O. London 1995.
23. B. Kurtén, zitiert in P. Ward, a.a.O.
24. P. Ward, a.a.O.
25. J. Diamond, *Der Dritte Schimpanse. Evolution und Zukunft des Menschen.* Frankfurt a. Main 1994, S. 432.
26. P. Ward, a.a.O.
27. C. Darwin, zitiert in: A. Desmond und J. Moore, *Darwin.* München 1995.
28. L. Cavalli-Sforza, P. Menozzi und A. Piazza, *The History and Geography of Human Genes.* New Jersey, 1994.
29. D. Wallace, zitiert in A. Gibbons, »Geneticists trace the DNA trail of the first Americans«, in: *Science* 259 (1993), S. 312 und 313.
30. D. Metzer. »Stones of contention«, in: *New Scientist* (24. Juni 1995), S. 31–35.
31. J. Flood, *Archaeology of the Dreamtime.* Australien 1989.
32. Ibid.
33. A. Thorne, »Separation or reconciliation? Biological clues to the development of Australian society«, in: *Sunda and Sahul.* Hg. von J. Allen, J. Golson, R. Jones. London 1977, S. 187–204.
34. P. Brown, »Pleistocene homogeneity and Holocene size reduction: the Australian human skeletal evidence«, in: *Archaeology in Oceania,* 22 (1987), S. 47–71.
35. P. Brown, »Cranial vault thickness in Asian *Homo erectus* and *Homo sapiens*«, in: *Courier Forschungsinstitut Senckenberg,* 171 (1994), S. 33–46.
36. C. Pardoe, »Competing paradigms and ancient human remains: the state of the discipline«, in: *Archaeology in Oceania* 26 (1993), S. 79–85.
37. R. Sim und A. Thorne, »Pleistocene human remains from King Island, Southeastern Australia«, in: *Australian Archaeology* 31 (1990), S. 44–51. P. Brown, »A flawed vision: sex and robusticity on King Island«, in: *Australian Archaeology* 38 (1994), S. 1–7. A. Thorne und R. Sim, »The gracile male skeleton from Late Pleistocene King Island, Australia«, in: *Australian Archaeology,* 38 (1994), S. 8–10.
38. J. Diamond, *Der Dritte Schimpanse. Evolution und Zukunft des Menschen.* Frankfurt a. Main 1994.
39. R.G. Roberts, R. Jones und M. Smith, »Beyond the Radiocarbon barrier in Australian Prehistory«, in: *Antiquity,* 68 (1994), S. 611–616.

40. J. Kingdon, *Und der Mensch schuf sich selbst. Das Wagnis der menschlichen Evolution*. Basel 1994, S. 131.

8 Wir sind alle Afrikaner

1. E. Harth, *Dawn of a Millenium*. London 1990.
2. B. Okri, *Astonishing the Gods*. 1995.
3. P. Mitchell, »Africa and the West in historical perspective«, zitiert in: R. Coughlan, *Tropical Africa*. Niederlande 1963. Dieses und das folgende Zitat verdanken wir R. Snelling.
4. G. Dieterlen, Introduction to M. Giraule, *Conversations with Ogotenneli*. 1965, S. XIV.
5. A. Gibbons, »Old dates for modern behaviour«, in: *Science* 268 (1995), S.495 und 496. Brooks u.a., »Dating and context of three Middle Stone Age sites with bone points in the Upper Semliki Valley, Zaire«, in: *Science* 268 (1995), S. 548–553. J. Yellen u.a., »A Middle Stone Age worked bone industry from Katanda, Upper Semliki Valley, Zaire«, in: *Science* 268 (1995), S. 553–556.
6. A. Rogers und L. Jorde, »Genetic evidence on modern human origins«, in: *Human Biology* 67 (1995), S. 1–36.
7. R. Lewontin, *Human Diversity*. New York 1982.
8. A. Rogers und L. Jorde, 1995, a.a.O. J. Mountain und L. Cavalli-Sforza, »Inference of human evolution through cladistic analysis of nuclear DNA restriction polymorphisms«, in: *Proceedings of the National Academy of Sciences* 91 (1994), S. 6515–6519.
9. J. Relethford und H. Harpending, »Craniometric variation, genetic theory, and modern human origins«, in: *American Journal of Physical Anthropology* 95 (1994), S. 249–270.
10. J.P. Rushton, »Evolutionary biology and heritable traits«, Vortrag, gehalten auf der jährlichen Konferenz der American Association for the Advancement of Science, San Francisco, 1989.
11. A. Miller, »Professors of Hate«, in: *Rolling Stone* 693 (1994), S. 106–114.
12. A. Miller, a.a.O.
13. R.J. Herrnstein und C. Murray, *The Bell Curve: Intelligence and Class Structure in American Life*. 1994.
14. *The New Republic* (31. Oktober 1994).
15. A. Fausto-Sterling, »Sex, race, brains and calipers«, in: *Discover* (Oktober 1993), S. 32–37.

16. R. Martin und K. Saller, *Lehrbuch der Anthropologie*. Stuttgart 1956.
17. K.L. Beals, C.L. Smith und S.M. Dodd, »Brain size, cranial morphology, climate and time machines«, in: *Current Anthropology* 25 (1984), S. 301–330.
18. J.P. Rushton, »Race and crime: an international dilemma«, in: *Society* 31 (1995), S. 37–41.
19. C. Darwin, zitiert in A. Desmond und J. Moore, *Darwin*. München 1995.
20. M. Henneberg, A. Budnik, M. Pezacka und A.E. Puch, »Head size, body size, and intelligence: intraspecific correlations in *Homo sapiens sapiens*«, in: *Homo* 36 (1985), S. 207–218.
21. Nachruf auf Davison Nicol, in: *The Times* (19. Oktober 1994).
22. »Africans move to the top of Britain's education ladder«, in: *Sunday Times* (23. Januar 1994).
23. T. Beardsley, »For whom the Bell Curve really tolls«, in: *Scientific American* (Januar 1995), S. 8–10.
24. J.C. Gutin, »End of the rainbow«, in: *Discover* (November 1994), S. 71–75.
25. Zitiert in »Race and Color«, in: *Discover* (November), S. 82–89.
26. J. Diamond, *Der Dritte Schimpanse. Evolution und Zukunft des Menschen*. Frankfurt a. Main 1994, S. 146.
27. Zitiert in »Race and Color«, in: *Discover* (November 1994), S. 82–89.
28. J. Swerdlow, »Quiet miracles of the brain«, in: *National Geographic* (Juni 1995), S. 2–41.

9 Der Zauberer

1. R. Dawkins, *Das egoistische Gen*. Heidelberg 1978, S. 1.
2. Woody Allen, *Sleeper*. 1973.
3. J. Pfeiffer, *The Creative Explosion*. New York 1982.
4. L. Binford, »Isolating the transition to cultural adaptations: an organizational approach«, in: *The Emergence of Modern Humans: Biocultural Adaptations in the Later Pleistocene*. Hg. von E. Trinkaus. Cambridge 1989, S. 18–41.
5. W. Calvin, »The emergence of intelligence«, in: *Scientific American* (Oktober 1994).

6. L. Cosmides, zitiert von W. Allman, *The Stone Age Present.* New York 1994.
7. C. Lumsden und E.O. Wilson, *Das Feuer des Prometheus. Wie menschliches Denken entstand.* München 1984, S.11.
8. L. Cosmides, J. Tooby, »The lords of many domains«, in: *The Times Higher Educational Supplement* (25. Juni 1993).
9. R. Wright, *Diesseits von Gut und Böse. Die biologischen Grundlagen unserer Ethik.* München 1996.
10. L. Cosmides, Interview mit R. McKie, 1995.
11. C. Darwin zitiert von S. Pinker, »The Language Instinct«, in: *The Times Higher Educational Supplement* (25. Juni 1993).
12. Ibid.
13. D.B. Fry.
14. Robin Dunbar, in: *The Times* (5. Februar 1994).
15. S. Pinker, *Der Sprachinstinkt. Wie der Geist die Sprache bildet.* München 1996, S. 18.
16. K. Kidd, Interview mit R. McKie, Yale 1992.
17. J. Goodall, *Ein Herz für Schimpansen.* Reinbek 1991, S. 238f.
18. P. Lieberman, J. Laitman, J. Reidenberg und P. Gannon, »The anatomy, physiology, acoustics and perception of speech«, in: *Journal of Human Evolution* 23 (1992), S. 447–467.
19. B. Arensburg, L. Schepartz, A.-M.Tillier, B. Vandermeersch, H. Duday und Y. Rak, »A reappraisal of the anatomical basis for speech in Middle Palaeolithic hominids«, in: *American Journal of Physical Anthropology* 83 (1990), S. 137–146. E. Culotta, »At each others' throats«, in *Science* 260 (1993), S. 893.
20. R. Dunbar, Interview mit R. McKie, 1994. R. Dunbar, »The Chattering Classes: what separates us from the animals«, in: *The Times* (5. Februar 1994).
21. L. Binford, zitiert in J. Fischman, »Hard Evidence«, in: *Discover* (Februar 1992).
22. S. Mithen, Vortrag, gehalten auf der Konferenz der Royal Society/ British Academy, »Evolution of Social Behaviour Patterns in Primates and Man«. London, April 1995.
23. D. Vialou, zitiert in R. Lewin, *Die Herkunft des Menschen. 200000 Jahre Evolution.* Heidelberg 1995, S. 165.
24. J. Marshack, *The Roots of Civilisation.* New York 1991.
25. C. Gamble, Interview mit R. McKie, 1995.
26. R. White, »The Dawn of adornment«, in: *Natural History* 1193 (Mai 1993), S. 60–67.

27. R. White, »Technologicial and social dimensions of ›Aurignacian-age‹ body ornaments across Europe«, in: *Before Lascaux*. Hg. von H. Knecht, A. Pike-Tay, R. White. Boca Raton 1993, S. 277–299.
28. I. DeVore, zitiert von W. Allman, 1994, a.a.O.
29. W. Allman, 1994, a.a.O.
30. D. Buss, »The strategies of human mating«, in: *American Scientist* 82 (1994), S. 238–249.
31. M. Ridley, *Eros und Evolution. Die Naturgeschichte der Sexualität.* München 1995, S. 255.
32. C. Knight, *Blood Relations: Menstruation and the Origins of Culture.* New Haven 1991. C. Knight, C. Power, I. Watts, »The human symbolic revolution: a Darwinian account«, in: *Cambridge Archaeological Journal* 5 (1995), S. 75–114.
33. O. Soffer, »Ancestral Lifeways in Eurasia – the Middle and Upper Paleolithic records«, in: *Origins of Anatomically Modern Humans.* Hg. von M. und D. Nitecki. New York 1994, S. 101–119.
34. L. Binford, »Isolating the transition to cultural adaptations: an organizational approach«, in: *The Emergence of Modern Humans: Biocultural Adaptations in the Later Pleistocene.* Cambridge 1989, S. 18–41.

10 Der entfesselte Prometheus

1. A. Carter zitiert in: *Focus.*
2. B. Russell, *Impact of Science on Society.* 1952.
3. D. Pilbeam, zitiert von R. Leakey und R. Lewin, *Origins Reconsidered.* London 1992.
4. A. Ballantyne, »The wisdom or folly of pulling teeth«, in: *The Times* (1994).
5. S.J. Gould, »Our Greatest Evolutionary Step«, in: *Panda's Thumb.* London 1980.
6. L. Aiello, Interview mit R. McKie, 1995.
7. R. Lewin, »Rise and fall of big people«, in: *New Scientist* 26 (April 1995), S. 30–33.
8. P. Brown, Interview mit R. McKie, 1995.
9. R. Lewin, a.a.O.
10. J. Kingdon, *Und der Mensch schuf sich selbst. Das Wagnis der menschlichen Evolution.* Basel 1994, S. 164.

11. T. Molleson, »The eloquent Bones of Abu Hureyra«, in: *Scientific American* (August 1994), S. 60–65. T. Molleson, Interview mit R. McKie, 1994.
12. J. Diamond, *Der Dritte Schimpanse. Evolution und Zukunft des Menschen*. Frankfurt a. Main 1994.
13. R. di Silvestro, zitiert in P. Ward, *The End of Evolution*. London 1995.
14. Friends of the Earth, 1995.
15. R. Buddemeier, zitiert in P. Ward, a.a.O.
16. E. Harth, *Dawn of a Millennium*. London 1990.
17. J.S. Jones, »A Brave, New, Healthy World?«, in: *Natural History* (Juni 1994), S. 72–85.
18. C. Wills, »Has Human Evolution Ended?«, in: *Discover* (August 1992), S. 22–24.
19. Tu-Wa-Moja ist Suaheli und heißt: »Wir sind eins.« Die Probleme des Naturhistorischen Museums in Washington wurden dargelegt von J. Achenbach, »Little White Lies«, in: *Washington Post* (13. Oktober 1991).
20. B. Ortiz de Montellano, »Melanin, afrocentricity, and pseudoscience«, in: *Yearbook of Physical Anthropology* 36 (1993), S. 33–58.
21. C. Zollikofer u.a., »Neanderthal computer skulls«, in: *Nature* 375 (1995), S. 283–285.
22. S. Paabo, »Ancient DNA«, in: *Scientific American* (November 1993).
23. M. Lemonick, »Stone-Age Bombshell«, in: *Time* (19. Juni 1995).
24. V. Morell, »Siberia: surprising home for early modern humans«, in: *Science* 268 (1995), S. 1279.
25. A. Haley, *Wurzeln*. Frankfurt 1977.

Register